今日から
モノ知り
シリーズ

トコトンやさしい 有機ELの本

第2版

森 竜雄

有機ELは「発色が美しい」「薄くて軽量」「低消費電力」という優れた特徴を持つ理想のデバイス。薄型テレビやスマートフォン、さらには照明分野にも用途が広がってきている。本書は有機ELの発光原理や作成法、材料の種類などを紹介する。

B&Tブックス
日刊工業新聞社

はじめに

かつて利用されていた有機材料の電気的な機能性のほとんどは受動的な（パッシブな）機能すなわち電気絶縁性でした。もちろん構造物としては、プラスチック用品が身の回りにあふれかえるほどですが、電気やエレクトロニクスという分野はなかなか難しかったのです。初めて利用された能動的な（アクティブな）機能材料はレジストではないでしょうか？現在の半導体産業を支えているフォトリソグラフィー技術の根幹となっている材料です。レジストとは感光材料で、光が照射された部分と未照射の部分を利用してパターンを刻み込む際に利用されます。しかしながら、これは最終製品の中には何も残らないものです。レジストが利用されるようになった頃、もう1つの機能材料が製品内に取り込まれる形で徐々に普及してきました。それが電子写真の感光体ドラムです。有機感光体が開発されるまでは、セレンなどの有毒な無機材料が利用されていましたが、材料の改良と共に現在ではほぼ１００％有機材料がドラムに利用されています。しかし、これとて完全にアクティブな機能とは言い難いものでした。というのは光の照射に合わせて材料の導電性が変わるだけで、積極的に機能を利用するというものではなかったからです。

有機デバイスとして、液晶は大画面ディスプレイで確固たる地位を占めています。液晶の制御には電圧は必要ですが、電流を流して利用するものではありません。そうした中、真にアクティブな電子機能を持ったデバイスとして、１９９７年に有機ＥＬが商品化されたわけです。

積層型の有機ＥＬ素子が発表されたのが１９８７年で、もうすぐ30年になろうとしています。その間、日本の研究者は常に世界のトップで、多くの提案や技術を開発してきました。有機ＥＬの実用化も世界のトップを走ってきたわけですが、現在の市場は必ずしも日本にとって順風満帆ではありません。いろいろな至難を何とか乗り越えてきた企業も現在はアップアップの状態です。ディスプレイ利用の前に立ちはだかったのが、前述した液晶です。液晶ディスプレイは有機ＥＬばかりではなく、表面伝導型電子放出ディスプレイなどの開発を中止させ、プラズマディスプレイの製造も断念させるほど強力な存在です。そうした中でも、小型ディスプレイの生産があり、大型ディスプレイでも製品化されている有機ＥＬのポテンシャルの高さは、やはりすばらしいと言えるでしょう。２０１５年１月にジャパンディスプレイ（ＪＤＩ）、ソニーとパナソニックを中心にＪＯＬＥＤが立ち上がりますので、日本の有機ＥＬに期待したいと思います。

照明用途も日本企業が先行しています。しかしながら、先行しすぎてパナソニック出光ＯＬＥＤのように一旦営業を停止するようなこともありましたが、コニカミノルタ社が有機ＥＬ照明用のプラントを実現させるなど今後の展開が期待されます。同様にＬｕｍｉｏｔｅｃ、東芝、三菱化学、カネカにもがんばって頂きたいところです。

今回の改訂版では、照明に関する項目を新たに加えました。ＬＥＤが新照明技術としてノーベル物理学賞の対象となりましたが、有機ＥＬすなわちＯＬＥＤも次世代光源として期待されています。

最後に本書をまとめるに当たり、写真やグラフなどをご提供いただいた関係者の皆様に御礼申し上げます。限られた文言での記述ゆえ、説明が足りなかったところもありますが、ご意見があればお聞かせください。また、、日刊工業新聞社の三沢薫氏を始めとする関係者の皆様に感謝いたします。

平成27年1月

愛知工業大学工学部電気工学専攻　森　竜雄

トコトンやさしい

有機ELの本

第2版

目次

目次 CONTENTS

第1章 有機ELってなに？

第2章 有機ELはどうして光るの？

第3章 有機ELはどんな種類・材料があるの？

第4章 有機ＥＬはどうやって作るの？

第5章 照明光源としての有機EL

第6章 有機ELの可能性と技術の比較

第1章

有機ELってなに?

1 有機ELの発見と実用化への歴史

有機単結晶の発明

EL（Electro Luminescence）というのは電界発光のことです。電気エネルギーを光エネルギーに変換することで起こります。有機ELはこの電気―光エネルギー変換を有機材料で実現するものです。電界発光するデバイスには、無機EL、半導体発光ダイオード（LED）があります。有機ELは日本以外では有機LED（Organic LED、略してOLED（オレッド））とも呼ばれます。名前は一見似ていますが、有機ELは、無機ELとは発光原理が異なっている電界発光であり、半導体LEDと同じ原理です。無機ELの電界発光は真性EL、有機EL（LED）と半導体LEDは注入型ELと呼ばれるものです。それぞれの違いについては4・5項で説明します。では電界発光素子の歴史を紐解いてみましょう。

この3つのデバイスのうち、最も早く発見されたのは半導体LEDで、１９２３年のことです。無機ELも少し遅れて１９３６年に発見されました。

有機電界発光素子の研究のきっかけはブリッジマン法による有機単結晶の作成で、１９５０年代後半以降に研究が進展します。純度の高い有機単結晶ができると、それを劈《へき》開して電極を取り付け、電圧を印加して、電界発光を観測することができました。こうした研究が１９８０年代まで続けられました。しかし、単結晶を劈開した試料ではその厚さが㎜オーダーや数１００㎛と厚かったため、１MV/㎝程度の電界を実現するためには非常に高い電圧が必要でした。

電圧が高いと試料中ばかりでなく、外周部にも電界ができるので、試料外周を流れる電流（表面漏れ電流）が生じます。最終的には試料表面に放電が走り、試料内部に電圧が印加できなくなります。それで試料厚を薄くして印加電圧を低くするように薄膜を利用しましたが、発光強度が十分ではありませんでした。手詰まりになりつつあった研究にブレークスルーとなる論文が１９８７年に発表されました。

要点BOX

- ●電気エネルギーを光エネルギーに変換
- ●昔は有機電界発光素子、今は有機EL
- ●素子厚はmmオーダー、印加電圧はkV!?

EL素子開発の歴史

年	無機EL	半導体LED	有機電界発光素子
1923		SiC単結晶のEL	
1936	ZnS粉末からのEL		
1952	面状ランプの発表（米シルベニア社）	Ge pn接合からの赤外線発光	
1953			Magnesium chlorateの発光
1955		GaPの橙色の発光	
1956			（Bridgeman法による有機単結晶作成）
1959			アントラセン単結晶のEL
1962		LEDの発明（N. Holonyak）	
1967	二重絶縁層構造の提案		
1968		$GaAs_{1-x}P_x$赤色LEDの製品化（米GE）	
1974		GaP:N緑色LED製品化	
1983	橙黄色パネル製品化（日シャープ）		PVCzキャスト膜のEL
1985		低温バッファ層導入	
1987			Tang&VanSlykeの発表（Alq_3のEL）
1989		SiC青色LEDの発表 pn型GaN青色LEDの発表	Tang 色素ドープ素子発表
1990			PPVのELの発表
1992			高輝度青色有機ELの発表（出光興産）
1993		InGaN/AlGaN高輝度青色LED発表	
1994		フルカラーLEDシステムの実用化	
1995		青色半導体レーザの発表	
1997			緑色有機EL製品化（パイオニア） 光変換によるカラーディスプレイ（出光興産）
1998			RGB並置によるカラーディスプレイ（パイオニア）
1999	カラーディスプレイの製品化（iFire）	青色半導体レーザ製品化	白色＋フィルタによるカラーディスプレイ（TDK）
2000			[ノーベル化学賞（導電性高分子）]
2003			AM方式の商品化（SKD）
2005	ディスプレイ開発中止		40インチディスプレイ（Samsung）
2007			有機ELテレビの商品化（ソニー）
2009			155インチ有機ELディスプレイ（三菱電機・パイオニア）
2010			オーロラビジョンOLED商品化（三菱電機・パイオニア）
2012			55インチ有機ELテレビ（Samsung, LG） 有機EL照明パネルの市販化（各社）
2013			56V型4K有機ELテレビ開発（ソニー） 55インチ有機ELテレビ販売（Samsung, LG）
2014		[ノーベル物理学賞（青色LED）]	55インチ4K有機ELテレビ販売（LG）

用語解説

LED：Light-Emitting Diodeの略で、発光ダイオードのこと。
劈開：結晶の割れやすい結晶面を出すこと。ダイアモンドも簡単に劈開できる。
LB膜：Langmuir-Blodgett膜の略で、水面に展開した基板に移しとった単分子膜。

2 有機ELのしくみと特徴

薄膜と多層と機能分離

有機ELと有機LEDと2つの名称があることを1項で述べましたが、有機ELの名称はブレークスルーとなる発表をきっかけに日本で用いられたわけです。それは、当時米国コダック社の研究員であったチン・ワン・タン（Ching Wang Tang）博士（現ロチェスター大学教授）が発表した〝Organic Electroluminescent diodes〟という論文でした。実はそれまで有機電界発光素子は周りを暗くして見ないと発光がよくわからないほど弱い光でした。この論文で1000cd/㎡を越える光強度が10V以下という直流電圧で実現されたのです。さらに驚いたことに、試料の膜厚は有機層だけなら200㎚未満で、陽極と陰極の厚さを加えても1㎛未満という、従来では考えられない薄さでした。それまでにも1㎛程度の素子が作成されたことはありますが、大抵は電圧が高電界になる前に素子が絶縁破壊を起こしてしまいました。しかし、このデバイスは1MV/㎝以上の電界でも素子が絶縁破壊を起こすことなく、電流を流すことができたのです。

それではその特徴を見てみましょう。

- ●発光材料に対して、正孔輸送材料を組み合わせた（機能分離）
- ●従来の多結晶質な膜質に代え、非晶質な膜質を利用した
- ●高電界を得るために100㎚程度の膜厚にした（高電界の実現）
- ●再結合領域を電極近傍から離して、金属消光の影響を弱めた
- ●有機膜との密着性の悪い低仕事関数のMgにAgを合金化させ、安定な陰極を実現した

実は積層構造を利用するというアイデアはすでに報告されていましたが、そのときの組み合わせがあまり良くなかったために十分な性能が出ていませんでした。

要点BOX

- ●ブレークスルーとなるタン博士の研究論文
- ●非晶質薄膜の利用
- ●陰極にMg:Ag合金を利用

最初の有機EL素子

タン博士が提案した
素子構造

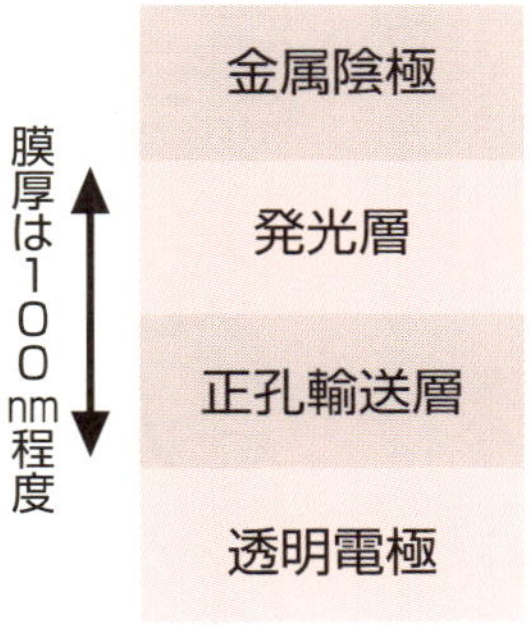

1nm(ナノメートル)は10^{-9}m

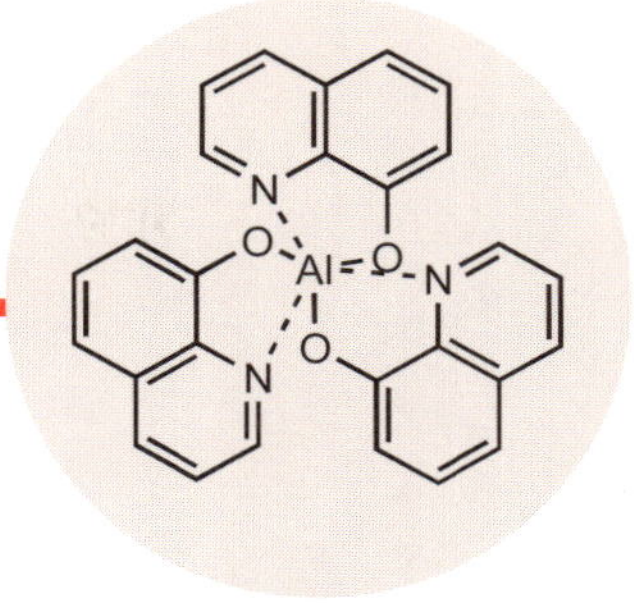

アルミキノリノール錯体

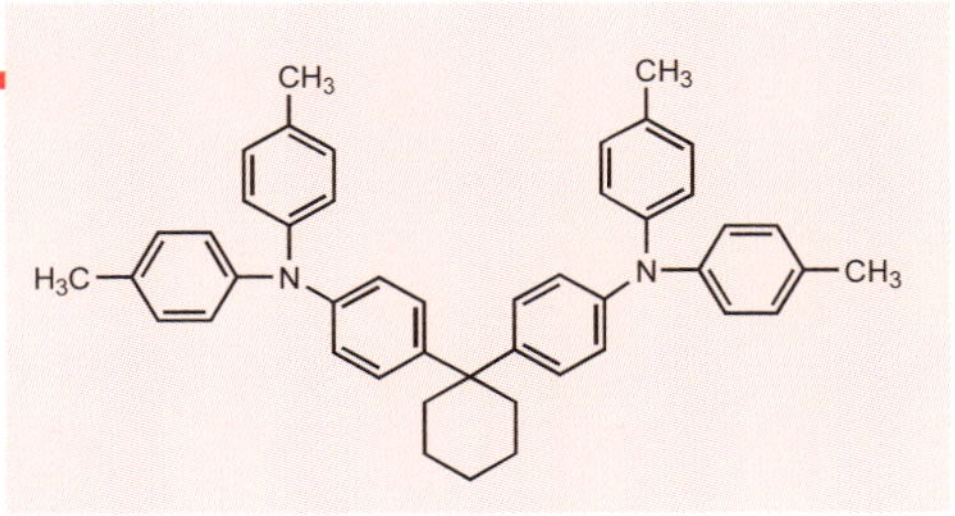

ジアミン誘導体

有機ELの特徴

1. 有機薄膜の積層構造
2. 非晶質(アモルファス)膜
3. 駆動は10V程度の直流電圧
4. Mg:Ag陰極

正孔輸送材料であるジアミン誘導体と金属錯体であるアルミキノリノール錯体の組み合わせにより、明るい所でもはっきり確認できる有機電界発光素子が実現されました。

透明電極から正孔を、陰極から電子を注入し、有機層の中間付近で発光させる原理です(黄緑色の発光)。効率はそれほど高くはありませんが、基本となる重要なデバイスです。

タン博士の発表以前の有機の発光素子は、暗室でないと確認できない弱い光でした。タン博士以後の積層型有機電界発光素子は従来タイプと区別して「有機EL素子」と呼ばれます。タン博士発表以前の素子は電界発光素子でも有機ELとは呼びません。日本以外では有機発光ダイオード(OLED, オレッド)とも呼ばれます。

用語解説

絶縁破壊:電圧を印加している電極間の試料がジュール熱などで組成・構造が維持できなくなり、短絡すること。

金属消光:励起状態にある分子が発光せずに熱を放出して基底状態に戻ることを消光と呼ぶ。金属が原因となるものが、金属消光で、酸素や水なども原因となる。

3

3原色を一番早く実現したのは有機EL

普及は自動車から始まった

1項の表をもう一度眺めてみましょう。半導体LEDの実用化は1968年頃、無機ELの実用化は1983年頃で、前者は発見から45年後、後者は47年後です。有機電界発光素子は1959年にアントラセン単結晶の電界発光が観測されたところから見ると、38年後に実用化されました。有機ELの発表から見ると、10年後に実現されたわけです。

特に注目して欲しいのは、有機ELが実用的な明るさのRGB（赤・緑・青）3原色を最も早く実現したことです。半導体LEDでは青色発光の実現に時間がかかりましたが、有機ELではそれよりも先に出光興産が青色発光を実現し、実用レベルのRGB3原色は1992年に出そろいました。無機ELは青の実現を1990年後半まで待たねばなりません。残念ながらフルカラーシステムでは半導体LEDが1994年に実現し、先を越されてしまいましたが、有機ELにおいても色変換によるカラーディスプレイは1997年に出光興産が、RGB並置方式によるカラーディスプレイは1998年にパイオニアがそれぞれ発表しました。無機ELのカラーディスプレイは2000年にiFire社が発表しました。

有機ELディスプレイの製品は、1997年にパイオニアが人の視感度の最も良い緑色単色の表示素子を実現しましたが、意外にも車載用FM文字多重レシーバーでした。この〝意外にも〟というのは、車載される計器類にはかなりの厳しい条件が求められますので、現在も素子寿命の向上が謳《うた》われている中で、当時の状況からするとかなりの驚きでもありました。しかしながら、車載用として有機ELはAV機器以外のメーター類にも浸透しつつあります。

現在、有機ELデバイスは、モバイルAV機器の情報画面、携帯電話のメインディスプレイなどに広く採用されています。2007年秋にはTVが商品化されました。

要点BOX

- ●高輝度青色発光素子は半導体LEDより先に発表された
- ●車載用AV機器として製品が実用化

有機ELの表示デバイス

世界初の有機EL搭載のFM文字レシーバー

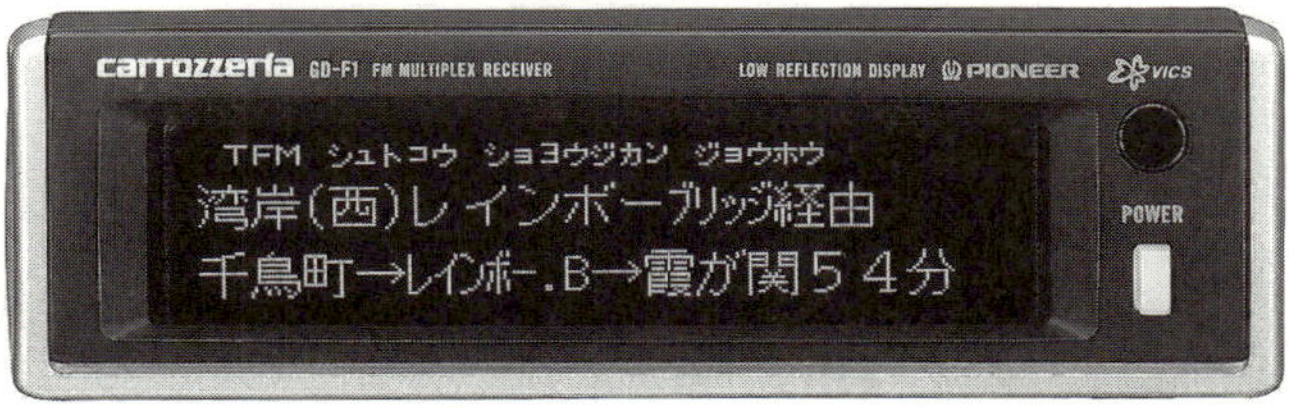

車載環境はかなり過酷(真夏のダッシュボード上の温度は80°C)ですので、当時の状況からも挑戦的な試みと言えるでしょう。
(文字は緑色で表示されています)　(パイオニア㈱の提供による)

世界初のパッシブ型フルカラー有機ELディスプレイ

Pioneer　**有機ELフルカラーディスプレイ試作パネル**
(パイオニア㈱の提供による)

KodakのデジタルカメラLS633

三洋電機とコダック社の合弁会社であるSKディスプレーが初めて商用化したAM方式による有機ELカラーディスプレイを搭載。

(コダック㈱の提供による)

4 無機ELの発光のしくみ

添加する金属化合物によって発光色が違う

無機ELは2枚の電極の間に絶縁層で挟み込まれた無機蛍光体（発光）層を持つ構造をしています。無機蛍光体層は、半導体であるZnSなどのホスト材料に金属化合物を分散させたものです。発光色は添加される金属化合物の種類によります。最初に実用化された橙色のディスプレイに使用されていたのはマンガンです。現在は青、青緑、黄緑、白という発光色がよく見られます。

無機ELの発光原理は真性ELと1項で説明しました。そのメカニズムを見てみましょう。有機材料と異なり、ホストの半導体には自由なキャリアが存在しています。ここに外部に電圧が印加されたとき、発光層にも電界Eが生じ、その電界により電子が加速されます。電子が材料中の何かに衝突することなく加速できる平均距離を平均自由行程λと呼びます。平均自由行程が長ければ長いほど電子が電界から得るエネルギー（$eE\lambda$）は大きくなります。この電界から得たエネルギーが電子の運動エネルギーとなり、ホスト中に存在している発光中心に衝突します。電子は運動エネルギーを発光中心に与えて、エネルギーを失いますが、発光中心はエネルギーの高い状態（励起状態）になります。この状態は不安定なので、余分なエネルギーを放出して元の安定な状態（基底状態）に戻ります。このとき放出された電磁波が可視光であれば、光として見ることができます。

ところでもし印加した電圧が直流（極性が正か負の一方）だとどうなるでしょう? 最も端にいる電子でも膜厚を単純に平均自由行程で割った回数しか発光する機会がありません。それでは発光強度も上がりませんし、何よりそのうち発光しなくなってしまいます。そこで、無機ELは電源に交流（極性が正負に反転する）を用いて往復して発光が持続するようにしているのです。そのため、無機ELは100V程度の電圧と高周波が必要となります。

要点BOX
- ●電極間の電子を利用
- ●駆動電源は交流
- ●電子の運動エネルギーが重要

無機ELの発光原理

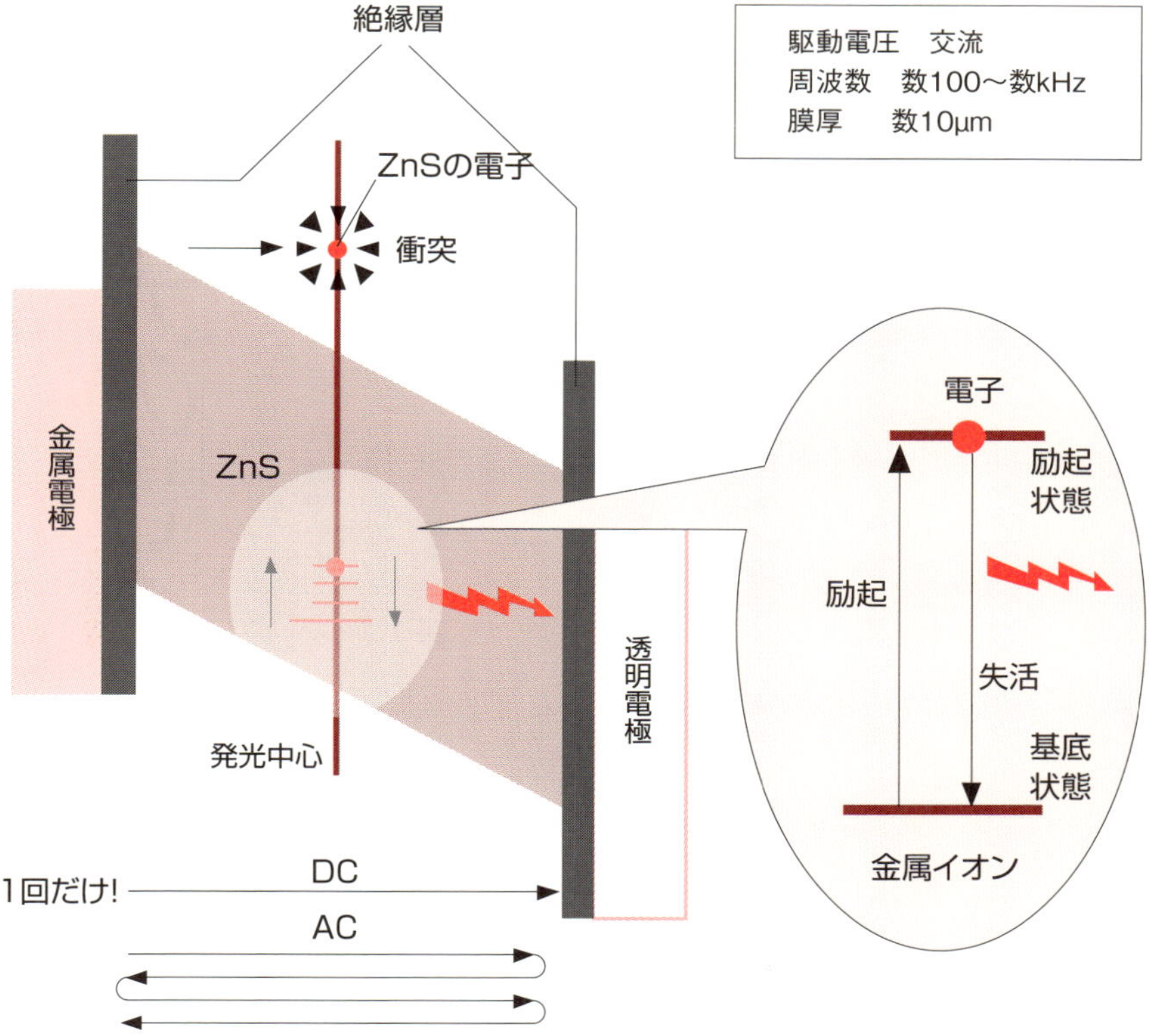

何度も電子が往復すれば発光回数が増える ➡ 発光強度が強い

電子が電界から得るエネルギー $= eE\lambda$ ← このエネルギーが励起エネルギーのもと

e：電荷素量, λ：平均自由行程, E：電界

周波数を高くすれば発光強度はどんどん強くなるのでしょうか？　電圧が反転するまでに電子が十分加速できなくなると、発光中心に衝突しても十分なエネルギーを与えることができなくなります。周波数に対して発光強度は極大値を示し、それ以上周波数を上げても光強度は落ちてきます。

用語解説

ホスト材料：ここでは膜構造を構成する母材のこと。対でゲスト材料があるが、これは添加される材料のこと。

5 半導体LEDの発光のしくみ

キャリア再結合で電磁波や熱を放出

半導体には真性半導体と不純物半導体がありますが、前者はキャリア密度が少ないので絶縁体です。さらに、わずかに存在する電子密度と正孔密度は同じ量だけ存在します。後者はキャリアを供給する不純物をppmオーダ添加（ドープ）することにより、キャリア密度を高めたものです。電子を供給するような不純物をドナー、正孔を供給するような不純物をアクセプターと言います。不純物により増加したキャリア種を多数キャリア、少ないもう一方のキャリアを少数キャリアと呼びます。電子が多数キャリアの半導体がn型半導体、正孔が多数キャリアの半導体がp型半導体です。そして構造的にp型半導体とn型半導体が接触すると、pn接合ができます。このpn接合は半導体素子の能動性の源です。

さてpn接合にp型側を＋（プラス）になるように電圧を印加すると電流がよく流れます（順方向）が、－（マイナス）になるように電圧を印加すると電流がほとんど流れません（逆方向）。こうした電流の流れ方を「整流性がある」とか「ダイオード特性を示す」と言います。

ところで界面付近では、p型の領域に少数キャリアの電子が流れ込むと正孔と再結合します。このキャリア再結合により電子と正孔がエネルギーを失う際に、電磁波や熱を放出します。

しかしシリコンでpn接合を作成して、順方向に電流を流しても発光しません。それはシリコンが間接遷移型半導体であるからです。間接遷移型半導体では、再結合によるエネルギーは熱に変わってしまいます。光を出すためにはどうすれば良いでしょうか?それは直接遷移型半導体を利用する必要があります。

GaAs（赤外）、GaP（赤～緑）、GaN（青）など化合物半導体は直接遷移型です。発光色は電子と正孔の失うエネルギーにより異なります。最も大きなエネルギー差はバンドギャップに依存します。2014年青色LEDでノーベル賞が授与されました。

要点BOX

- ●p型半導体とn型半導体がある
- ●多数キャリアと少数キャリア
- ●光を出すのは直接遷移型半導体

半導体LEDの発光原理

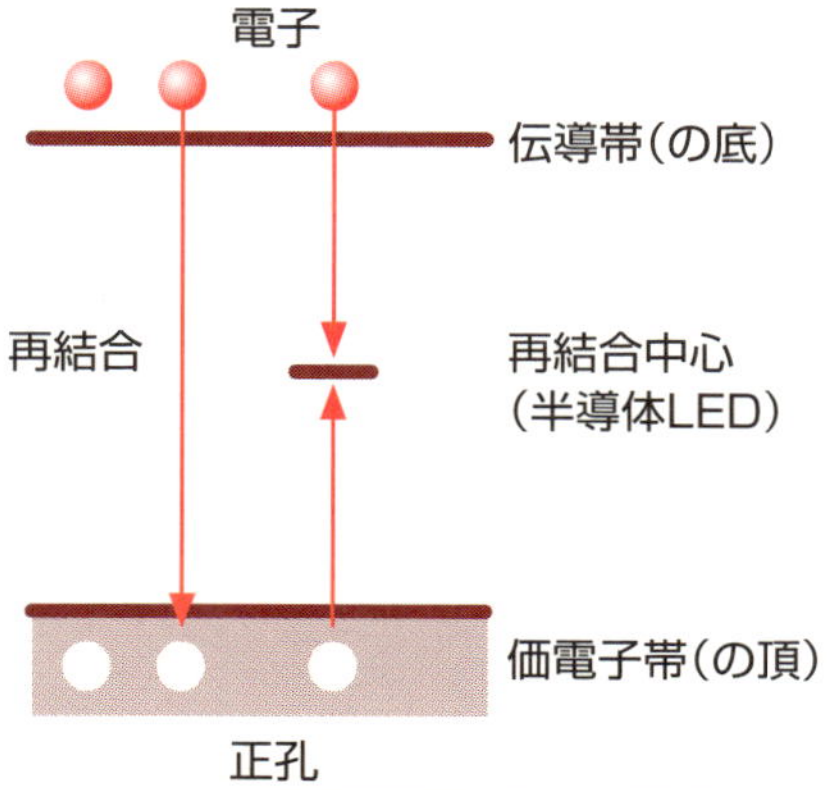

半導体はppmオーダーの不純物の添加でキャリア密度を制御。

正孔（正〔Positive〕のキャリア）を持つものが、p型半導体。
電子（負〔Negative〕のキャリア）を持つものが、n型半導体。

半導体の機能はpn接合で発現
ダイオード, LED, トランジスタ, 太陽電池など接合と呼びますが、貼り合わせではありません。

半導体LEDの構造と有機EL構造の比較

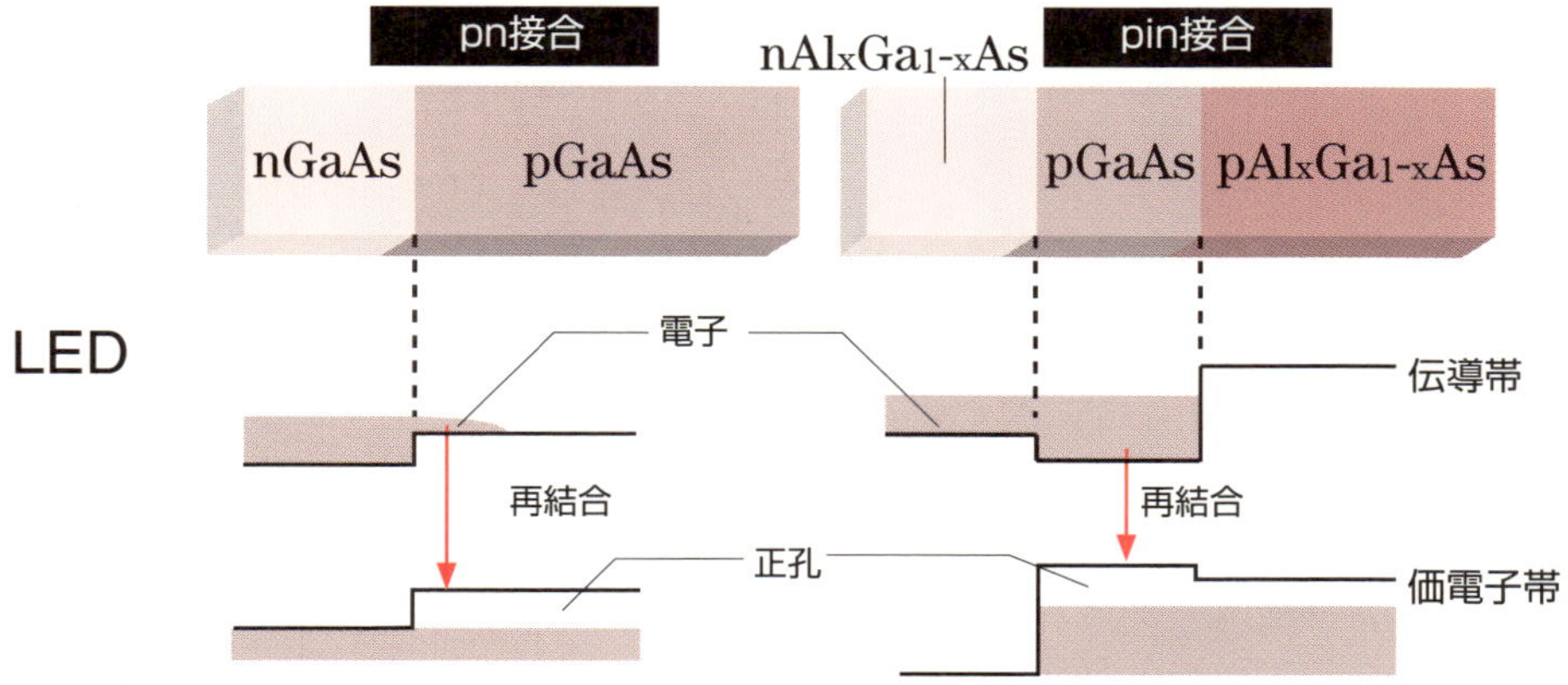

pn接合ではキャリア注入効率が良くないので、pnの間に真性半導体の領域を組み合わせたpin構造が作成されました。つまり、p領域とn領域はそれぞれ正孔と電子を供給する層、i層がキャリア再結合層と見なせます。下に示した有機ELと似ています。

用語解説

キャリア：電気的には電荷を運ぶもので、荷電担体と書く。電子性には電子と正孔があり、これ以外にはイオンなどがある。

間接遷移型半導体：伝導帯の底と価電子帯の頂上の位置がずれている半導体。

直接遷移型半導体：伝導帯の底と価電子帯の頂上の位置が一致している半導体。

バンドギャップ：バンドモデルで形成される各バンド間のギャップのこと。電子状態では、伝導帯と価電子帯との間のエネルギーギャップを指す。

Column

美しい映像を最高のデバイスで

有機ＥＬの第一報（１９８７年）から20年の節目の２００７年に有機ＥＬテレビＸＥＬ－１がソニーから発売されました。最先端のテクノロジーが詰まった高性能な機器で、ディスプレイサイズは10・９インチなのが残念ですが、その画質はすばらしいものです。

ところでコンパクトディスク（ＣＤ）が世界で初めて発売されたのは１９８２年10月、やはり日本のソニーからでした。30年近く経ちますので、今研究室に卒研生・院生として配属されてくる学生諸君は完全にデジタル世代です。

ＣＤ世代以前ではレコードといえば、ＬＰレコードを意味していましたが、今「レコード」といえば単に「記録」の意味しかありません。

しかしながら、実はアナログの方がＣＤに比べて音が良いんだという話は枚挙にいとまがなく、近年往年の名演奏がレコードとして復活した例もあります。確かにマザー原盤の音を聴くと、全くノイズもなくＣＤの音に勝るとも劣らないでしょう。

このＬＰレコード以前にはＳＰレコードというシュラック板のレコードがありました。私自身ＳＰの最高の音を聴いたことがありませんので、断言はできませんが、楽器などによっては決して悪くないのではないだろうかと思います。ただ、ＳＰを復刻したレコードやＣＤなどでは結構ノイズ（針音やぱちぱち音）が入っています。

こうしたＳＰ復刻のＣＤなどはそんなに良い音ではないだろうと思って聴き始めると、実は印象ほど悪くなく意外に良い音だなと思うことがある一方、事前に格段に優れた音とか先入観を持っているときは、その期待に反して音が悪いとがっかりすることがあります。この先入観というのが曲者ですね。

これまで展示会で有機ＥＬのディスプレイは数多く展示されましたが、そこではやはり映像マテリアルを選んでいたと思います。そうした画面を思いこんでソニーのテレビを見たとき、私は先入観から少し拍子抜けしてしまいました。実はそのときのテレビの映像が単なるバラエティー番組で、映像としての作りが甘かったのです。

やはり究極のディスプレイである有機ＥＬは、良い映像マテリアルで堪能すべきです。ブルーレイ専用のディスプレイとしてぜひ出してもらいたいものです。

有機ＥＬディスプレイは、プロのモニタ用ディスプレイとして販売されています。これで良い映像マテリアルを見てみたいですが、価格がねぇ…。

第2章

有機ELはどうして光るの?

6 基本原理 ―励起と失活―

いろいろな種類の「ルミネセンス」

分子や原子のエネルギー状態は連続的にどんな値でも取れるのではなく、特定な値（離散的な状態）しか取れません。それはボーアの原子モデルを考えればわかります。原子にしろ分子にしろ最も低いエネルギーを持つ軌道から順に電子が詰まっているときが基底状態となります。安定な状態に、電子がなく、上の空の状態に電子が移っているときを励起状態と言います。一般的に励起状態というのは不安定な非平衡状態なので、電子は得たエネルギーを放出して、元の基底状態に戻ろうとします。これを失活と呼びます。このとき過剰なエネルギーを光や熱として放出します。光、特に人の目で確認できる可視光がルミネセンスです。

基底状態から励起状態に移動させるためのエネルギーを何で与えるかにより、○○ルミネセンスと区別されます。電気エネルギーによれば、エレクトロルミネセンスです。光では、光ルミネセンス（PL：Photoluminescence）と呼ばれ、蛍光ペンや蓄光シールが身近な例です。また、お化け屋敷などでブラックライト（紫外光源）を浴びると衣服の蛍光剤が白く光っているのを見たことがあると思います。化学反応によれば、化学発光（Chemiluminescence）で、これは祭りの縁日で売っている蛍光リングがあります。また生物発光（Bioluminescence）というものがあります。具体例はほたる、ホタルイカ、発光バクテリアなどです。

これ以外の刺激でもエネルギーを与えることができます。熱は、熱ルミネセンス（Thermoluminescence）で、放射線では、放射性ルミネセンス（Radioluminescence）です。

珍しいところでは、力（力学的エネルギー）を加えることによる、メカノルミネセンス（Mechanoluminescence）があります。何のエネルギーを与えるかの違いですが、すべて現象としては励起→基底の失活過程になります。

要点BOX

- ●基底状態と励起状態
- ●過剰エネルギーを持った分子（原子）は不安定
- ●励起状態から基底状態に戻る際に電磁波や熱を出す

励起と失活

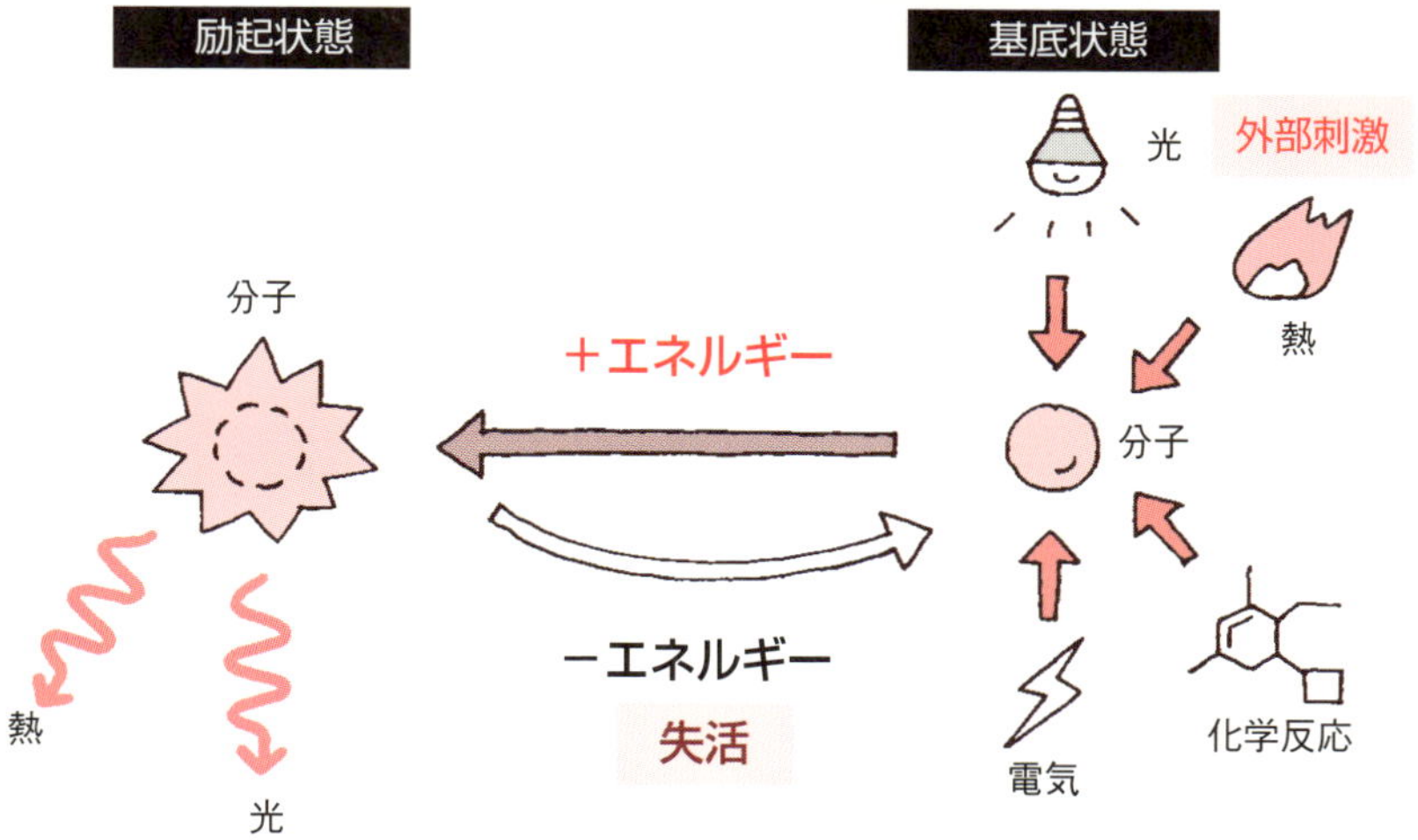

いろいろなルミネセンス

刺激	ルミネセンスの名称
電界(電気エネルギー)	電界発光(エレクトロルミネセンス)
光	光ルミネセンス(フォトルミネセンス) (蛍光ペン、お化け屋敷)
化学反応	化学発光(夜店の光リング)
生物反応	生物発光(ほたる、ホタルイカ)
熱	熱ルミネセンス(ホタル石)
放射線	放射線ルミネセンス
力	メカノルミネセンス(氷砂糖)

用語解説

ボーアの原子モデル：土星型原子モデルに対して、量子条件を満たす(とびとびのエネルギー値のみをとれる)電子軌道のみをとることができるという原子モデル。

7 価電子帯？ HOMO？ 酸化電位？

学問分野で呼び名が異なる

有機ＥＬというのは、電子デバイスという観点では電気電子・固体物理の分野に入りますが、有機分子という点ではもちろん化学分野に含まれます。また、有機分子の研究では電気化学という分野も大きく関わってきます。このようにいろいろな分野が関係しているため、それぞれで使われている専門用語（テクニカルターム）が異なってきます。頭の中で翻訳しながら考えないといけません。

半導体ではエネルギーダイアグラムを利用します。電子が移動できるエネルギー帯を伝導帯（conduction band）、正孔（hole、電子の空孔）が移動できるエネルギー帯を価電子帯（valence band）と呼びます。すなわち有機分子凝集体のパラメータとなります。

有機分子では、原子が集まったことにより分子軌道を創ります。重要なのはπ電子で創られる分子軌道です。この分子軌道においてエネルギー順に電子が詰まっていきます。特に重要なのは、電子が詰まっている最も上の分子軌道と電子が詰まっていない最も下の分子軌道です。前者を最高被占軌道（ＨＯＭＯ：Highest Occupied Molecular Orbital）、後者を最低空軌道（ＬＵＭＯ：Lowest Unoccupied Molecular Orbital）と呼びます。HOMO、LUMOというのは分子のエネルギー状態を表すパラメータとなります。

電気化学では、電極反応が対象となります。電極に有機分子が吸着しているのをイメージしながら考えましょう。電極の電位を変化させながら有機分子から電子を引き抜く電位を酸化電位（oxidation potential）、逆に有機分子に電子を移す電位を還元電位と呼びます。

これらの電位は一般的に参照電極と呼ばれる電極からの電位シフトによって示されます。参照電極（や電解液）などが異なると見かけ上、値が異なります。そのため条件を揃えないと比較がしづらいと言えます。

要点BOX

- ●半導体分野では価電子帯
- ●化学分野では最高被占軌道
- ●電気化学分野では、酸化電位

学問分野による呼称の比較

キャリア種	半導体	分子化学	電気化学
電子パス	伝導帯(の底)	LUMO	還元電位
正孔パス	価電子帯(の頂)	HOMO	酸化電位

同じものという意味ではないので、注意

最高被占軌道　HOMO: Highest Occupied Molecular Orbital
最低空軌道　LUMO: Lowest Unoccupied Molecular Orbital

電気化学分野でのサイクリックボルタンメトリー(CV)

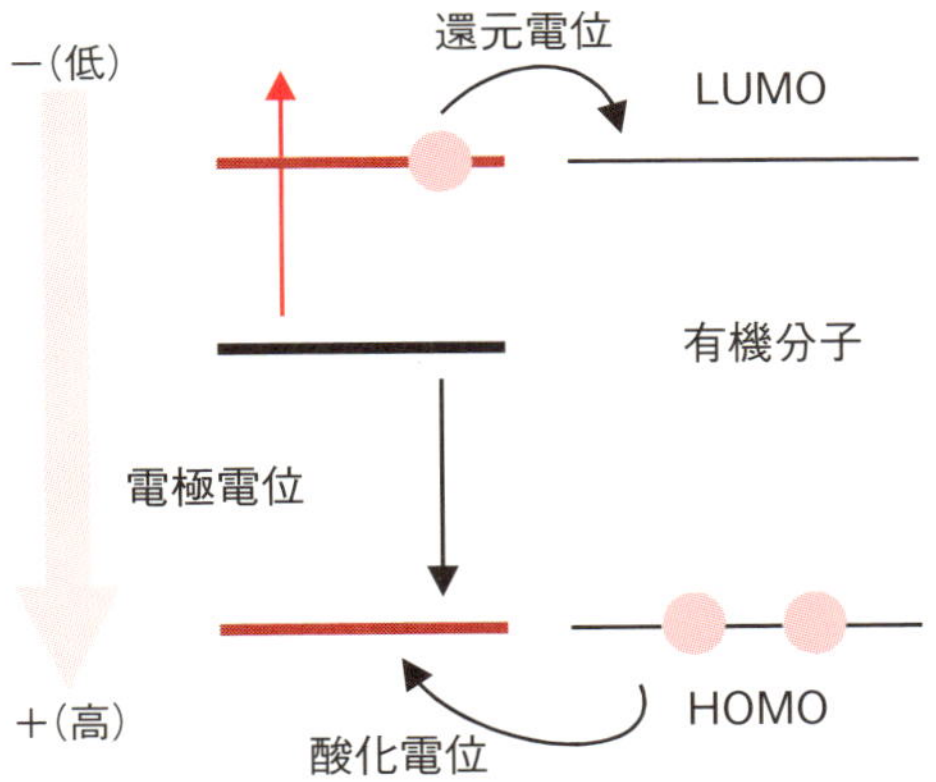

電極電位が低くなり、LUMOに近づくと電極から電子がLUMOに移動します。逆に電極電位が高くなり、HOMOに近づくとHOMOから電極に電子が移動します。電極電位は参照電極からの電位[V]として表現されます。

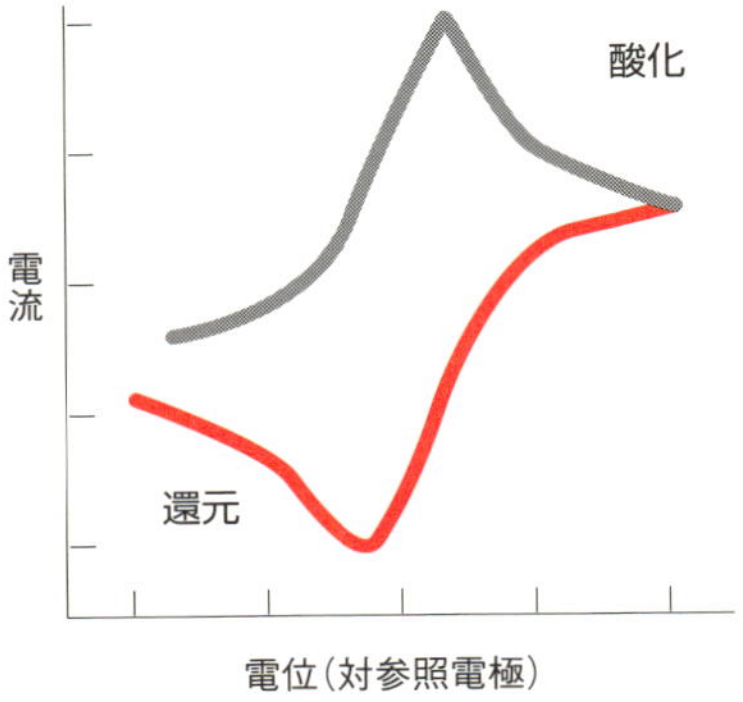

横軸の電位は参照電極に対する電位として表現されます。縦軸はそのとき流れる電流です。正方向に電位を掃引すると電極近傍の材料が酸化されます。全体の材料が酸化されてしまうと電流は減少します。今度は負方向に電位を掃引すると電極近傍の酸化された材料が還元されます。
図は典型的なCV曲線ですが、中性分子の酸化と還元の2つのピークがあります。材料によっては一方は簡単に見ることはできますが、もう一方が見られなかったり、(例えば正孔輸送材料では酸化電位は簡単に見ることができます)より深い酸化還元のピークが見られるものもあります。

用語解説

サイクリックボルタンメトリー(CV):電位を変化させて電極活性物質や電極反応の機構を解析する電気化学的手法。なお、CV特性と記載したものには、静電容量ー電圧特性の場合もあるので注意。

8 半導体とエネルギーダイアグラム

有機材料のエネルギー関係がわかる

物理屋の方におすすめは、半導体エネルギーダイアグラムです。これの良いところは、異種の有機材料のエネルギー関係が直感的にわかることです。しかも利用する単位はeV（エレクトロンボルト）で、電子1個が1Vから得るエネルギーです。印加電圧との関係も簡単に記述できます。

固体電子論ではエネルギー状態密度を、エネルギーバンド理論を用いて説明します。ほぼ電子の詰まっている価電子（充満）帯と電子がない（絶縁体の場合）か、電子がある程度詰まっている（導体や不純物半導体の場合）伝導帯があります。この2つのエネルギー帯を分離しているのが、禁制帯（エネルギーギャップ）です。

分子が単独に存在している場合と凝集状態になっている場合とでは、エネルギー的に分極エネルギー分の差だけHOMO-LUMOの間隔が狭くなります。このエネルギーダイアグラムの上の離れた位置によく別のラインが引かれていることがあります（図では点線）。これは真空準位と呼ばれ、無限遠のエネルギーの基準を示すものです。

価電子帯から真空準位までの差をイオン化ポテンシャルと呼びます。これは価電子帯から電子を1個引き抜くエネルギーに相当します（ただし、厳密には固体におけるイオン化ポテンシャルで、物理学でのイオン化ポテンシャルの定義では、気体状態からの電子の引き抜きとなります）。一方、伝導帯から真空準位までの差を電子親和力と呼びます。これは伝導帯から電子を1個引き抜くエネルギーに相当します。

もう1つ重要なのは、エネルギーギャップ中にある一点鎖線です。これはフェルミレベル（E_F）と呼ばれるものです。有機物でフェルミレベルを見積もるのは簡単ではありません。真性半導体や絶縁体では、フェルミレベルはエネルギーギャップの中央にあります。これが意味することは、電子と正孔が全くないか、電子と正孔が同じだけあるということです。

要点BOX

- ●単位はeV（エレクトロンボルト）
- ●価電子帯の上端と伝導帯の下端が重要
- ●フェルミレベルも重要

エネルギーダイアグラム

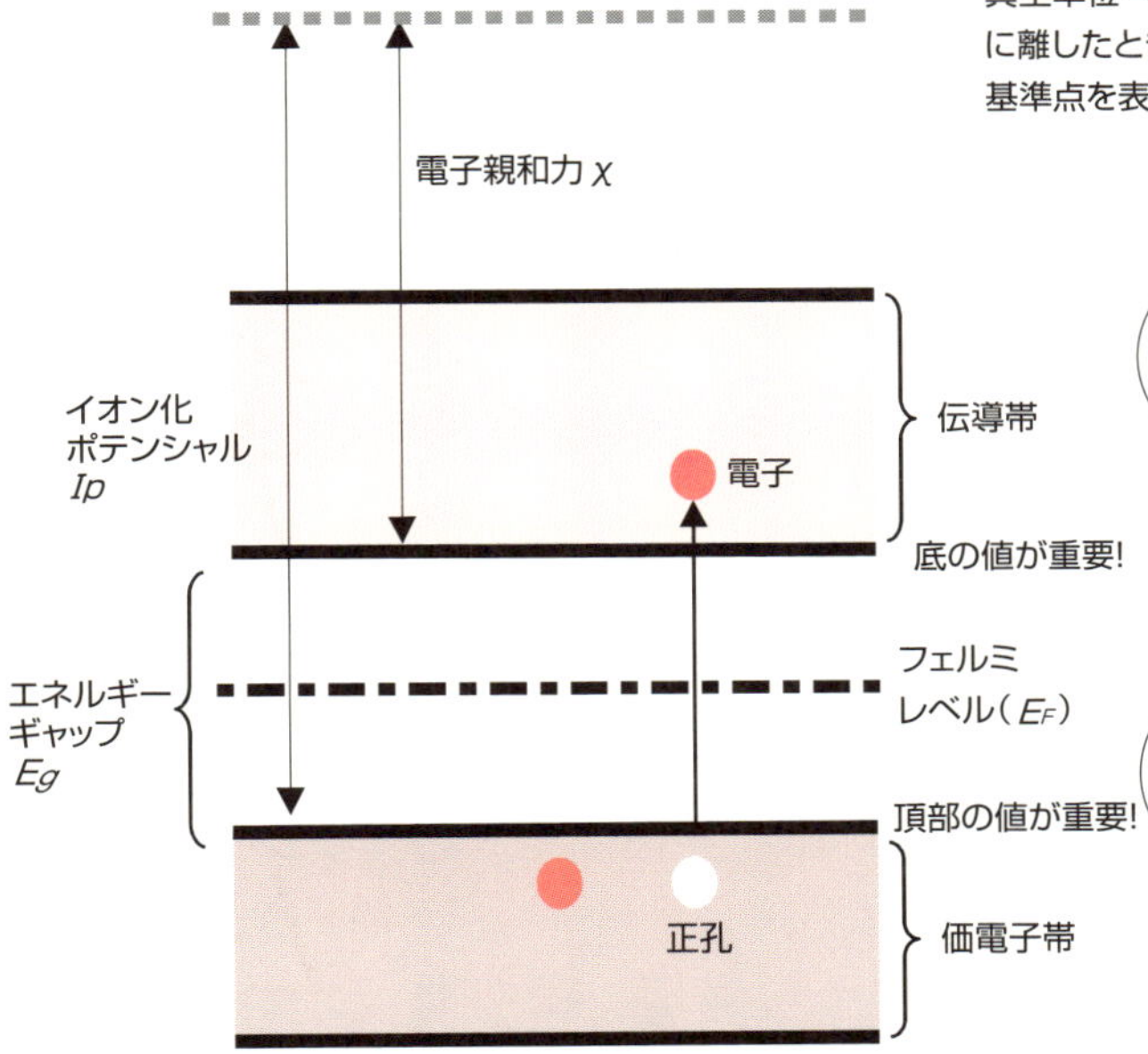

真空準位=本来は電子を無限に離したときのエネルギーの基準点を表したもの。

もし電子が多くあればE_Fは伝導帯に寄り、正孔が多ければ価電子帯に寄ります。寄れば寄るほど電子または正孔が多いということです。
電子や正孔の移動しやすさはエネルギーギャップと関係があります。電子や正孔の移動しやすさは伝導帯や価電子帯同士の差に注目すればおおよそ見当がつきます。

用い方の例（両電極を開放状態）

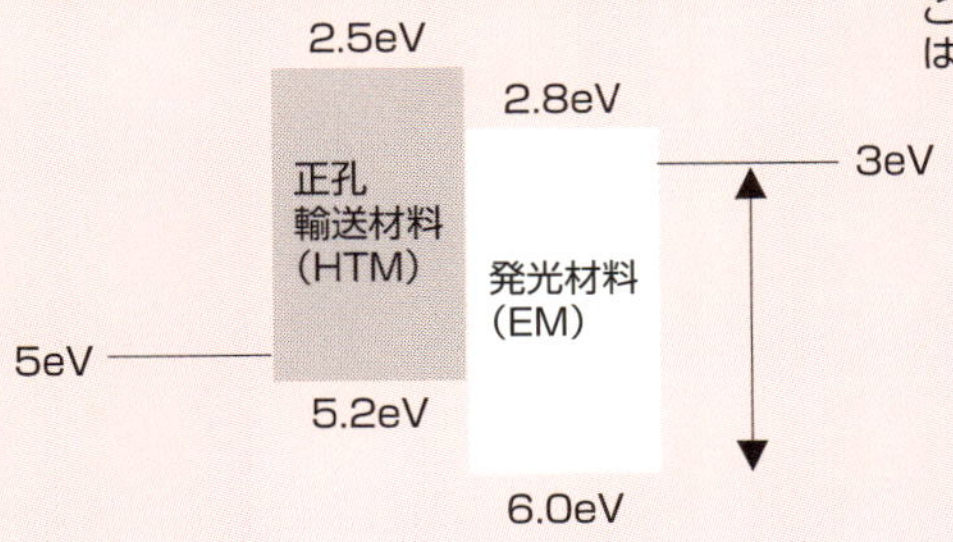

もし両電極がつながると、電位は同じになり、有機材料のフェルミレベルとも一直線になる。このとき、有機材料のエネルギーダイアグラムは平行四辺形に。

eV: エレクトロンボルト
電子1個が1 Vで得るエネルギー単位。

仕事関数3eVの電極から発光材料に正孔を注入するには3eV、すなわち3Vは必要。

用語解説

イオン化ポテンシャル：ここでは薄膜分子の価電子帯から電子を引き抜く最低エネルギー。
電子親和力：ここでは薄膜分子の伝導帯から電子を引き抜く最大エネルギー。

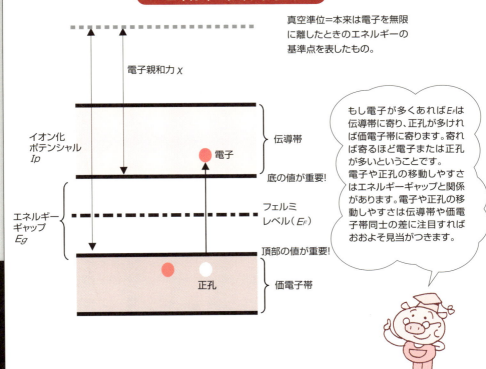

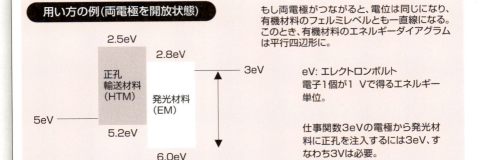

9 蛍光とりん光の違い

すぐ消える光とまだ見える光

さて分子の励起状態から基底状態に戻る際に余分なエネルギーを光として放出することは6で説明しました。光ルミネセンス（PL）の例である蛍光ペンは光を当てている間は光っていますが、光を消すとすぐに消えてしまいます。でも時計などにある夜光（蓄光）塗料はどうでしょうか?光を消しても弱くはなりますが、しばらく光っています。以前はこの光が減衰する速さだけを見て、速く消えてしまう光を蛍光（Fluorescence）、しばらく残って光る光をりん光（Phosphorescence）と呼んでいました。

実は有機分子の場合には、2つの励起状態があります。1つは一重項励起状態（singlet excited state）、もう1つは三重項励起状態（triplet excited state）です。この2つの違いは励起された電子のスピンの方向に違いがあります。電子は1つの状態に2つ存在することができます。そして電子はスピン（磁性と関係した物理量）を持っていて、通常はそのスピンを相殺するように、準位に存在しています。簡単に言えば、お互いに反対向きに打ち消しあっているので、見かけ上のスピンはありません。

一重項励起状態では、励起した電子のスピンは基底準位に残っている電子のスピンを打ち消すように存在しています。もちろん、基底状態は、スピンを打ち消しあっていますので、一重項状態です。

一方、三重項励起状態では、励起した電子のスピンの向きは基底準位の電子と同じになっています。同じということは励起準位にある電子はスピンの向きを変えないと基底状態に戻れません。この三重項状態から一重項状態に変化することは、禁制遷移であり、簡単に遷移することができません。そのため、三重項励起状態からの発光は、三重項励起状態のままの時間があるということです。それが結果的に三重項励起状態からの発光、すなわちりん光が遅れて観測される原因となります。

要点BOX

- すぐ消える蛍光、なかなか消えないりん光
- 励起一重項状態からの発光は蛍光
- 励起三重項状態からの発光はりん光

蛍光とりん光の違い

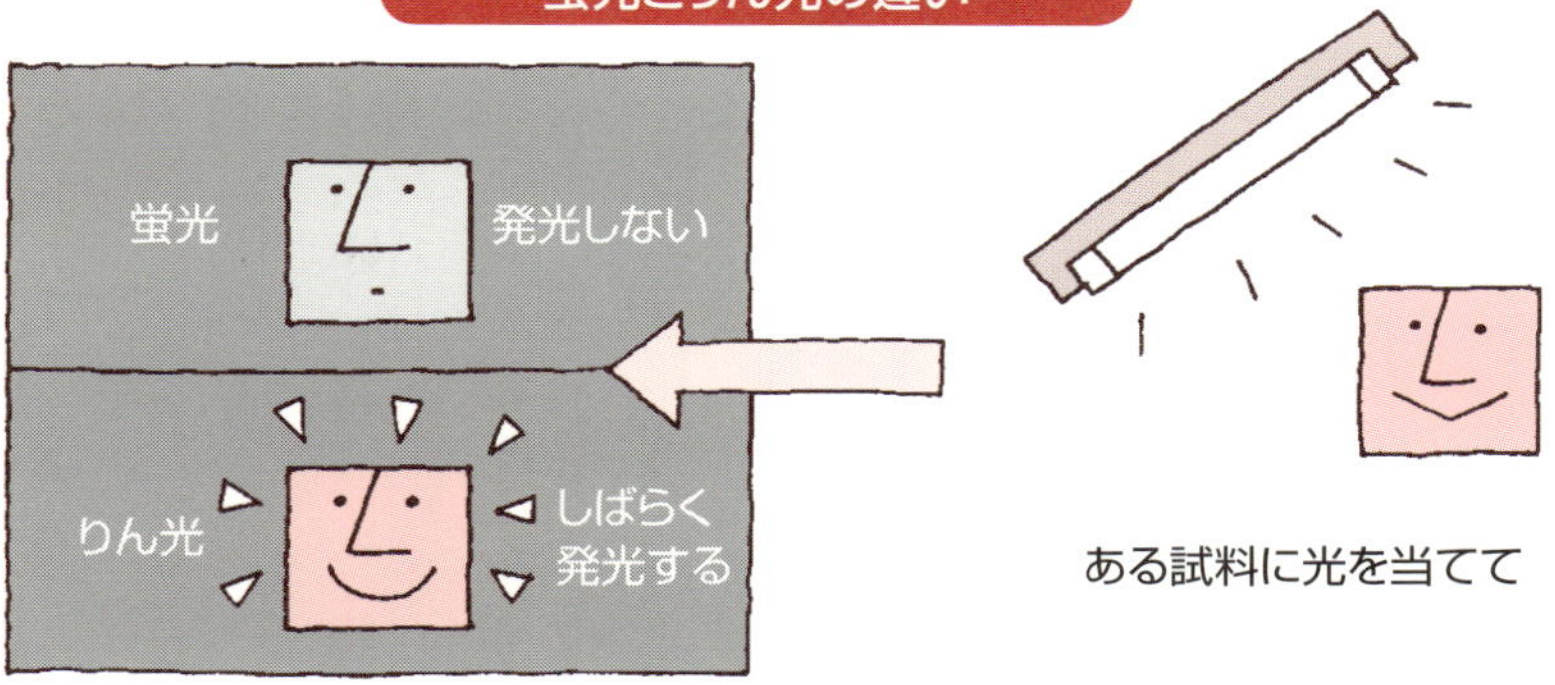

ある試料に光を当てて

当てるのを止めるとすぐ光が消える	➡	蛍光	蛍光ペン
当てるのを止めてもまだ光る	➡	りん光	蓄光塗料

励起状態から見た比較

基底状態

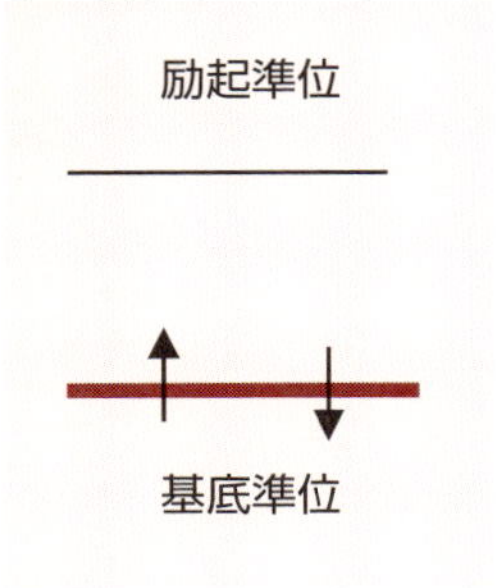

矢印は電子を、向きはスピンの違いを示す。向きが違うのはスピンが相殺されることを示す。

一重項励起状態

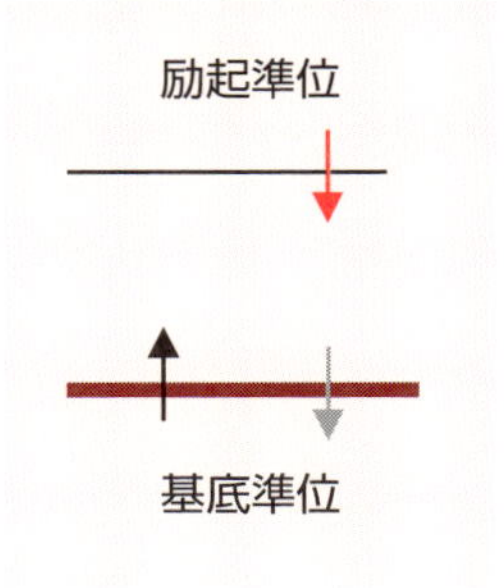

励起された電子のスピンは逆向き。

三重項励起状態

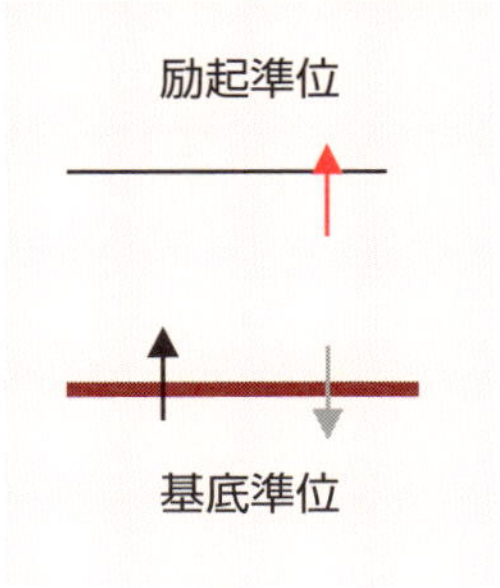

励起された電子のスピンは同じ。スピンの向きを変えることは許されない(禁制)。

禁制が解けると元に戻るが、時間がかかる。

⬇

三重項励起状態からの発光は遅くなる。

用語解説

禁制遷移：物理ルールによって原則的に許されない、２つの状態間の移動(遷移)

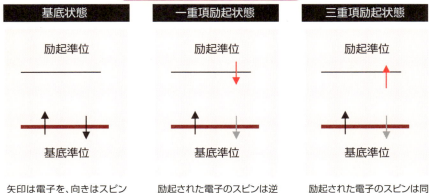

10 有機ELの発光原理

キャリア再結合には電子1個と正孔1個が必要

有機ELでは、有機分子上で電子と正孔が再結合することにより、有機分子が励起状態になります。光を多く取り出すためには、素子に電流を多く流す必要があります。ただし、一方のキャリアだけ多く流しても意味がありません。

左ページの上図はエネルギー状態を無視して、幾何学的に表したものですが、左側（陽極側）から正孔が、右側（陰極側）から電子が輸送されて、再結合しています。互いのキャリアに出会わないときは、そのまま反対側まで通過していきます。再結合した正孔と電子は1つのパスと見なしますので、下の図では5本のパスのうち2本だけが再結合に寄与したことになります。

このように1回のキャリア再結合には電子1個と正孔1個が必要なので、単位時間当たりに電子と正孔を同じだけ流すこと、そしてそれぞれを再結合させることができれば、最も効率良く発光させる可能性があります。ここで「可能性がある」とはどういう意味でしょう。

半導体LEDでは、電子と正孔を100%再結合できれば、ほぼ発光として取り出すことができます。すなわち、再結合=発光です。ところが、有機物ではそうではありません。無機物に比べて失活するまでに長い励起状態を経るからです。有機材料におけるキャリア再結合では75%が三重項励起状態、25%が一重項励起状態になります。単純に言うと、蛍光発光の場合ではキャリア再結合が100%でも、実際には25%しか光にならないことになります。

有機分子では、励起状態にある分子は励起子(exciton)と呼ばれ、それぞれ三重項励起子(triplet exciton)、一重項励起子(singlet exciton)となります。励起子は電荷を持っていません。また有機の励起子は比較的寿命が長いので、失活するまではほかの分子にエネルギー移動しながら拡散を起こします。

要点BOX

- ●キャリア再結合から励起状態になる
- ●有機の励起子は励起状態を意味する
- ●三重項と一重項の比は3:1

キャリアの流れと再結合

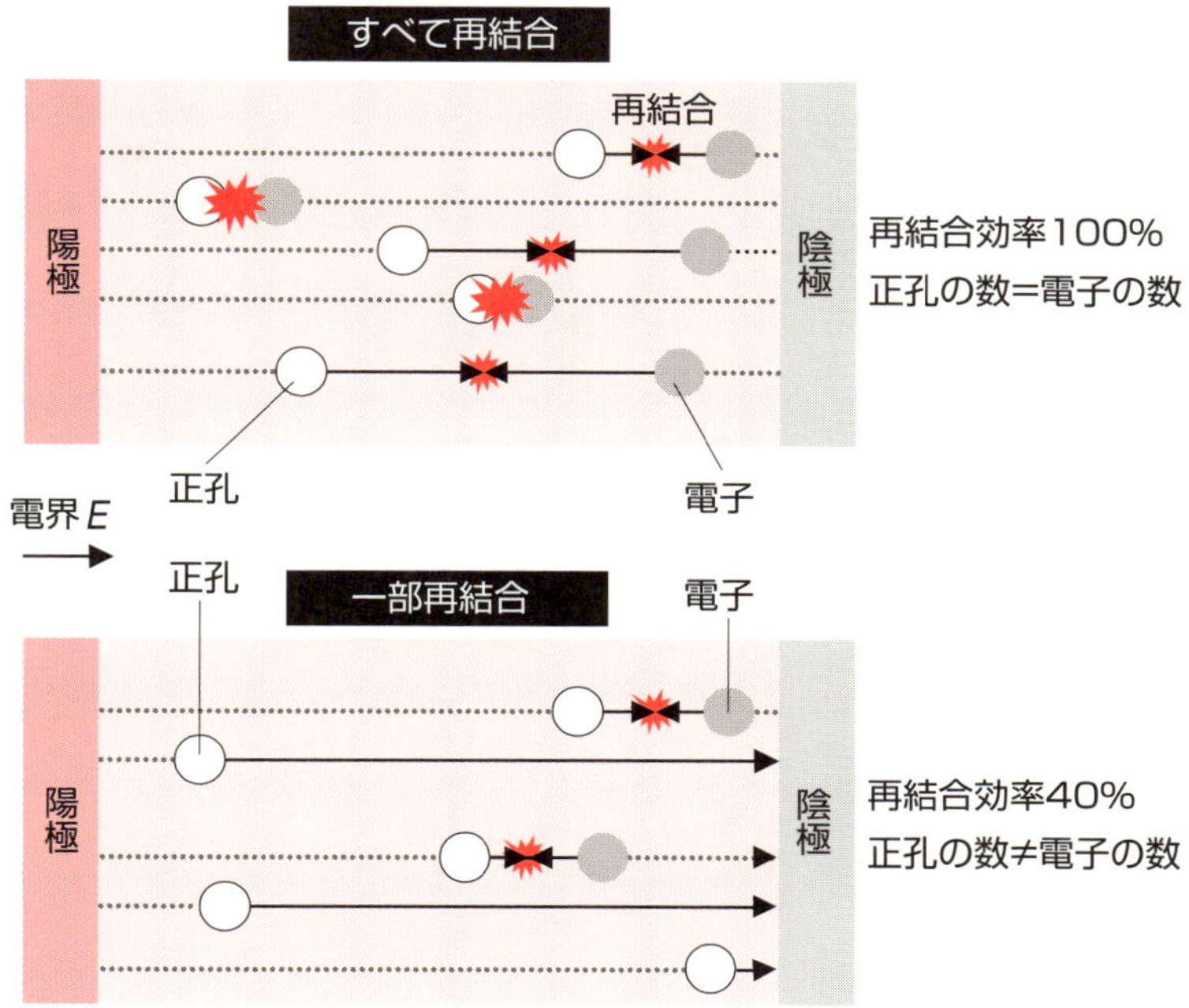

正孔(電子)が陽極(陰極)から陰極(陽極)に流れるか、流れている正孔と電子が再結合すると外部回路に電子が流れる。
例では上下とも外部回路に流れるキャリア数は5個で同じ。

キャリア再結合と励起子生成割合

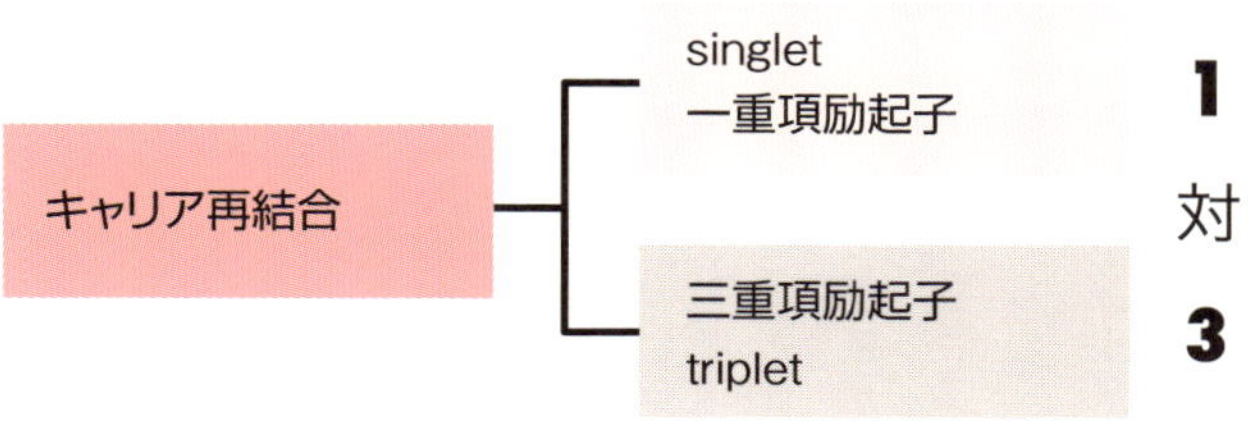

キャリア再結合により一重項励起子と三重項励起子が生成されます。

半導体で励起子というと、電子ー正孔対とも呼ばれますが、電荷がなく中性です。
この電子と正孔の束縛エネルギーは小さいので、室温では非常に不安定なものです。
半導体での励起子と同じイメージを有機分子には持ってはいけません。

11 なぜ電流が流れる？

電流はキャリア密度と移動度の積で決まる

外部回路に流れる電流は、再結合に関与した電流とそうでない電流と区別することができません。定常状態の有機ＥＬに接続された外部回路からの電流を検出します。電流（アンペア：A）の定義は、単位時間（s）当たりにある面積（㎡）を通過した電荷量（クーロン：C）になります。ただ、面積が任意では、大きければ値が大きくなるので、単位面積当たりの電流量では、電流密度を用いるのが良いでしょう。

SI単位系では単位はA／㎡となりますが、小さな電子デバイスではA／㎠がよく用いられます。もし1種類の荷電担体（キャリア）しかないとすれば、電流密度はキャリアの電荷量×キャリア密度（単位体積当たりのキャリアの数）×キャリア移動度（キャリアの移動しやすさ）×電界で表すことができます。

電界が大きくなれば、流れる電流も大きくなりますが、電力を消費するので困ります。また、キャリアの電荷を大きくしてイオンを利用したのでは発光は生じません。有機ＥＬで電流を多く流すには、電子性のキャリアで数（密度）と移動度を大きくするしかありません。

ところが有機材料は基本的に絶縁体ですので、キャリアがほとんどありません。そのため電極から有機材料に電子や正孔を注入します。キャリアを注入するだけでは電流が流れませんので、π電子共役系が発達した比較的移動度が高い有機材料を利用します。

ここで重要なのが、電圧が素子に印加され、素子内で高電界が実現されることです。１００㎚程度の薄膜では、塵芥《ちりあくた》の類や膜の不均一が発生するだけで簡単に絶縁破壊してしまいます。

比較的絶縁性が高い材料はMV／㎝のオーダーで絶縁破壊を起こしますが、有機ＥＬでは印加電圧が低くても膜厚が薄いので、このオーダーの電界が駆動電界になります。

要点BOX

- ●キャリアは電極から注入する
- ●有機材料はキャリア注入量で電流に差ができる
- ●真の移動度は必ずしも大きくない

キャリアの流れの数式化

外部回路に流れる電流は、再結合に関連した電流と、そうでない電流と区別できない。

電流 I の定義＝単位時間当たりに試料に流れた電荷量

$$[\text{単位 A（アンペア）}]=[\text{C（クーロン）}]/[\text{s（秒）}]$$

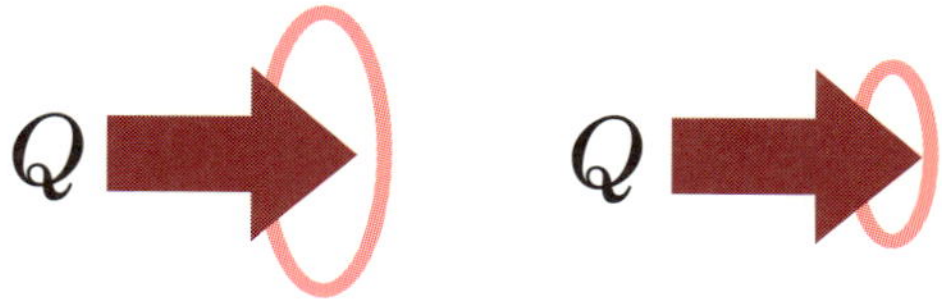

Q が同じなら
電流の流れやすさは同じ?

面積	S_1	＞	S_2
電流密度	小	＜	大

電流密度 J の定義
＝単位面積・単位時間当たりに試料に流れた電荷量[単位 A/m^2]

電荷qを持ち単位体積n個だけ存在するキャリアが平均速度vで移動した電荷量

$$J=qnv$$

この平均速度は平均電界Eと移動度μの積μEで表すことができます。

$$J=qn\mu E \quad \text{（キャリアが1種類）}$$

$$=\sum qn_i\mu_iE \quad \text{（キャリアが } i \text{ 種類）}$$

Jを大きくするには、
1.キャリア密度を大きくする
2.キャリア移動度を大きくする
3.電界を大きくする

qを大きくするとイオンがキャリアになるので、移動度が遅くなります。
有機物はキャリア密度も移動度も大きくはありません。

電界を大きくしても、Jは大きくなりますが、キャリア数は変化しないので、有機ELではあまり意味がありません。

用語解説

π電子共役系：π電子が２個以上結合した系。

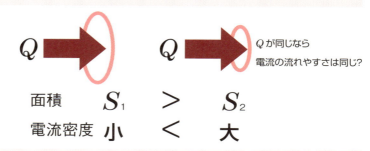

12 電極からキャリア注入

界面でのエネルギーバンドの変化

ここでは電子に注目します。正孔の場合は上下逆さにして考えましょう。電子ではエネルギーダイアグラムの上方に位置するほど大きなエネルギーを持っていて、下に移動する方が安定になります。

有機材料に金属を接触させた際に、金属の仕事関数と有機材料のフェルミレベルの差により、界面で電子が移動します。前者が後者よりも下にあれば、電子が金属側に移動し、バンドが上に曲がります。これをショットキー接触であると言います。逆の関係にあると、電子が有機材料側に移動しますので、バンドが下に曲がります。これをオーミック接触であると言います。オーミック接触では界面での障壁がないので、注入は容易ですが、ショットキー接触では注入しづらくなります。

有機材料の伝導帯(もしくはLUMO)と金属の仕事関数を上図のようなエネルギー関係で考えましょう。伝導帯は仕事関数よりも高い位置にある(このエネルギー差⊿φを注入障壁と言います)ので、電子が有機材料中に移動するためには、エネルギーを得なければなりません。熱によると、熱電子放出と呼びます。熱電子放出による電子の数は温度とエネルギー差に依存しますが、それはボルツマン分布で表されます。

さて電圧が印加されると、金属の鏡像ポテンシャルの影響で本来三角形となる電界の頂点が図1のようになまり、⊿φが小さくなります。そうすると、電子が多く注入されます。これをショットキー効果と呼びます。

1MV/㎝程度の高電界になると、界面の三角形が非常に鋭角になりますが電位障壁の厚さが10㎚未満になってきますと、金属中の電子の波動関数が有機材料の伝導帯に染み出してきます。障壁を飛び越えることなく、ポテンシャルを突き抜けて電子が移動できます。これがトンネル注入です(図2)。量子力学効果によるので、温度の影響を受けません。

要点BOX

- ●オーミック接触とショットキー接触
- ●温度に依存する熱活性的なショットキー注入
- ●量子力学効果のトンネル注入

界面でのエネルギーバンドの変化

ケース1　ショットキー接触

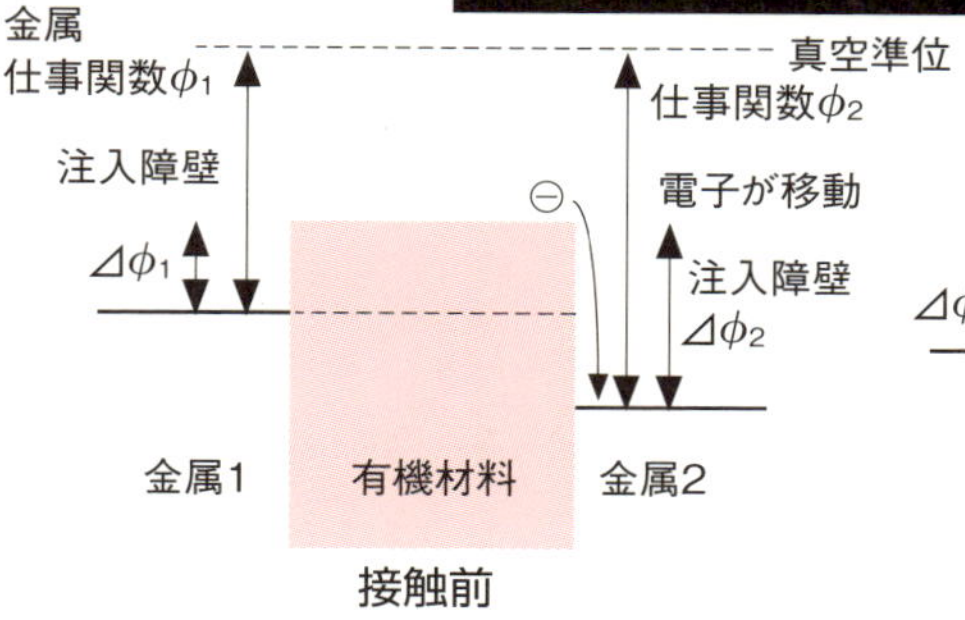

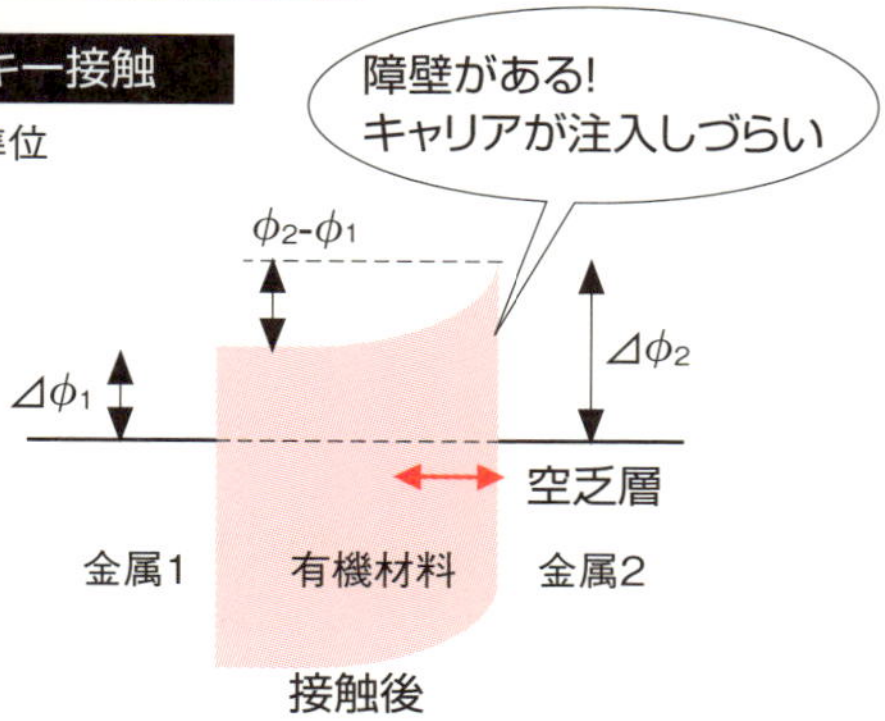

界面ではフェルミレベル（E_F）が揃うように電荷のやりとりをします。平衡に達したときには、両者のE_Fは一致します。バンドが曲がるとエネルギーギャップ内でのE_Fの位置が変化することに注意してください。上では中央に寄るので、キャリアが少なくなると空乏化ということになります。

ケース2　オーミック接触

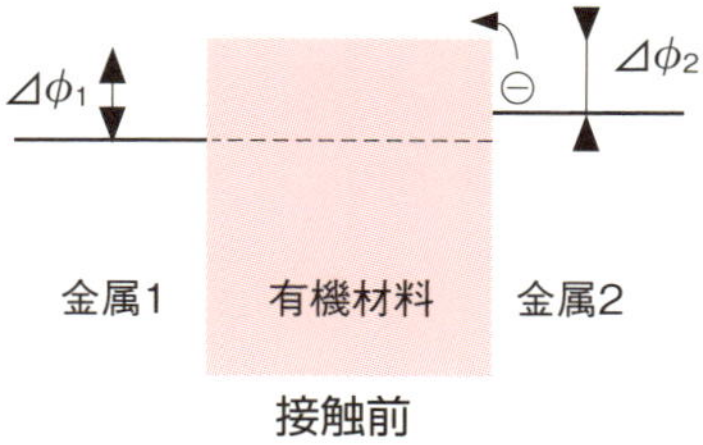

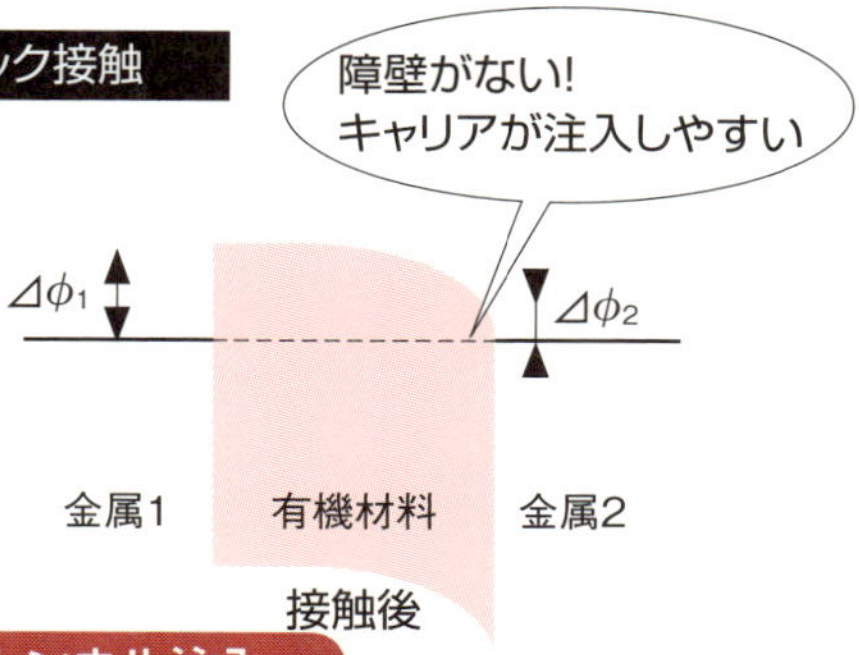

ショットキー注入とトンネル注入

図1　ショットキー注入

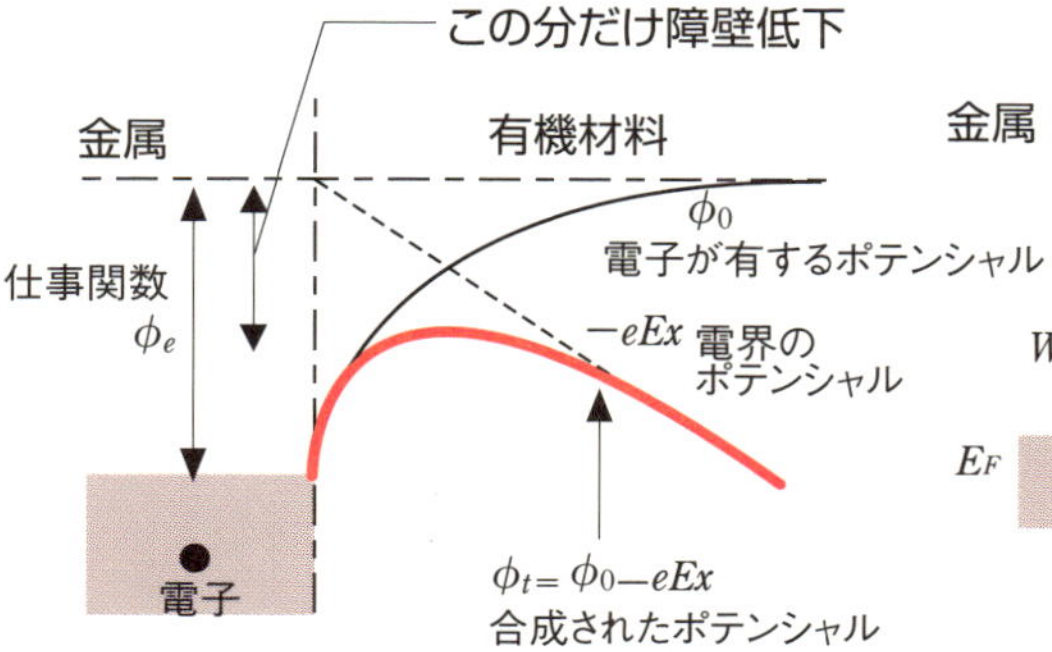

図2　トンネル注入

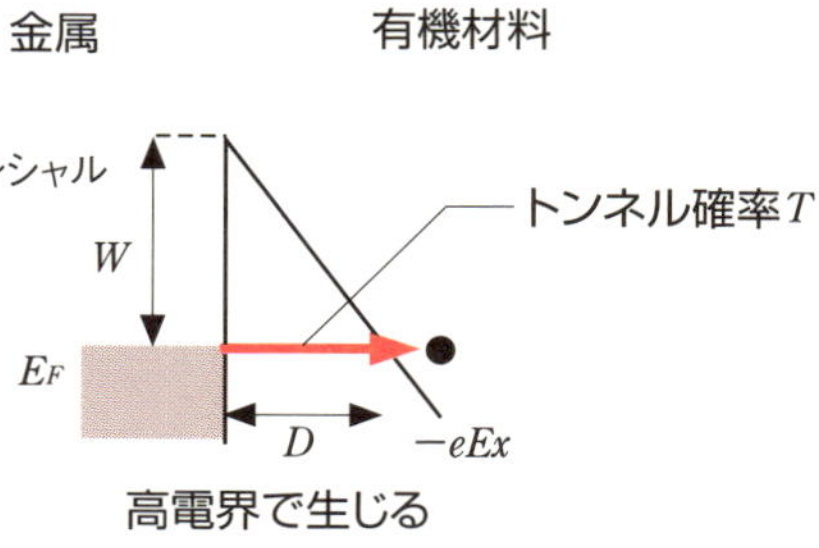

E: 外部電界、x: 界面（x=0）からの距離、e: 電荷素量、W: 障壁高さ、D: ポテンシャル厚み

用語解説

ボルツマン分布:ボルツマン因子 exp（$-\Delta\phi/kT$）により定義される確率分布。kはボルツマン定数、Tは絶対温度。

13 結合力と有機分子間のキャリア移動

電子が分子間を移動する

　エネルギーバンドが正常に形成されていれば、電子は伝導帯を、正孔は価電子帯を移動します。ところが有機分子では、たとえ結晶状態を維持していても、その結合はファンデアワールス力（分子間力）によるもので、非常に結合力が弱いのです。そのためバンド幅は狭く、エネルギーギャップが大きくなります。実際には有機ELに用いられる材料の多くは非晶質膜ですので、状態密度（DOS：Density of state）がかなり乱れている（伝導帯や価電子帯の端を一本線で書きづらい状態）と言えます。また、バンド伝導というのは移動度がある程度以上ない場合には、考えづらいことが無機半導体の研究からわかっています。

　では有機分子におけるキャリアの移動というのは、どうなっているのでしょうか?電子が有機分子間を移動している場合には、ラジカルアニオンと中性分子が交換しながら、移動していると考えられます。ラジカルアニオンとは、「ラジカル」＝遊離基、1個の不対電子を持っている化学種と「アニオン（anion）」＝陰イオンが組み合わさった言葉で、状態も両者を兼ね備えています。中性分子に正孔の場合には、ラジカルカチオンとなります（カチオン（cation）＝陽イオン）。言葉ではわかりにくいですが、下図の準位図を見ればすぐにわかります。

　励起状態というのはあくまで電荷的には中性な状態です。また通常のイオン種というのは電子をやり取りすることにより、エネルギー的に一番上の準位まで電子で詰るため、ラジカルを持っていません。

　この有機分子間の電子移動がホッピング伝導というプロセスになります。エネルギー図で見ると、分子はあるポテンシャルによって分離されていますので、その障壁を乗り越えて電子が移動します。分子間の移動という観点に立つと、分子のエネルギー準位であるHOMO、LUMOを利用する意味がわかります。

要点BOX

●有機分子はファンデアワールス力による結合
●有機分子間の電荷移動
●ホッピング電導とは電子が分子を渡り歩く

ファンデアワールス力とエネルギーバンド

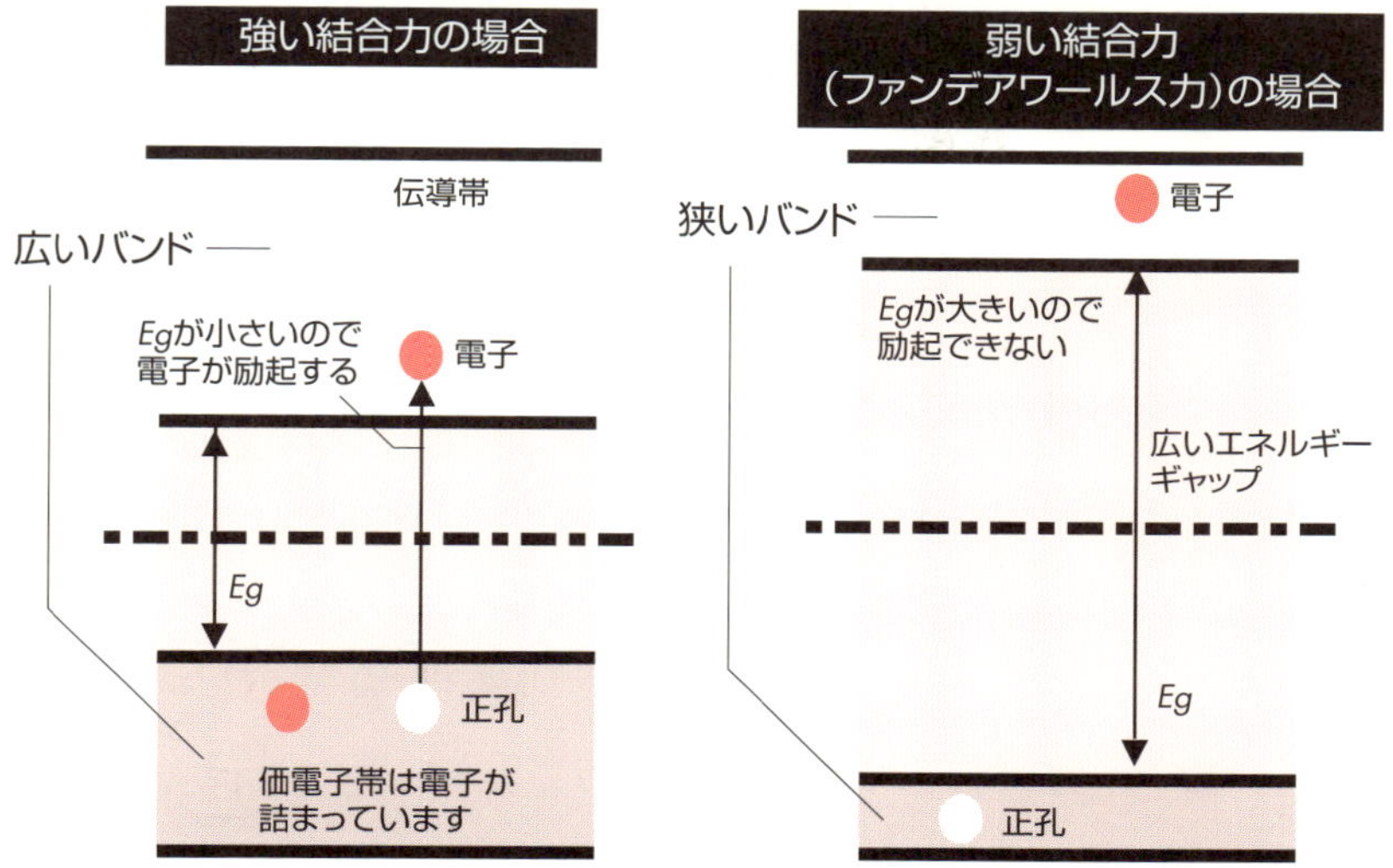

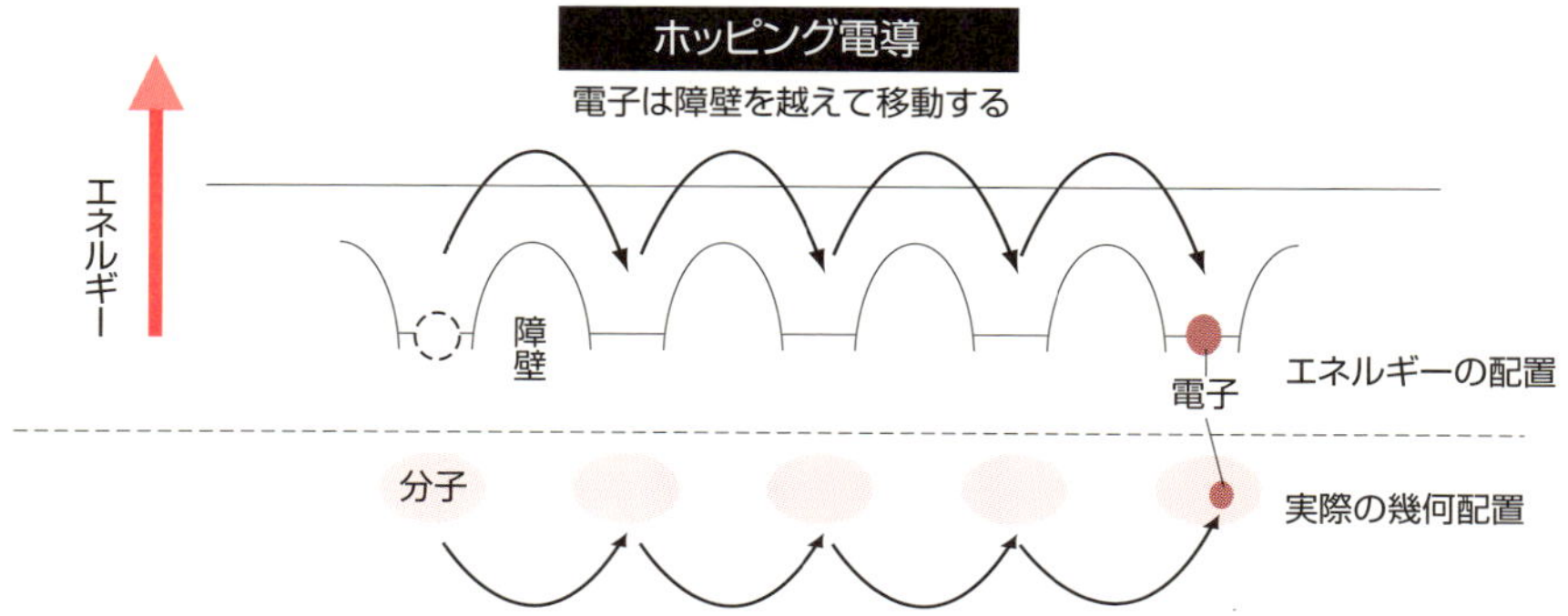

電荷移動における分子の状態

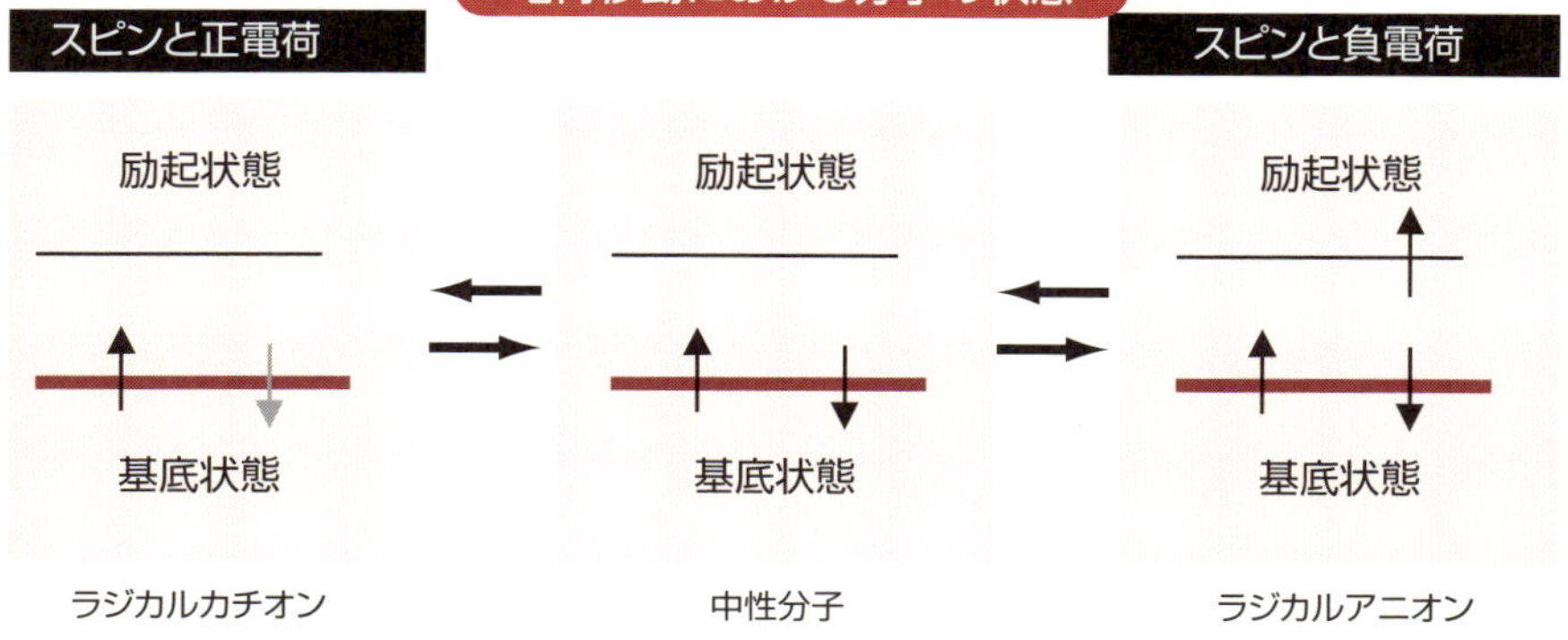

14 移動度の測定のしかた

キャリア移動度の測定法は４つある

有機ＥＬにはキャリア輸送層が利用されますが、その材料の良否を決めるパラメータの1つにキャリア移動度が挙げられます。キャリア移動度の測定法としては、４つの方法が知られています。

①タイムオブフライト(TOF:Time-of-flight)法

②電荷減衰法

③電界トランジスタ(FET:Field-effect transistor)法

④時分解マイクロ波電導測定（ＴＲＭＣ:Time-Resolved Microwave Conductivity）法

②の電荷減衰法はコロナ帯電によって与えられた表面電荷の光減衰過程を測定することで、キャリア移動度を見積もります。③のＦＥＴ法は有機薄膜を電界トランジスタに作り込んで、その移動度を評価します。これは薄膜で測定できるので、大変良いのですが、ＦＥＴ移動度に電極形状の幾何パラメータが入るのが難点です。④のＴＲＭＣ法は、他の手法では必ず電極が必要なのに対して、無電極で測定できる興味深い手法です。

さて、①のＴＯＦ法は、一方の電極側でシート状の電荷を光パルスで発生させ、電界によって反対側に走引させて、過渡電流波形から走行時間を測定します。そして平均電界を利用して、移動度を求めます。走引させる電界方向を反転させることにより、電子、正孔それぞれの移動度を測定することができます。

この手法は初めての有機エレクトロニクスの応用として、有機感光体が注目を浴びていた頃から、有機材料のキャリア輸送機構を検討するのによく用いられています。ただし、ＴＯＦ法の最大の欠点は、使用する試料膜厚がμmオーダーとかなり厚いことです。光励起されるキャリアシート幅が膜厚に比べてかなり薄いことが必要条件だからです。厚膜作成には材料が結構必要になります。安くて大量に手に入る有機材料ならば良いですが、少量しかないものや高価なものなどではμmオーダーの膜の作成など考えられません。

要点BOX

- ●移動度は導電性を見積もる
- ●キャリアを発生させ電界で走引
- ●移動度測定の手法

移動度を見積もる

電流密度 $$J = qn\mu E$$

電流は外部回路を流れた電荷量を示すので、それだけで個々の物理パラメータを決定することは難しい。

q ：電荷
n ：キャリア密度
μ ：キャリア移動度
E ：電界

移動度を測定する手法

- タイムオブフライト法 ―― もっともポピュラー
- 電荷減衰法 ―― 電荷の発生がコロナ帯電
- 電界トランジスタ法 ―― FET移動度
- 時分解マイクロ波電導測定 ―― 無電極で、他の方法より大きめに観測される

タイムオブフライト法(膜厚dの試料)

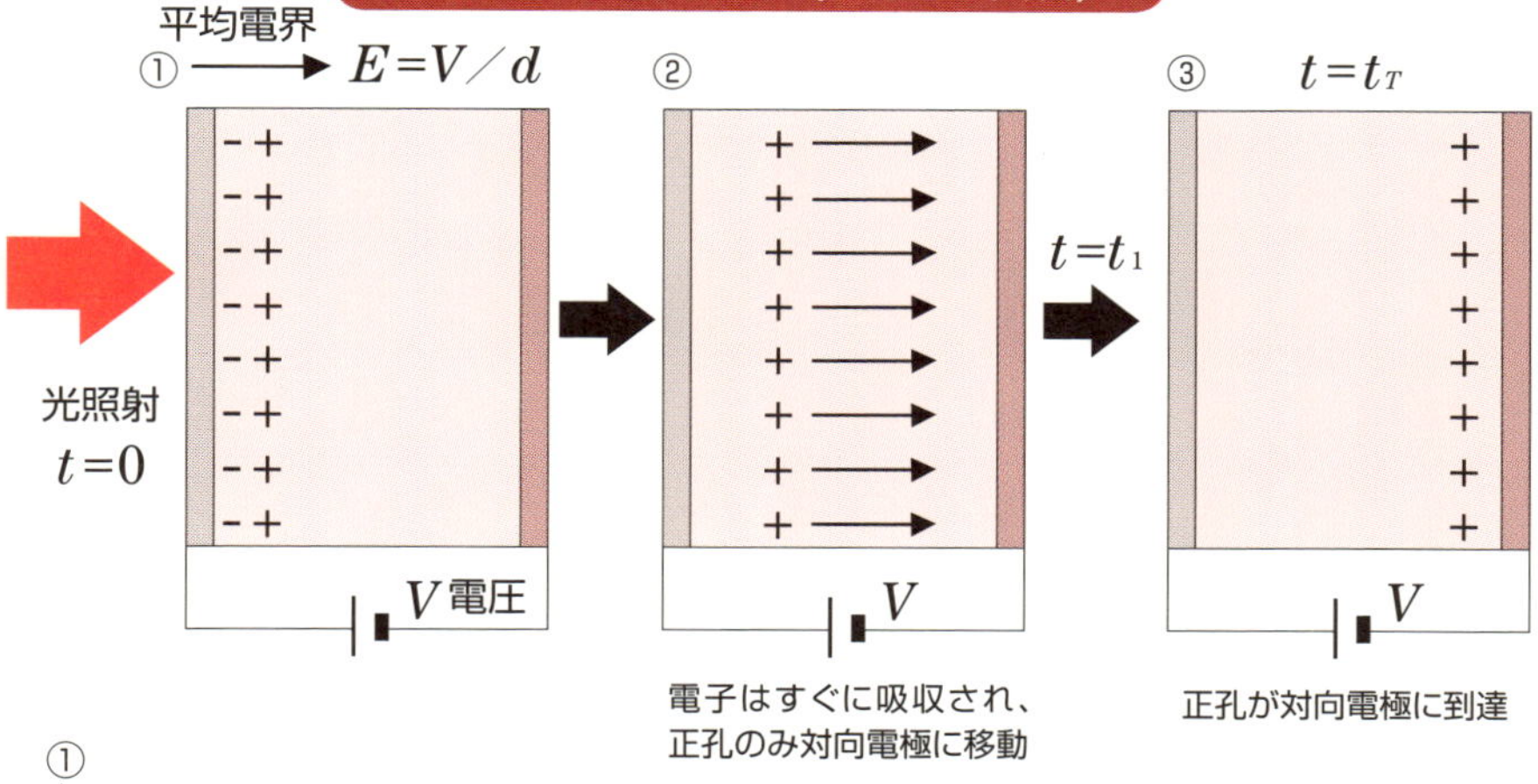

電子はすぐに吸収され、正孔のみ対向電極に移動
正孔が対向電極に到達

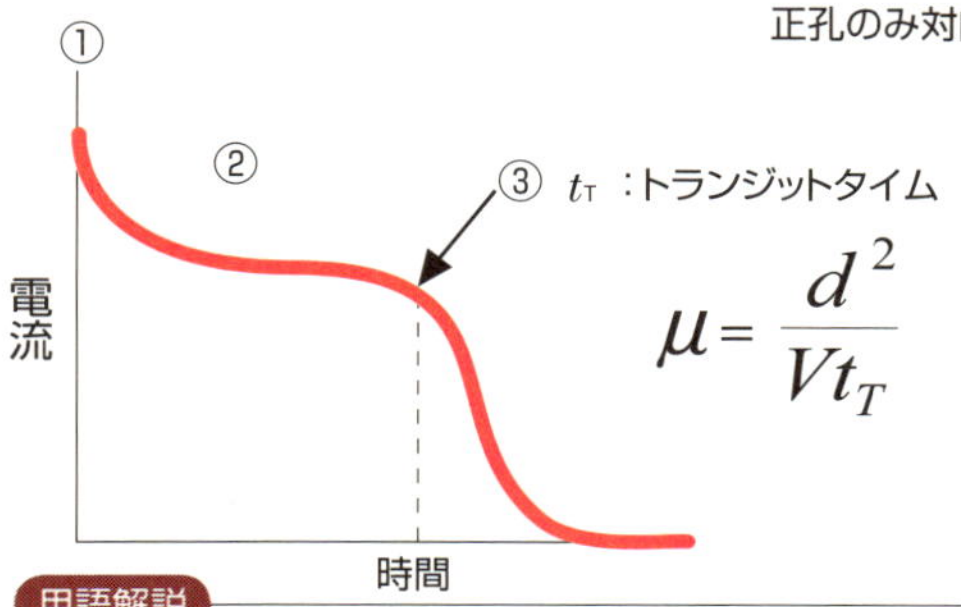

$$\mu = \frac{d^2}{Vt_T}$$

それぞれ①,②,③の状態は電流の図の位置に相当します。ただし、実際にはきれいな屈曲点が見られないことも多く、t_Tの定義は簡単ではありません。

用語解説

トランジットタイム：ここではキャリアシートの重心が対向電極に到達した時間。

15 空間電荷制限電流とは?

キャリアの移動度がキャリア注入を律速する

キャリアが注入されると何が起きるのでしょうか?電荷が存在すると、その電荷は電界を作ります。電極から均一に面状に電荷が注入されたとすると、これもシート状の面電荷と考えられます。どの程度の電界ができるのかガウスの定理を用いて計算してみましょう。

簡単に、無限遠平面の一部を考えます。誘電率をε、面電荷密度をwとすると電界Eは$E = w/2\varepsilon$と表すことができます。では$E = 1$MV/cmになる面電荷密度はというと、$w = 5.3 \times 10^{-3}$ C/m^{2}となります。これを電子の数で示すと、3.3×10^{16} m^{-2}となります。分子の大きさが1nm程度とすると、1m^{2}当たり10^{18}個分子が存在するので、100分子の中3個電子が注入されると、この程度の電界ができてしまいます。そのため表面に注入された電荷は表面から膜中に輸送されずに電極近傍にとどまっていると、その電荷の電界により注入電界が弱められてしまいます(ホモ空間電荷作用)。キャリアの移動度がキャリア注入を律速します。それが空間電荷制限電流(SCLC:Space Charge Limited Current)です。

SCLCというのは、ユニポーラな電導機構です。もともとは真空管の仲間である二極管の電流を解析するのに利用されたものです。SCLCとなるための必要条件は、1つは界面がオーミック接触であること、もう1つは誘電緩和時間がキャリアのドリフト時間よりも長いことです。有機ELにSCLCを適用するためには、キャリア種が電子と正孔のバイポーラであること、電極界面が本当にオーミックであることなどを考慮しなければなりません。

ところでSCLCで電流が支配されるときはバルクの移動度に制限されているのですが、試料にとってはもっとも効率良くキャリアを流す機構なのです。キャリアトラップが存在する場合には、電圧のべき乗が違ってきます。

要点BOX

- ●移動度が遅いとキャリアが渋滞する
- ●ホモ空間電荷作用
- ●効率良くキャリアを流すSCLC

空間電荷の効果

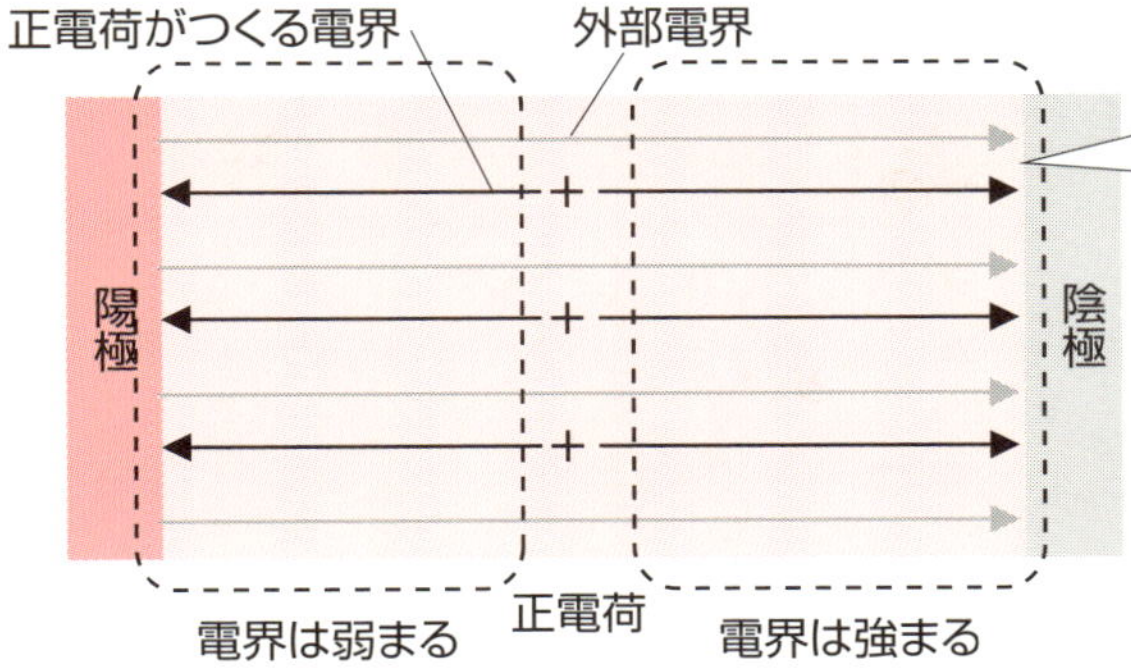

電気力線の向きと数に注目。向きが逆なら打ち消しあい、同じなら強くなる。

移動度が遅いと、キャリアが渋滞します。電極と同じ極性のキャリア（ホモキャリア）が電極前にたまるので、注入電界が弱められます。これをバルク律速型と言います。

空間電荷制限電流（SCLC）の式

$$J = \frac{9}{8}\frac{\varepsilon\mu V^2}{d^3}$$

キャリア密度の項がない!?

J: 電流密度、ε: 誘電率、μ: キャリア移動度、V: 印加電圧、d: 試料膜厚

11項の電流密度の式と比べてください。キャリア密度の項はないですね。

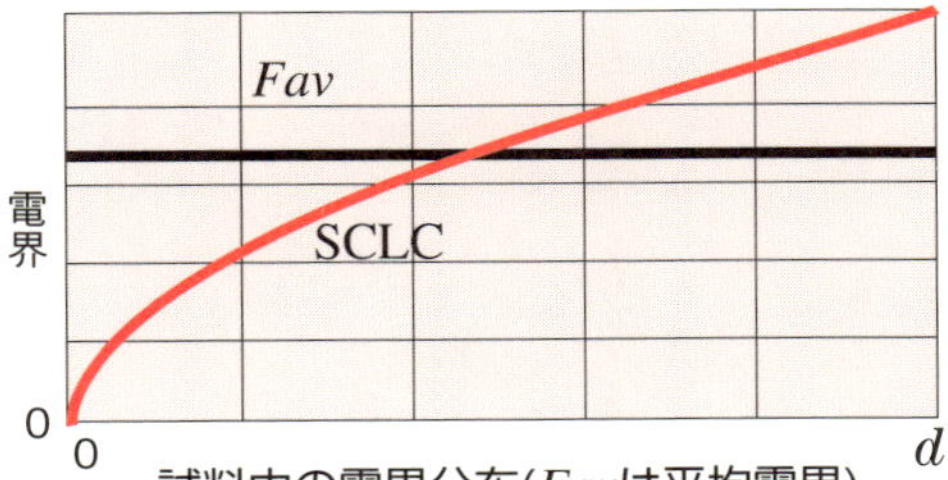

試料中の電界分布（Favは平均電界）

Favは印加電圧Vを試料厚dで割った平均電界です。SCLCのカーブで、平均電界より電界が小さいということは、電極の極性と同じ空間電荷により電界が弱められていることを示します。逆に電界が大きいということは、電極の逆の極性の空間電荷により電界が強められていることを示します。

ポアソンの方程式と境界条件（SCLC側の電界と電位は0）を用いると、上式が得られます。SCLS側の電界が0ですので、ここの接触がオーミック接触でないとキャリアが注入できません。一方のキャリアがもう一方のキャリアの電導挙動が同じであるとき、一方のキャリアだけで有機ELの電導を解析できます。

用語解説

ユニポーラ：電子か正孔のどちらかの極性の荷電キャリアによる（電流）。
誘電緩和時間：ある材料で非平衡状態から平衡状態に回復する時間。
ドリフト時間：電界により電子が対象となる２点間を移動する時間。
バイポーラ：電子と正孔の二種類の極性の異なる荷電キャリアによる（電流）。

16 有機半導体と導電性高分子

結合の重なりで導電性が現れる

有機半導体という概念を初めて提唱したのは、当時東京大学の赤松秀夫・井口洋夫先生です。有機半導体は、大きく分けるとπ電子を持つ化学構造が発達した低分子材料と、モノマーのπ電子共役系が重合により発達した導電性高分子に分けられます。導電性高分子は2000年に日本の白川英樹博士が米国のアラン・マクダイアミッド博士、アラン・ヒーガー博士とともにノーベル化学賞を受賞した対象です。

こうした材料の起源はπ電子にあります。炭素の価電子は4価ですが、原子番号6の炭素に1s、2s軌道、2p（$2p_x$、$2p_y$、$2p_z$の3つの軌道からなる）軌道があります。下から順に電子を詰めていくと2p軌道に電子が2個となりますので、価電子は2個かと思われますね。実は2s軌道と3つの2p軌道から4つの手を持つsp^3混成軌道を作ります。この軌道の形は正四面体の重心にC原子を置いて、それぞれの頂点に向かった形で伸びています。4つの軌道はどれも同じエネルギーを持っていますので、電子が1つずつ入ると4価になるわけです。sp^3混成軌道だけでできた有機材料は絶縁体になります。

さて混成軌道には異なるものがあります。1個のs軌道と2個のp軌道、また1個のs軌道と1個のp軌道によってできる混成軌道もあります。前者をsp^2混成軌道と呼び、形は正三角形の重心にC原子を置いてそれぞれの頂点に向かった軌道を持ちます。後者をsp混成軌道と呼び、C原子を中心に反対方向に一直線の形を持った軌道を持ちます。これらの混成軌道によってできる結合はσ結合になります。一方、残ったp軌道はsp^2混成軌道では軌道の存在している平面に鉛直に存在しますが、これをπ電子と呼びます。ベンゼン環の6個の炭素原子は6つのsp^2混成軌道でできていますが、π電子がそれぞれ重なります。こうしたπ電子の重なりで、π結合が広がっていき導電性や発光性が発現するのです。

要点BOX

- ●有機物の導電性はπ電子共役系が起源
- ●重要なのはsp^2混成軌道
- ●ねじれはπ電子のつながりを切断する

炭素$_6$Cの電子配置

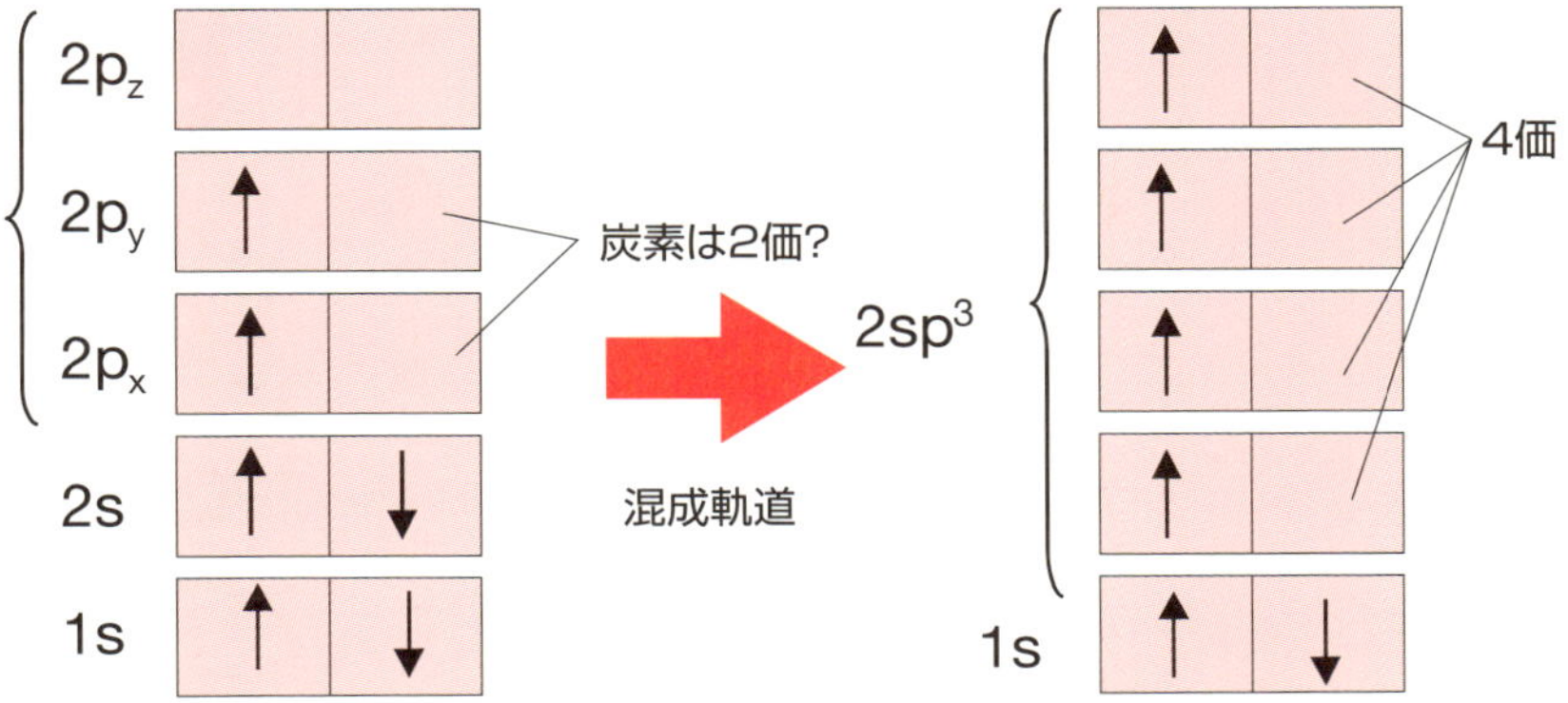

電子はそれぞれの軌道にスピンの向きが異なるように2個入ります。また、エネルギーの同じ軌道では初めに1個ずつ入っていきます。混成軌道はsp^3混成軌道のほかに、sp^2混成軌道, sp混成軌道があります。

sp^3混成軌道

sp^2混成軌道

機能発現に特に重要なのはπ軌道であり、sp^2混成軌道がポイント

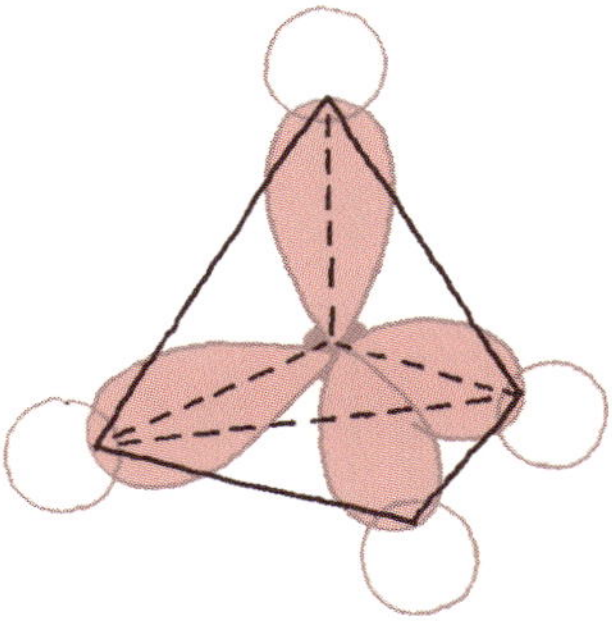

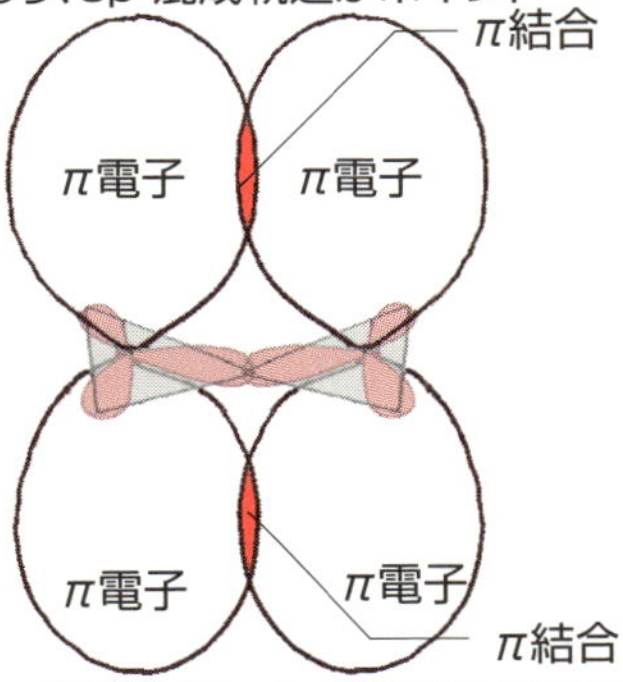

この軌道の形は正四面体の重心にC原子を置いて、それぞれの頂点に向かった形で伸びています。

π軌道は残ったp軌道になります。π電子(軌道)が重なるとπ結合となります。

アントラセン

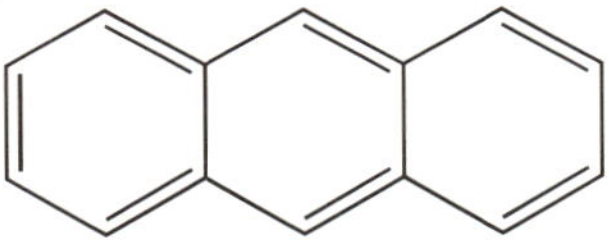

ポリアセチレン

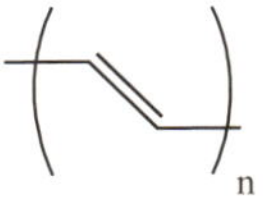

用語解説

π結合：π電子の重なりによってできた結合。立体的に重なっているので、ねじれに弱い。

17 有機材料のp型とn型とは

有機材料のp型、n型はキャリアの流しやすさ

無機半導体では、p型とかn型というのは多数キャリアの極性で決まっていましたね。有機半導体にも同じくp型、n型と表現されることがあります。しかしながら、もともと正孔や電子がキャリアとして多いという意味ではありません。有機物は本来絶縁体なので、真性キャリア密度は小さいです。

有機材料の場合には、p型というのは正孔を流しやすいという意味です。一方、n型であれば電子を流しやすいということです。ですがここでいうp型が弱い材料にp型が強い材料を積層した素子を作成しますと、見かけ上、弱いp型材料がn型に見えることもあります。本当は14項で説明したキャリア移動度を測定して判断すべきものかもしれません。また、使用する電極材料によっては、同じ材料であるにもかかわらず電子が流れやすくなったり、正孔が流れやすくなったりします。このあたりが有機材料の興味深いところです。

また、ややこしいことに有機材料でもp型とn型の積層膜を作成して、「pn接合」を形成したという言い方をする人もいます。正孔輸送材料であるジアン誘導体とAlq3を組み合わせた素子がその典型例です。無機半導体では、結晶はもちろん非晶質でもpn接合の界面では共有結合により形成されていますが、有機材料の場合には単に載っているだけです。まさしく「貼り合わせ」に等しい界面ですので、本来同じ語句は使用しない方が良いと思います。実際、ラミネートすることにより、有機デバイスを作成するという試みもあります。

この有機の「pn接合」には整流性がありますが、これにも注意が必要です。有機薄膜をヘテロな(異なる)電極で挟み込んで電流-電圧特性を測定すれば、必ず整流特性は出ます。界面というのは、電子デバイスにとって機能発現のための重要な要素になります。今後、研究をより深めていく必要があります。

要点BOX

- 無機半導体では多数キャリアの種類で分類
- p型有機材料は正孔を流しやすい材料
- n型有機材料は電子を流しやすい材料

n型とp型の違い

正孔が多い➡p型混成軌道

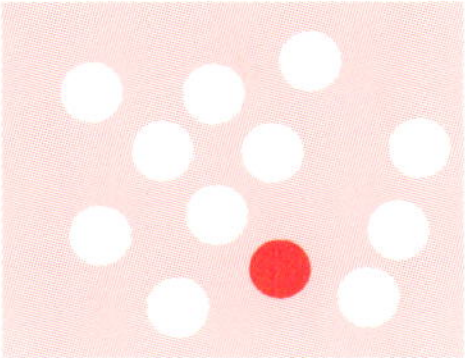

電子が多い➡n型

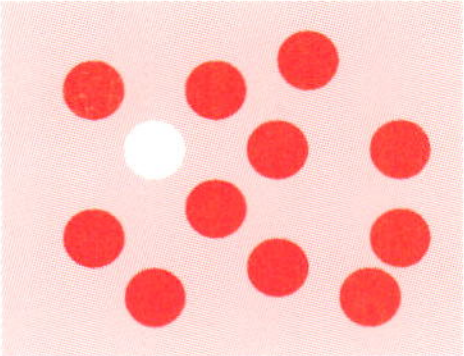

無機半導体のp型、n型は多数キャリアの種類による。

有機材料のp型?n型?

有機物は絶縁体なので、もともとキャリアは少ない。

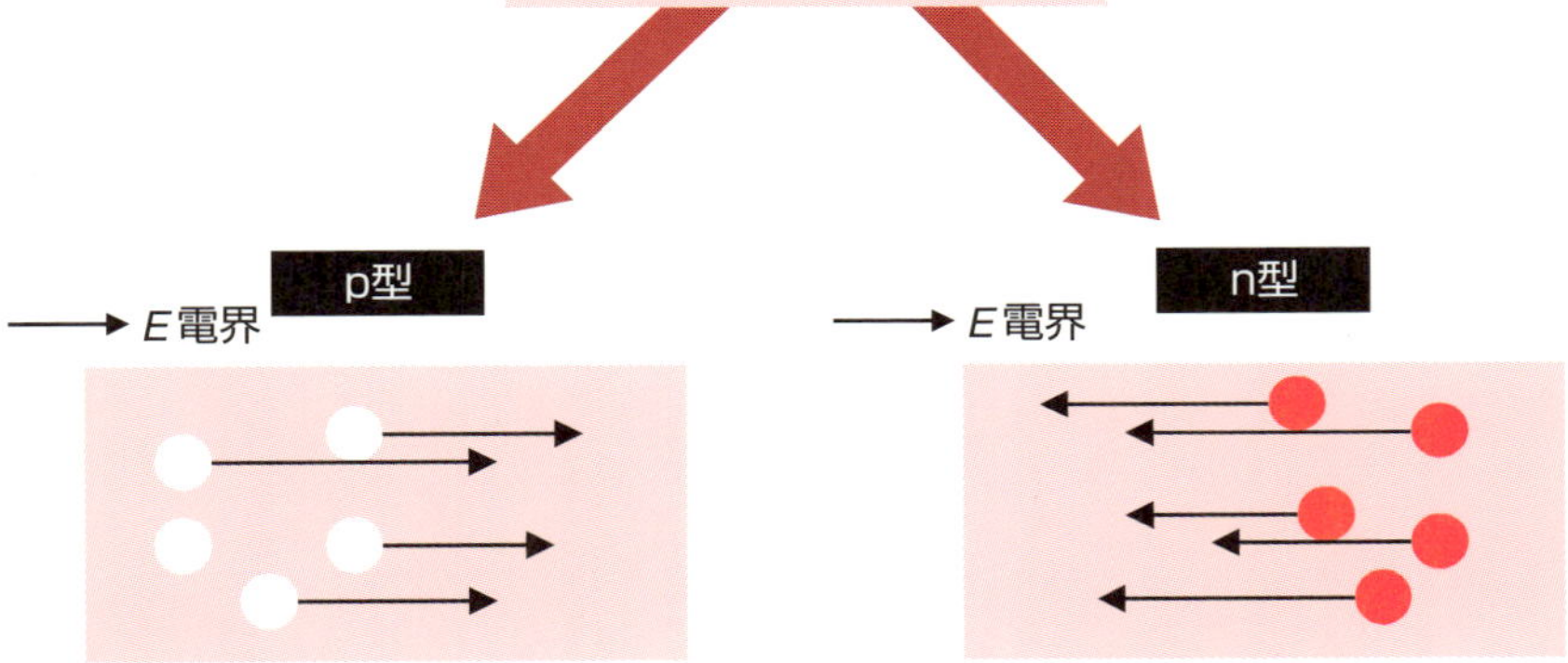

正孔が流れやすい

電子が流れやすい

有機の「pn接合」整流性がある。

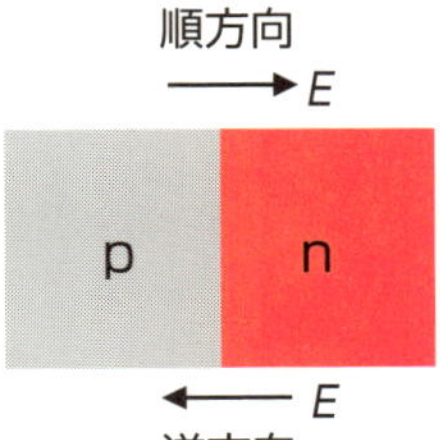

電流がよく流れる方向が順方向、流れないのが逆方向。

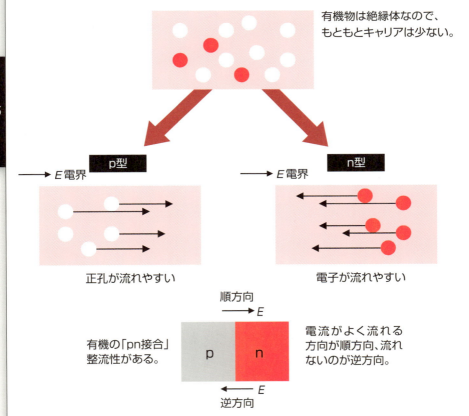

18 光吸収と発光

吸収を見れば発光が見える!?

有機ELの光は単色光（特定の波長のみの光）ではありませんので、その成分を調べる必要があります。横軸を波長（可視光なので㎚）に対して、EL強度をプロットしたものがELスペクトルになります。波長ではなく、エネルギーでプロットすることがあります。波長λとそのエネルギーEは$E=hc/\lambda$（h：プランク定数 6.626×10^{-34} J/s、c：光速 3.0×10^{8} m/s）という関係があります。エネルギーは波長の逆数に比例しますので、横軸をエネルギーにすると、波長表記とは左右逆になります。

PL強度をプロットすると、PLスペクトルです。ある有機材料を有機ELの発光材料に用いるとき、そのPLスペクトルを見れば大体予測がつきます。PLとELスペクトルの違いには、半値幅（スペクトルピーク値の50％の位置の横軸パラメータの差）が広くなる、短波長（高エネルギー）側のEL成分が小さくなる、新しいEL成分が見える、などがあります。

また材料の吸収スペクトルも重要なパラメータです。基底状態、励起状態の準位は1つの準位ではなく、振動準位と呼ばれる微細構造を持っています。それぞれ一番下の準位から、0、1、2、3…と番号をつけましょう。励起状態を区別するために仮に0'とします。基底状態では0番目（一番下）の振動準位に電子は存在しますので、励起状態のすべての振動準位との間のエネルギーを吸収します。吸収により励起された電子は瞬時にエネルギーを放出して励起状態の一番下の振動準位に移ります（緩和現象）。励起状態での定常状態では0'番目（一番下）の振動準位に電子は存在しますので、基底状態のすべての振動準位との間のエネルギーを発光します。これを表すと、吸収では0→0'、0→1'となり、発光では0'→0、0'→1となります。吸収スペクトルはPLスペクトルと鏡像の関係になりやすいです。ただし、基底状態と励起状態で分子の位置が大きく異なると、形は崩れます。

要点BOX

- ●波長（光エネルギー）で表した量がスペクトル
- ●有機ELの基本はPLスペクトル
- ●PLスペクトルは吸収スペクトルから読める

ELスペクトル

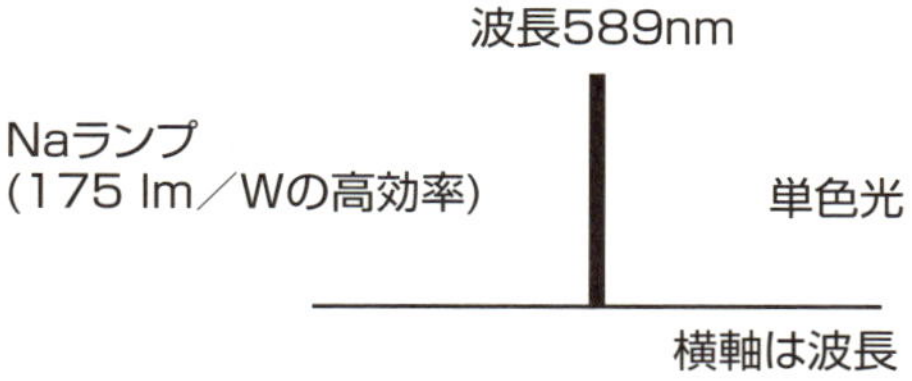

有機ELはブロードな形

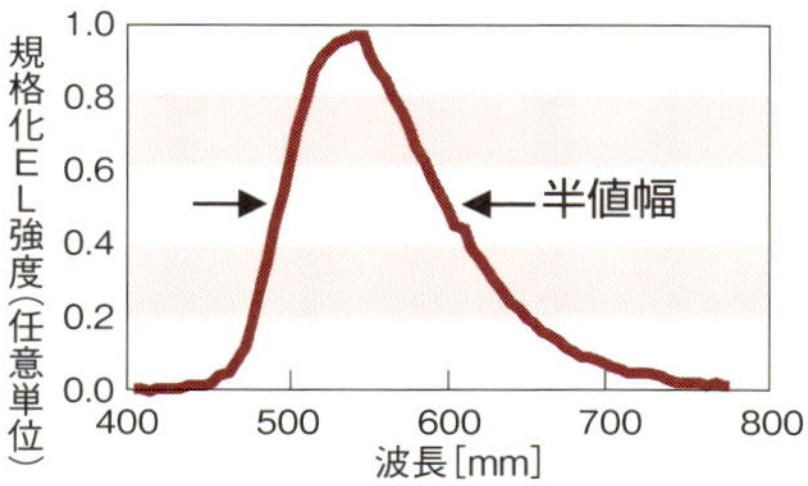

波長とエネルギーとの関係式

$$E_{[\mathrm{eV}]} = \frac{hc}{\lambda} = \frac{1239.8}{\lambda_{[\mathrm{nm}]}}$$

E:エネルギー　λ:波長　h:プランク定数(6.626×10^{-34} J/s)　c:光速(3.0×10^{8}m/s)

分子の基底状態と励起状態のエネルギー図

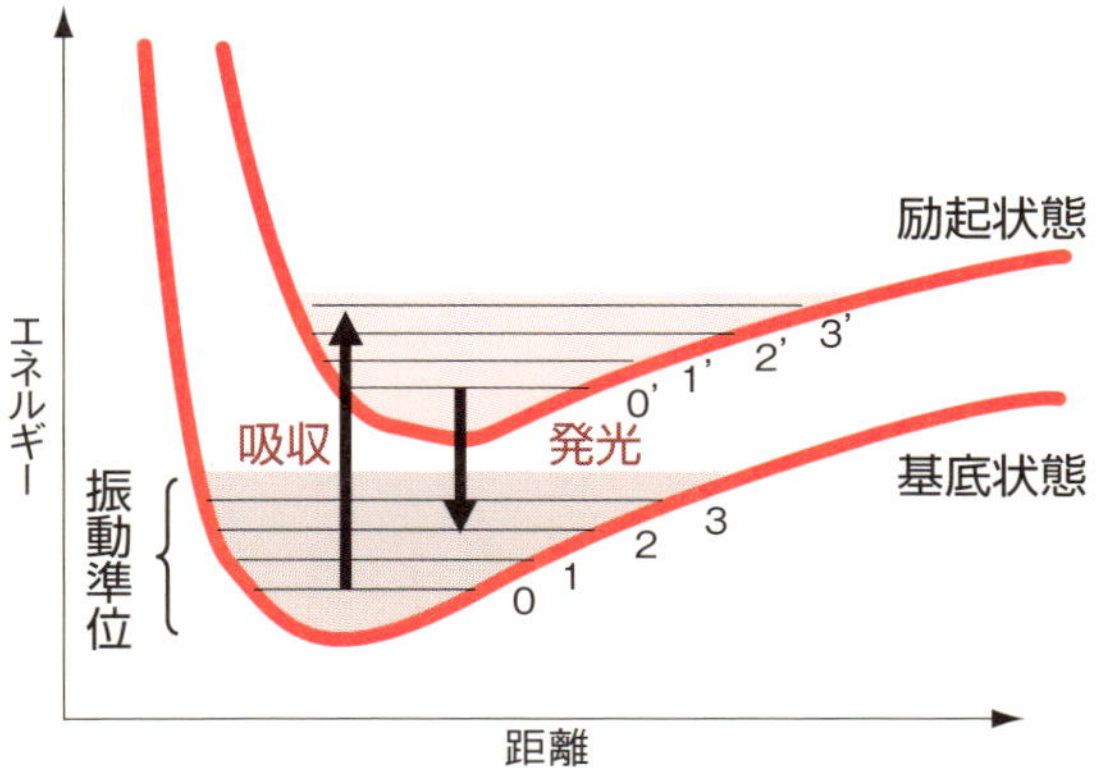

吸収は基底状態の一番下の0振動準位から励起状態それぞれの振動準位への電子遷移。

発光は緩和して励起状態の一番下の0'振動準位から基底状態それぞれの振動準位への遷移。

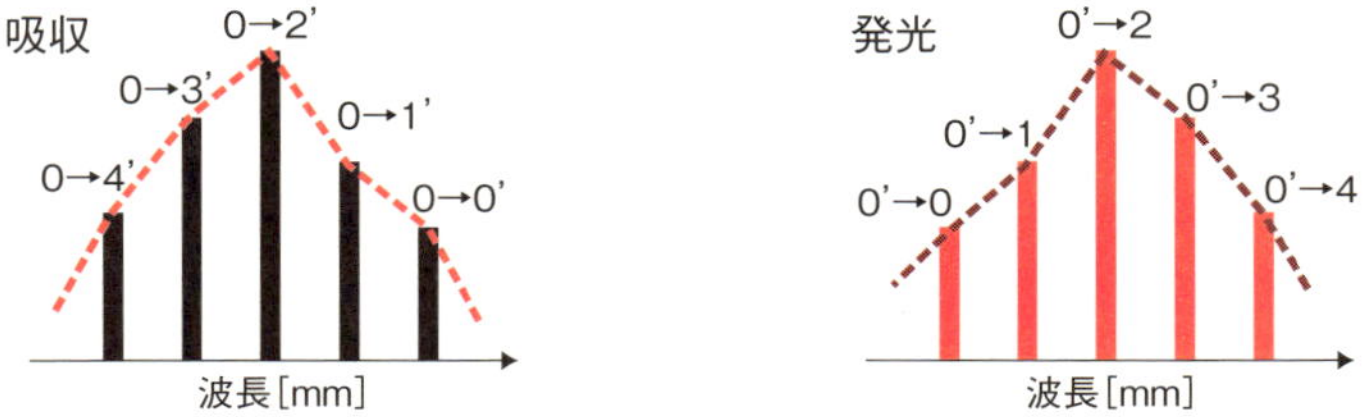

吸収スペクトルと発光スペクトルは鏡像の形で似ています。

19 評価方法はどうするの？

電気物理量、光学物理量の測定

素子中に流れる電荷量を直接測定することはできないので、接続してある外部回路に流れる電流を測定することになりますが、それは電流連続の法則という概念があるからです。電流が流れている閉回路において、どの位置でも値が一定であるというものです。また過渡状態では、実際に素子中を電荷が通過しなくても、電荷が移動しただけで外部回路には電流が流れます。

　これは変位電流として観測されますが、変位電流が多く流れても発光には寄与しません。定常状態では、正孔は陽極から、電子は陰極から注入されます。正孔や電子が対極まで移動して吸収されればもちろん一本の電流の流れとなりますが、途中で正孔と電子が再結合する場合には、2つのキャリアの移動した軌跡を組み合わせて一本の電流の流れとなります。

　通常リード線などの抵抗は、素子抵抗に比べればはるかに小さいので無視できますが、電流値が大きくなってくると必ずしも無視できなくなり、印加電圧＝素子にかかる電圧とはなりませんので、校正する必要があります。

　スペクトルは分光器を使用しないと測定できません。従来は分光器で波長選択をしながら光強度を測定しましたので、素子の経時変化の影響を受けることもありました。現在はダイオードアレイによる分光計測ができるようになり、そうした問題は少なくなったと思います。

　光強度も正面の値のみに注目すると、問題となる場合があります。電力発光効率（lm／W）や外部量子効率を正面輝度により評価することがありますが、光源を点光源と見なして角度放射分布はほぼ球状のLambertianを想定しています。著しい多層構造や干渉効果の導入はこの放射分布がひずみますので、正常な測定はできません。

要点BOX

- ●電気物理量は 電圧、電流
- ●光学物理量は 光強度、強度スペクトル
- ●スペクトルは分光器で

正面輝度と角度放射分布の測定

電気物理量　電圧、電流（電流密度）
光学物理量　輝度、光エネルギー、スペクトル
} 実際に測定できる物理量

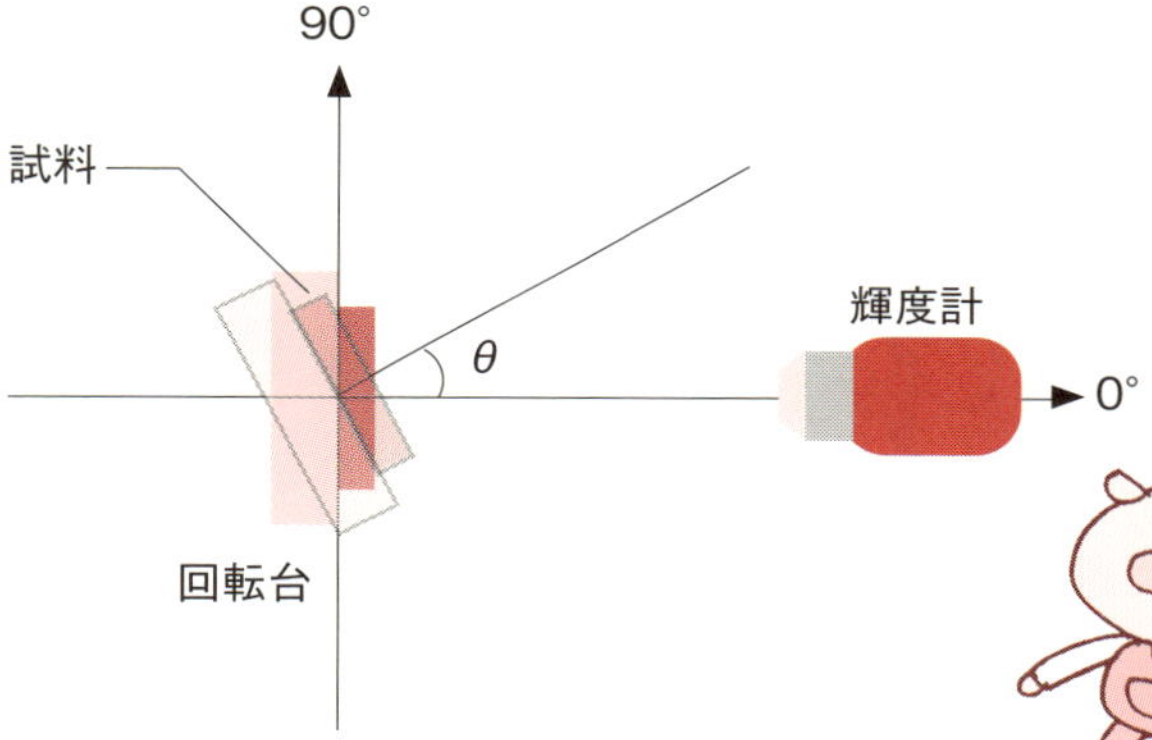

輝度計を動かしても良いですが、試料を回転させた方が簡単です。測定は暗室で行いましょう。

正面輝度と角度放射分布の測定

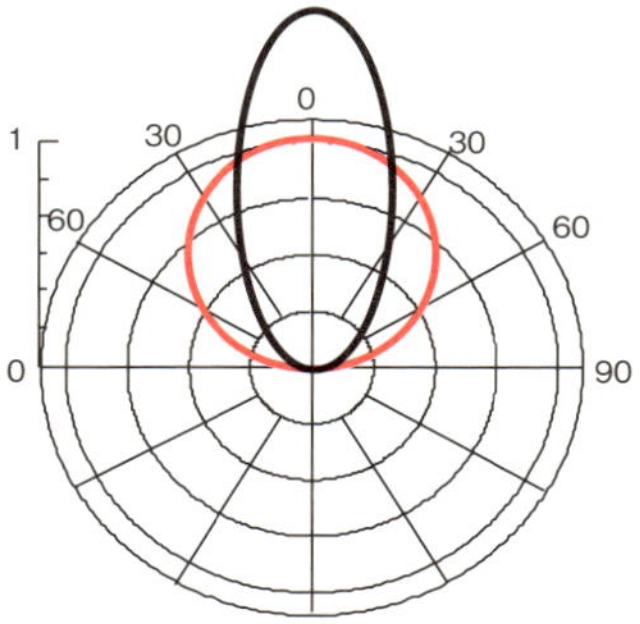

角度放射分布の例
円状のものがLambertianと呼ばれる理想的な放射分布。

形が違っている場合には、正面輝度を利用してEL外部量子効率を評価すると誤差が多くなる。

よく使われる発光効率［単位］	定義
電流効率／電流輝度効率／電流発光効率［cd／A］	正面輝度［cd／m²］を電流密度［A/m²］で除したもの
（電力）発光効率 ［lm/W］	発光面からの全光束を入力電力で除したもの

用語解説

Lambertian：ランバート(Lambert)の余弦法則の関係を満たしている状態を指す。$I_\theta = I_n \cos\theta$ I_n:ある微小面の法線方向の強度、θ: 法線となす角、I_θ:方向の強度。

20 輝度・照度

　光の強度を単純に波長毎のフォトンの数で表すと、入射数が同じなら、強度も同じになります。ところが対象が人間の目となるとそうはいきません。人間の目には緑色は強く感じますが、赤色と青色は弱く感じます。人間の目の波長感度を示したものを視感度と言います。視感度は明るいところ（明所）と暗いところ（暗所）では若干差があるので、個々人の視感度が同じであるとは限りません。

　上図に示すように明所標準比視感度では波長555㎚をピーク1として、短波長側・長波長側ともに感度が低下していきます。450㎚の青色だと、0・038、700㎚の赤色だと0・004になります。暗所標準比視感度になると、全体に短波長側にピークがシフトし、507㎚がピークとなります。このように波長毎の光強度＝分光放射強度に人の目の強度フィルタをかけたものが分光光度（単位cd／m^2）になります。輝度計は輝度を測定する装置ですが、分光放射強度を測定後演算により輝度を見積もる機種もありますが、安価なものは視感度補正を行うようにフィルタを利用しています。また輝度の単位には、cd／m^2の代わりにnt（nt、ニト＝cd／m^2）もよく用いられます。

　発光材料が同じであれば、正面輝度を測定するだけでおおよその比較はできます。一定電流を流したときの輝度の比、電流当たりの輝度cd／Aという表現が重要です。素子構造を大きく変えたり、発光材料を変えた場合には、輝度ではなく21項の外部量子効率を用いましょう。

　フォトン＝光子という考え方も重要ですが、測光の基本は光束となります（測光量は純粋な物理量ではなく、感覚、感性を含んだ量です）。光源からの光束発散度はルーメン毎平方メートル（lm／m^2）という単位になります。光源から距離rmだけ離れた位置の照度は、光度を距離の2乗で割ったものになります。

要点BOX

●輝度は視感度の影響を受けている cd/m^2
●照度の単位はルクス
●光束の単位はルーメン

明所標準比視感度

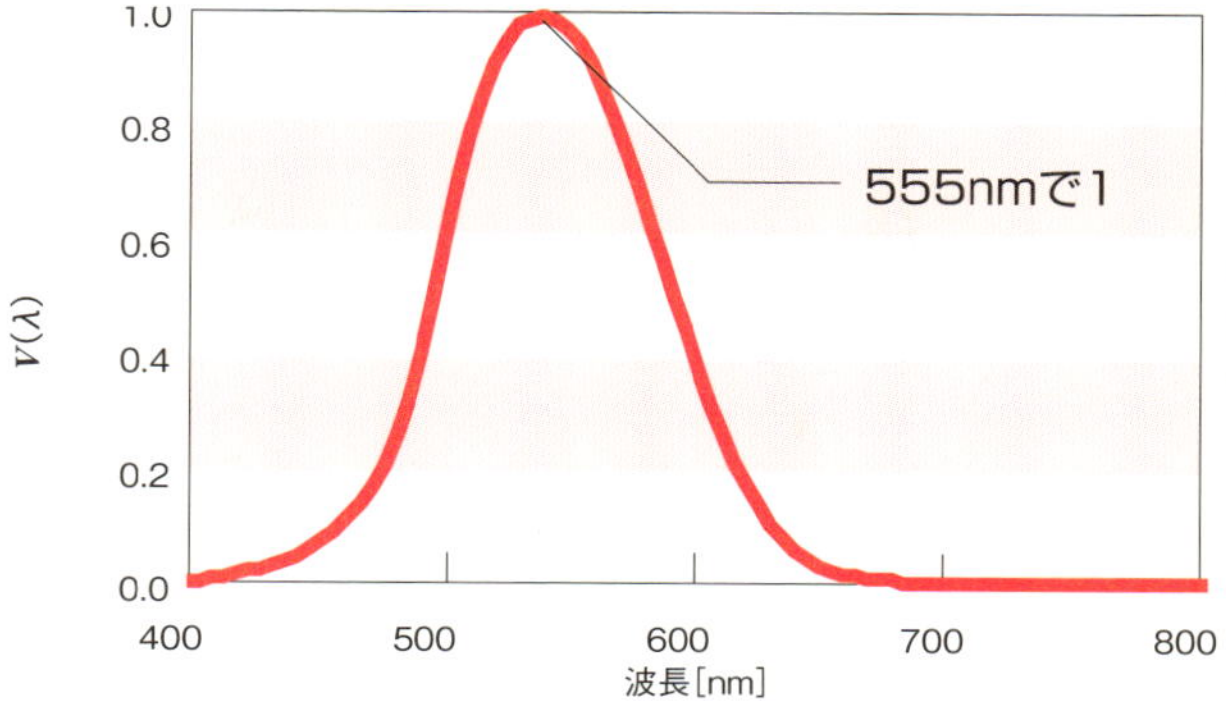

有機ELの発光スペクトルはブロードなので、ピーク波長が555nm程度だとほぼ黄色に見えます。

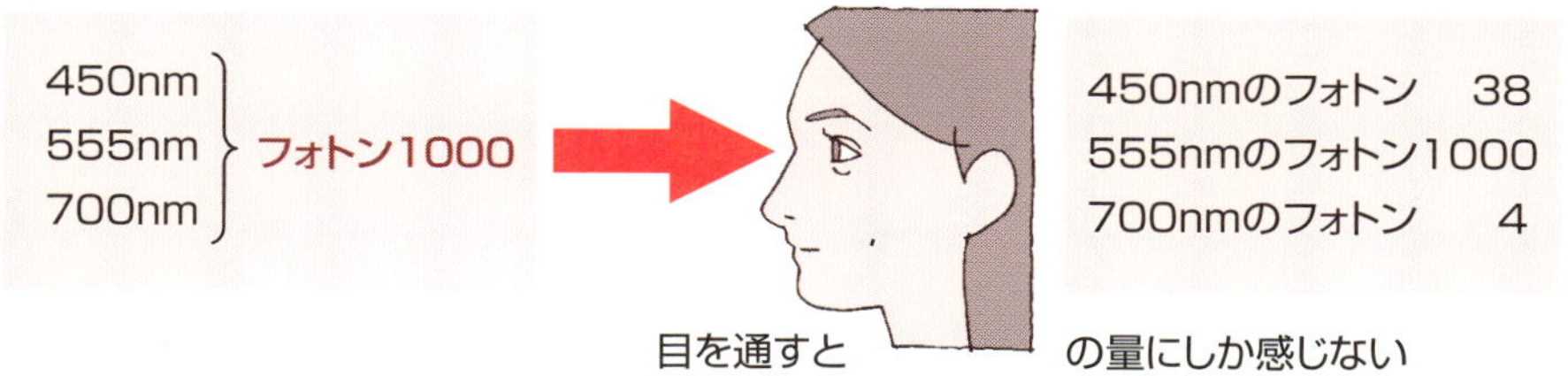

輝度計を動かしても良いですが、試料を回転させた方が簡単です。測定は暗室で行いましょう。

放射量と測光量の対応

放射量（純物理量）	測光量（心理物理量）
放射束［W］	光束［lm］
放射強度［W／sr］	光度［cd］
放射輝度［W／sr・m^2］	輝度［cd／m^2］
放射照度［W／m^2］	照度［lx］
放射発散度［W／m^2］	光束発散度［lm／m^2］
放射エネルギー［J］	光量［lm・s］

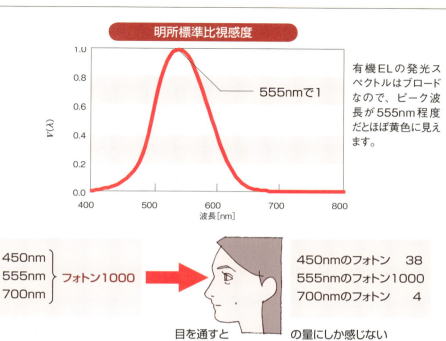

21

発光の効率を示す外部量子効率

素子の効率を示すパラメータ

標準比視感度からもわかるように、赤や青の1000cd／㎡は緑の1000cd／㎡に比べて実際にはフォトンの数で言えば1桁ほど多いわけです。そのため正面輝度の比較だけでは、効率は見かけ上、低くなってしまいます。そこで発光効率として電流輝度効率ではなく、外部量子効率を用います。

外部量子効率は、外部回路（素子中）に流れた電子数で放出したフォトン数を割ったものになります。基本的に1電子・正孔対当たり1フォトンですので、1を超えることはありません。また、それ以外の要因もあるため、実際にはもっと低くなります。まずすべてのキャリアがフォトンに変わったとすると、内部量子効率が100%ということになります。しかしながら、有機層から外に光を取り出さなければなりません。この割合を光取出効率と言いますが、単純に素子を作成すると、0.2前後になってしまいます。そのためどんなに良くても、外部量子効率は20%ぐらいとなります。

内部量子効率はPL量子効率、励起子生成効率、キャリアバランス効率の積で表されます。キャリアバランス効率というのは、素子中を流れる電子電流と正孔電流の割合です。どちらかが大きいと（再結合確率が1、すなわち必ず電子と正孔が出会ったら再結合すると考える）、その分はむだに素子中を流れてしまいます。仮にキャリアバランス効率が1であるとしても、キャリア再結合では、蛍光であれば25%、りん光でも75%です。これが励起子生成効率です。できた励起子が必ず放射失活すれば、PL量子効率が100%となります。

現在、蛍光材料であれば、内部量子効率は1×0.25×1＝0.25となります。これに光取出効率0.2を乗ずると、外部量子効率は5%となります。後述する100%光として取り出せる材料を使用すると、外部量子効率は20%となります。

要点BOX

- ●素子を通過した電子数と放出したフォトン数の比
- ●外に光を取り出す割合—光取出効率
- ●PL量子／励起子生成／キャリアバランス効率

外部量子効率 η_{ext}の定義

$$\eta_{ext} = \frac{\text{放出されたフォトンの数}}{\text{外部回路に流れた電子の数}} \times 100[\%]$$

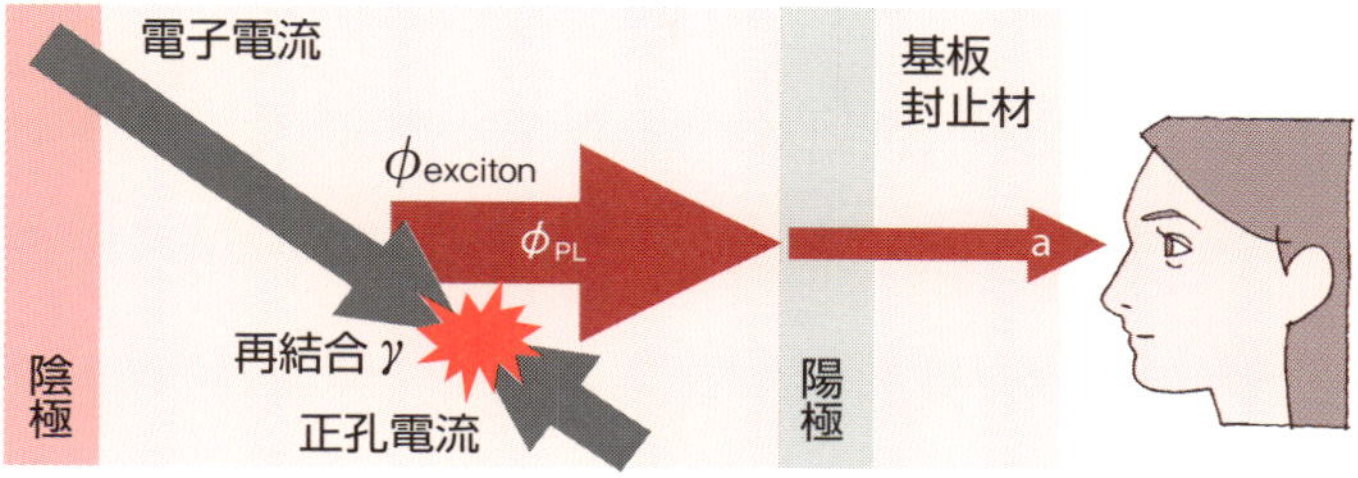

注：図では矢印を便宜上斜めにしてあるだけです。

$$\text{キャリアバランス効率 } \gamma = \frac{\text{再結合に寄与した電流密度}}{\text{外部回路に流れた電流密度}} \leqq 1$$

$$\text{励起子生成効率 } \phi_{exciton} = \begin{cases} 0.25 & \text{(蛍光材料)} \\ 0.75 & \text{(りん光材料)} \\ 1.0 & \text{(100\%転換りん光材料)} \\ & \text{(熱活性化遅延蛍光材料)} \end{cases}$$

PL量子効率 $\phi_{PL} \leqq 1$

厳密には素子で励起子が放射失活する確率といった方が正しい

光取出効率 $a \leqq 1$ (実際には0.2〜0.4)

以上の積で $\eta_{ext} = a \times \phi_{PL} \times \phi_{exciton} \times \gamma$

22 発光効率に大きく影響するPL量子効率

発光のポテンシャルを示す

　ＰＬ量子効率は有機ＥＬの発光効率に大きな影響を与えるパラメータです。基本的には材料に固有の物性値と言えますが、有機分子の周囲環境によって大きく異なります。有機分子単独のＰＬ量子効率を求めたいと思ったら、希薄溶液状態（10^{-5} mol／l未満）で測定します。これでも溶質である有機分子はバラバラかもしれませんが、溶媒分子の影響を受けることがあります。特に極性の強い溶媒、弱い溶媒で差が見られることもあります。次に希薄溶液から、濃度を上げていくと、ＰＬ量子効率が変化しない材料もありますが、大抵の材料は濃度とともに効率が低下していきます。このことを濃度消光と呼びます。有機分子間の分子間相互作用が強くなり、無放射過程による失活が上昇することが原因です。有機ＥＬは溶液で利用しませんので、固体で溶質１００％です。溶液でＰＬ量子効率が１００％であっても、薄膜状態になると濃度消光でまったくＰＬを示さない材料は使用できません。こうした材料は結構多いのです。

　またややこしいことに、固体であれば材料のＰＬ量子効率は固定するかというとそうではなく、形状により変わります。形状が、結晶状態、非晶（アモルファス）状態によって変わります。これは試料の作成条件にも大きく影響します。さらに結晶形態が多くある場合には、形態によって変わることも不思議ではありません。さらに、水や酸素があると、有機分子の励起状態を消光してしまいます。そのため、雰囲気や試料の履歴の影響も受けてしまいます。

　有機ＥＬでの理想を言うと、①素子作成時と同様な作成法による、②素子実装時と同様な雰囲気にする、③できる限り実際の素子構造に近い試料構造による、と思います。ただし、測定時の制約もありますので、簡単ではありません。

　実際の測定では、積分球を利用した方法が主に利用されています。

要点BOX

- 励起に利用されたフォトン数と発光に寄与したフォトン数の比
- 材料の形状によって変わる

PL量子効率測定

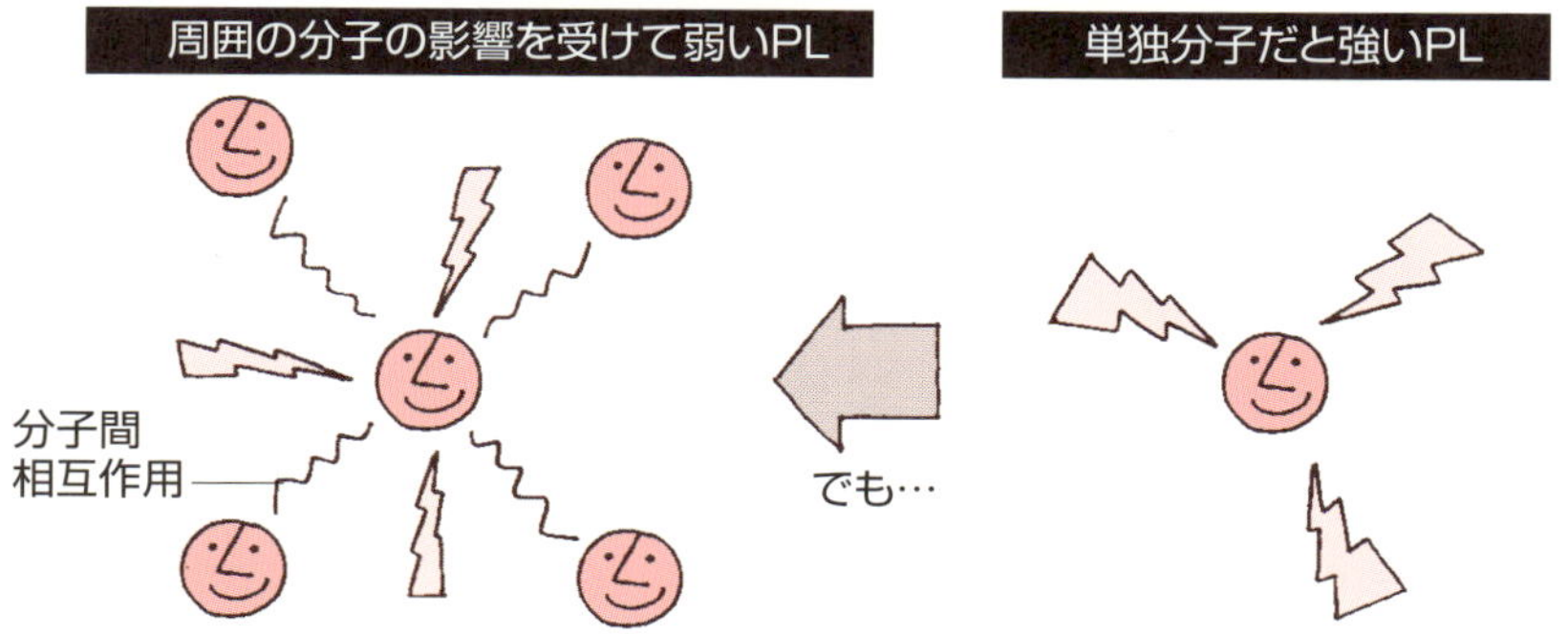

濃度が増える（分子間距離が短くなる）と発光が弱くなることを濃度消光と言います。

各波長の光パワーを求めて波長のエネルギーで割れば、フォトン数は計算できます。

$$\text{PL量子効率}\ \ \phi_{PL} = \frac{\text{発光フォトン数}}{\text{吸収されたフォトン数}}$$

で計算することができますが、それぞれを正確に計らなければなりません。

積分球を利用した絶対PL量子効率測定

（浜松ホトニクス㈱の提供による）

吸収されたフォトンの数よりも多く発光することはあり得ませんので、PL量子効率の最大値は1になります。

もしPL量子効率が1を超えたなら、測定系か計算過程に問題があることになります。必ずロスが発生します。また、有機材料の質（純度、形状、履歴、雰囲気）にも依存します。真の値を見つけるのは簡単ではありません。

用語解説

積分球：一様な反射率をもった完全拡散反射面の内壁をもった球。
完全拡散反射面：反射率が１で、面素から出る放射の角度特性がランベルトの余弦法則に従う面。

23 光取出効率はどの程度ある?

光はまっすぐには出ない

21項で述べたように内部量子効率が100%でも光がうまく取り出せないと、外部量子効率を大きくすることはできません。光取出効率はどの程度なのでしょうか? 光の速度vは屈折率nの媒質中では、$v=c/n$（cは真空での光速）となります。光にとって界面というのは、境界で屈折率に違いが生じるとそれが界面になります。屈折率が大きいということは、その媒質の中で光は遅く進むことになります。

左の図のように媒質Ⅰ（屈折率n_{I}）と媒質Ⅱ（屈折率n_{II}）がある界面で接しているとします。上方向から角度θ_1で媒質Ⅰから媒質Ⅱに光が入射することを考えましょう。媒質Ⅱに入る屈折光線の角度θ_2はスネルの法則により$n_{\mathrm{I}}\sin\theta_1=n_{\mathrm{II}}\sin\theta_2$となります。媒質Ⅰの屈折率が媒質Ⅱの屈折率よりも大きければ（例えば素子から空気中に光を取り出すとき）、θ_2はθ_1より大きくなります。光源から垂直方向に進む光（$\theta_1=90°$）ではなく、ある角度を持って界面に到達する光は屈折率の関係からその界面で全反射を生じます。この臨界角θ_cは$\sin\theta_c=n_{\mathrm{I}}/n_{\mathrm{II}}$より与えられます。

ガラス基板上にITO電極を形成して、有機EL素子を作成したケースを考えてみましょう（ボトムエミッションのケース）。有機層の屈折率は1.7程度、ITOの屈折率は1.8程度、ガラスの屈折率は1.5程度、空気の屈折率は1となります。全反射が起こりうる屈折率大→小という界面は、ITOとガラス、ガラスと空気の界面になります。マジギャン博士[*1]らの報告によると、ITOとガラスの界面を通り抜けられない光は約55%、ガラスと空気の界面では約26%、外に取り出せる光は残りの19%にすぎません。

キム博士[*2]らは簡単な取出効率の式を提案しています。Lambertianで光を取り出せるときは、0.5/（有機層の屈折率）^{2}で表され、干渉構造（前方に光を集中させる）によりこれの1.5倍まで向上させうる、と報告しています。それでも、その値は0.3程度です。

要点BOX

- ●界面は曲者《くせもの》、全反射はもっと曲者
- ●屈折率の違いがポイント
- ●均等ではなく、前方に

光取出効率の影響

外部量子効率 $\eta_{ext} = a \times \eta_{int}$（内部量子効率）

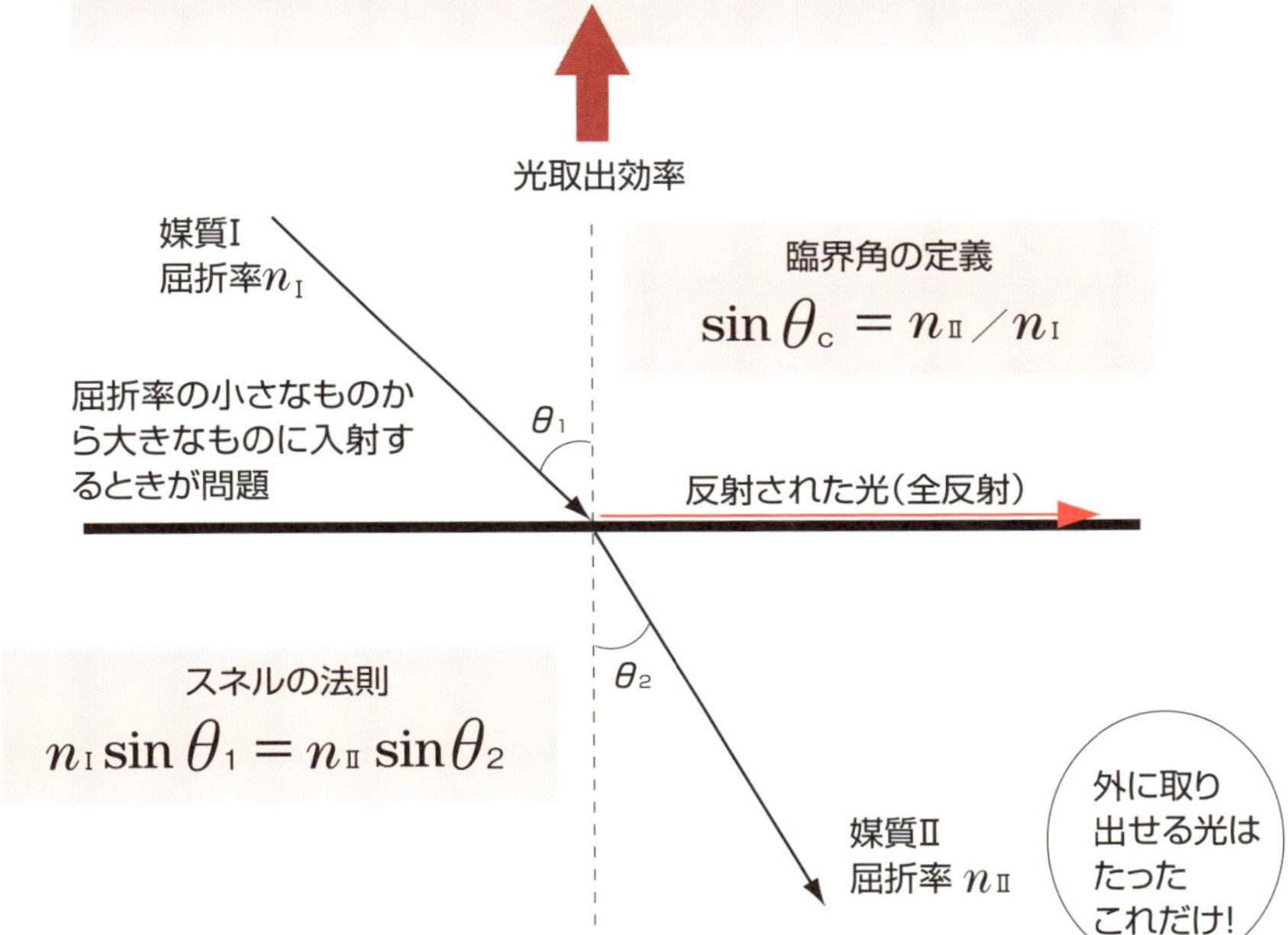

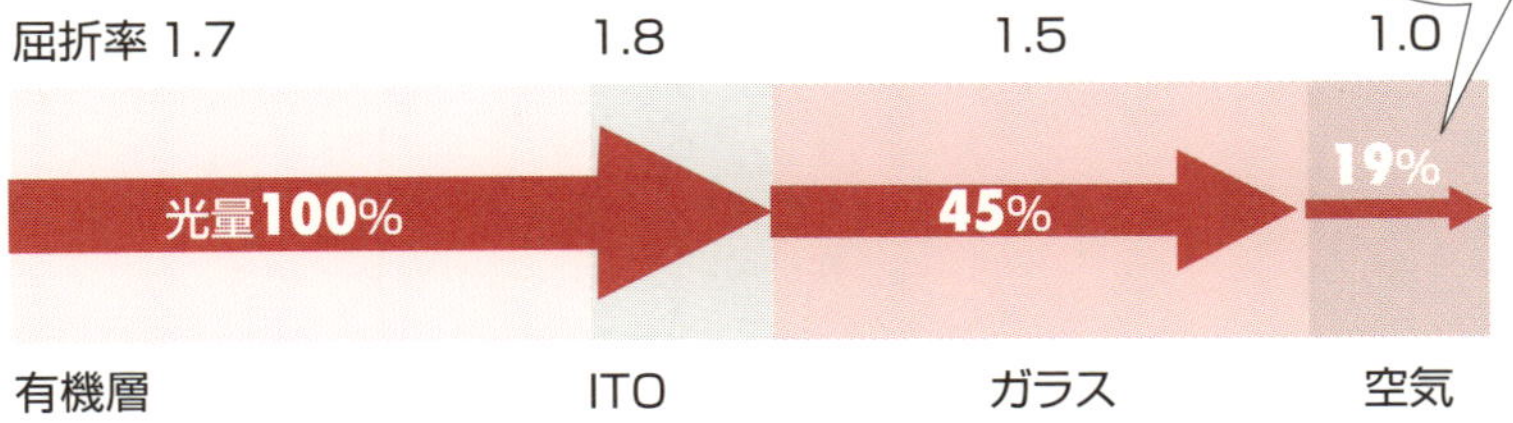

ガラス基盤上にITO電極を形成した有機ELから取り出せる光の量は19%

等方的な場合（Lambertian）　$a \approx \dfrac{0.5}{n^2_{org}}$　$a = 0.20$,　$n_{org} = 1.6$のケース

非等方的な場合　$a \approx \dfrac{0.75}{n^2_{org}}$　$a = 0.29$,　$n_{org} = 1.6$のケース

干渉などで全面に光をそろえる

(J.-S.Kim et al:, J.Apple.Phys.88(2000)1073)

a:光取出効率　n_{org}:有機材料の屈折率

＊1　マジギャン博士（プリンストン大学（発表当時））

＊2　キム博士（キャベンディッシュ研究所（発表当時））

24 光の干渉とは？

陰極金属ミラーの影響

　光の二重性とは、波動としての光と粒子としての光の性質を持っていることを言います。フォトン（光子）という呼び方は、光の粒子性を強調した呼び方です。波動の特徴には、干渉効果と回折効果（光の回り込み）が挙げられます。粒子としての性質は光電効果とコンプトン効果によって確められます。光の粒子性は波束という概念が重要でしょう。

　さて有機ELでは、この中で干渉効果の影響を受けます。画面をミラーにできる機能がある携帯電話を持っている人がいると思います。有機ELは発光した光を取り出すためには必ず一方が透明電極でなければなりません。そしてもう一方はあえて透明電極を利用しなければ、金属の陰極を利用しているはずです。そのため発光していないデバイスを見るとミラーのように見えます（実際のディスプレイなどではそれを避けるためにひと工夫されています）。有機EL内で発光した光は必ず透明な電極の方向にだけ光が進むわけではありません。四方八方に進むので、後ろの電極に向けても光は進んでいきます。でもその先に鏡があれば、光は反射されます。この反射された光と透明電極方向に進んだ光と干渉を起こします。

　2つの光の光路差が光の波長に対してどの程度の大きさになるのかで干渉が決まります。光路差が波長の整数倍になれば強められ、半波長ずれると弱められます。有機ELのELスペクトルを見ればわかりますが、単色光ではありませんので、同じ光路差でも光の波長によって強められる波長、弱められる波長が出てくるわけです。また、角度によって光路差も違ってきます。その結果、同じ材料を用いた有機EL素子でも、ELスペクトルが測定角度や膜厚の違いによってELスペクトルが異なります。ただし、干渉によって正面輝度が大きくなったとしても、全光束量は変化がありません。素子全体の効率が上昇したわけではありませんので、注意が必要です。

要点BOX

- 光の二重性　－波動と粒子－
- 波長と腹節の関係がポイント
- 金属面での反射は位相が半波長（π）ずれる

光の二重性

波動としての光

- 干渉効果
- 回折

粒子としての光

- 光電効果
- コンプトン効果

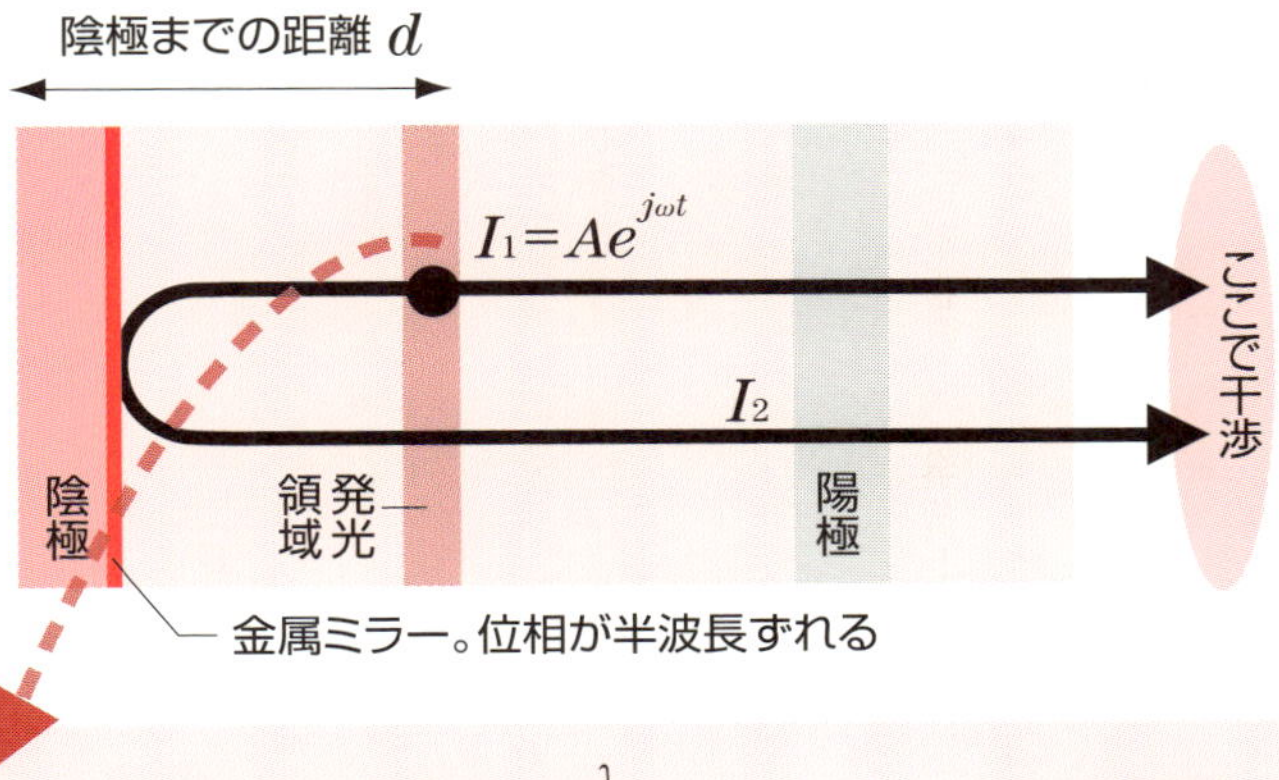

光路差

$l = I_2$の光路 $- I_1$の光路 $= 2nd + \dfrac{\lambda}{2}$　　n は屈折率、λは波長

$\frac{\lambda}{2}$ は金属ミラーで半波長ずれることによる

$I_2 = R\cdot Ae^{j(\omega t - kl)}$　　Rは反射率、$k = 2\pi / \lambda$

観測される光の強度

$$I' = (Ae^{j\omega t} + R\cdot A^{j(\omega t - kl)})(Ae^{-j\omega t} + R\cdot Ae^{-j(\omega t - kl)})$$

$$= Ae^2(1 + R^2 + 2R\cos kl)$$

例えば反射率を1、初期の相対光強度にPL強度を用いて、計算します。

光路差が発生するのは、反射光が生じることによります。

反射はミラーによるものだけではなく、屈折率の違う界面でも生じます。

25 色と光の関係

ここでは色と光の関係を見てみましょう。光は良く言われるように、短波長領域から長波長領域に向かって、紫、青、緑、黄、橙、赤と変わっていきます。これはそれぞれの波長が人の目に入ることによって、その色を感じるわけです。太陽光や蛍光灯のように、いろいろな波長の光を含んでいる光は透明に感じます。これを白色光と言います。

色の3原色というのは、赤・青・黄（プリンタのインクで言えば、マゼンタ・シアン・イエロー）ですね。3色を混色すると、黒になります。なぜ赤いリンゴは赤に、木々の葉は緑に見えるのでしょうか?赤色にものが見えるのは赤色の光を、緑色にものが見えるのは緑色の光を反射しているからです。それ以外の光は物質に吸収されるわけです。そのため、いろいろな光を反射すると白色に見えますが、すべての光が反射されない、すなわち吸収してしまうと黒色ということになります。

光の色がどのようになっているのか、波長による色味を表すものが、光源色になります。これを数値化したものはCIE-XYZ系表色系が一般的ですが、照明の分野では相関色温度で表示することが多いです。CIEとはCommission Internationale de l'Eclairageの略です。

詳細は専門書を見ていただくとして、簡単に言うと3つの等色関数で定義されたX、Y、Zの刺激値を利用して、xとyという色度座標を決定します。下図で示したように、光の波長と色度の関係が三角形のような形で表されます。数値はこの波長を持った単色光の位置を示します。この座標の中で三角形が示されていることがありますが、大抵はNTSCで表現される色範囲を示したものになります。NTSCではこの枠より外の色は表現できません。座標（0・33、0・33）が完全な白色光の色度となります。

要点BOX

- 色の3原色は赤・黄・青で3混色は黒
- CIE座標と波長の関係
- 色は吸収と反射で決まる心理現象

可視光の波長

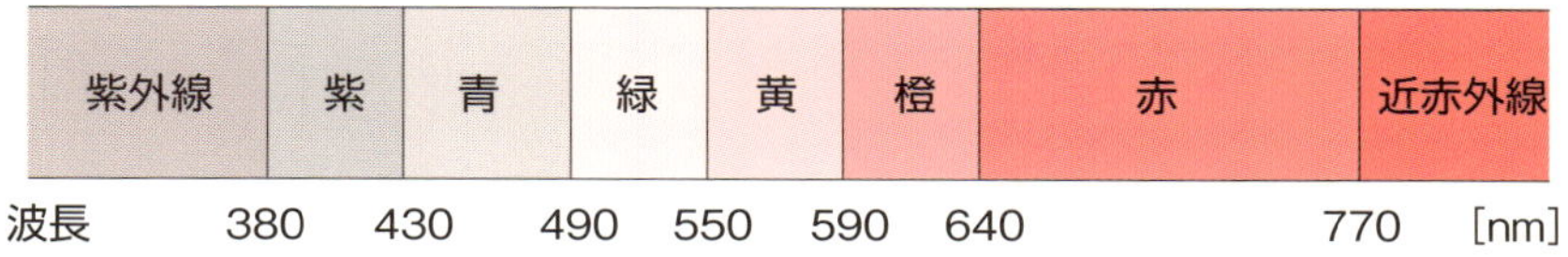

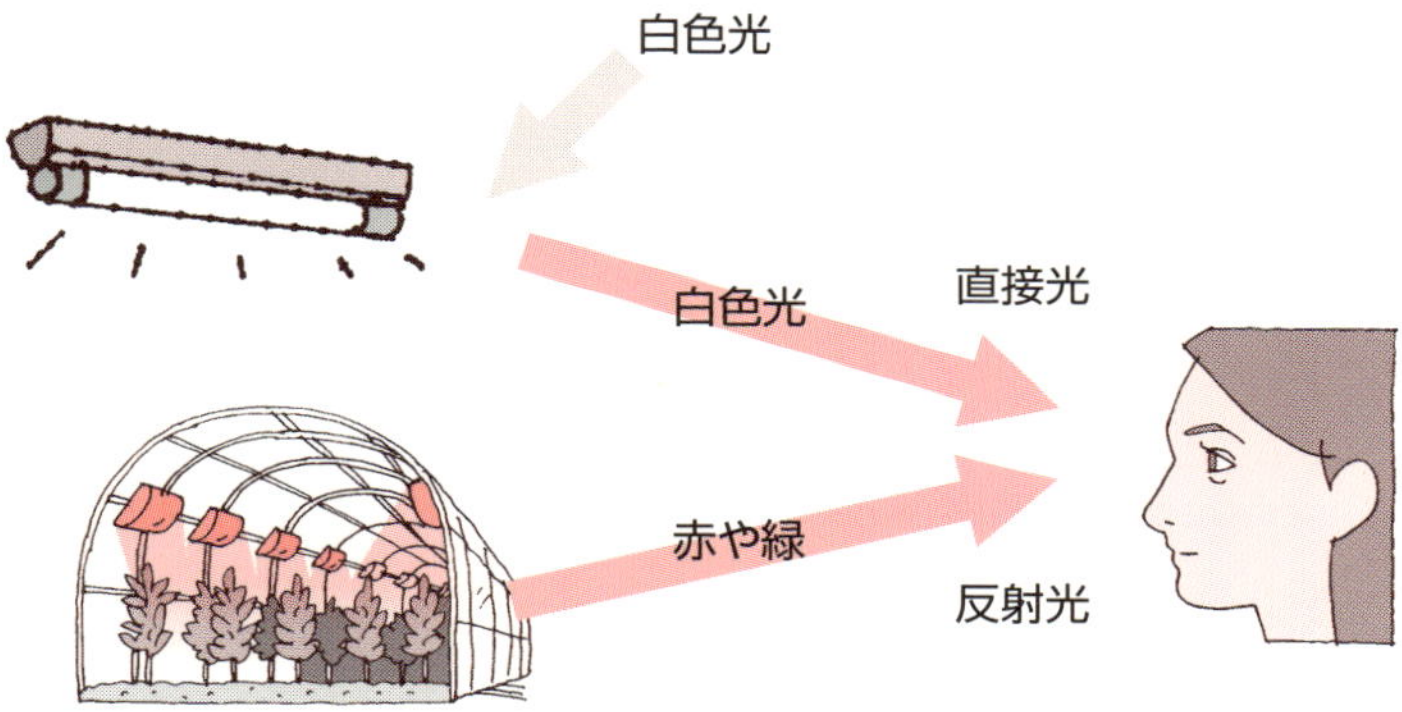

白色光はいろいろな波長を含んだ光　例:太陽光、蛍光灯光

CIE座標と波長

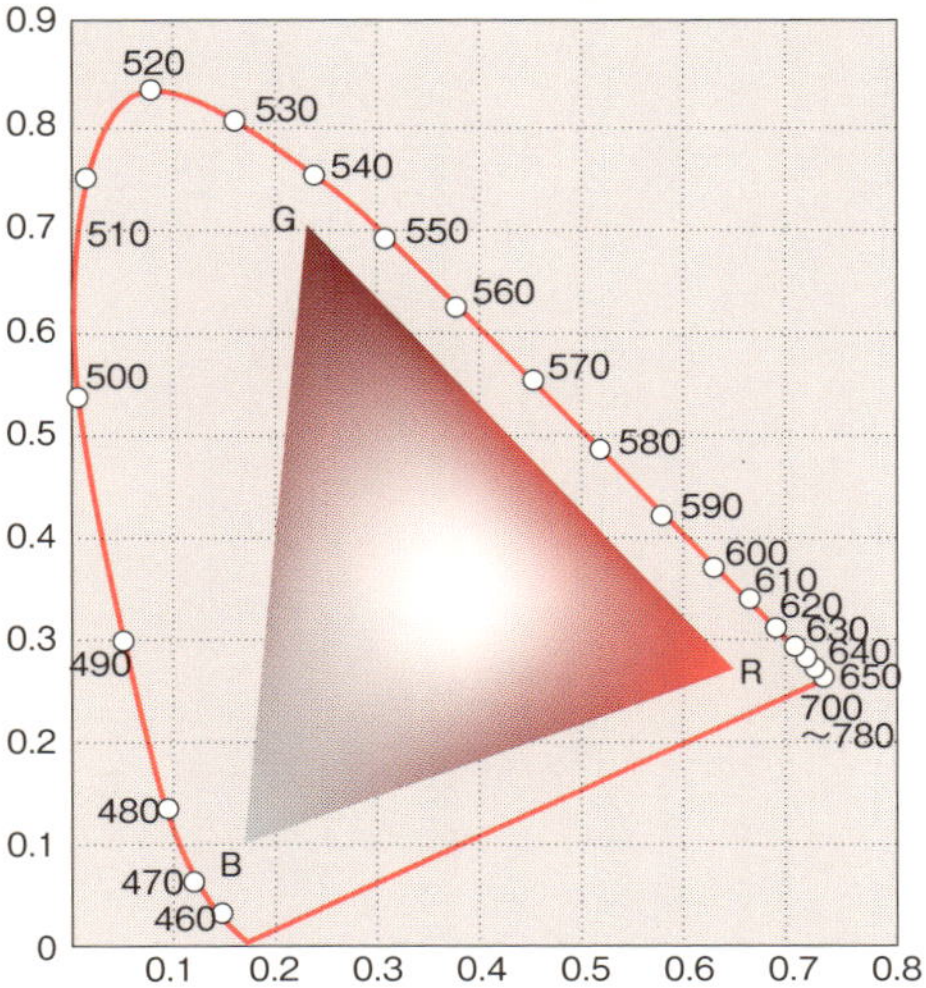

数値は単色光の波長を示します。ELスペクトルのピーク波長ではありません。中の三角形はNTSCで表現される色範囲を示したものです。NTSC方式ではこの枠より外の色は表現できません。

用語解説

NTSC方式：アナログのカラーテレビの方式には、NTSC(日本を初め米国の影響が強い地域)、PAL(西欧および英国の影響が強い地域)、SECAM(ロシア、東欧を含み、仏国の影響が強い地域)の３方式があります。NTSCは他の方式に比べ秒当たりのフレームの数は多いが、走査線が525本と少ない。

Column

有機ELとエネルギーの単位

分野によって呼び方が異なるということを 7 項で述べましたが、厳密に言えば呼び方が違う以上同じものではありません。便宜上、お互いのテクニカルタームで電子（正孔）の移動するエネルギーレベルを示しているものを共通化しているだけです。特に電気化学分野では、参照電極に対する相対値で表されることが多く、参照電極が違うだけでも値が異なるので、慣れないとすぐにイメージできません。

これ以外にもエネルギーの単位の問題があります。化学の分野では、eVではなくcalを利用することが多いです。calは熱量の単位ですが、1948年の国際度量衡会議でできる限り使用しないことが決議されました。しかし、世の中SI単位系ではない国もありますし、今まで慣れているものを使用するなといっても無理ですよね。（ちなみに推奨はJです。eVはSI単位と併用することが認められています）少し物理が入ってくると、ご存じの通りJとなります。でも、分子1個で考えるとかなり値が小さくなるので、物質の量1mol当たりで考えます。そうすると、kcal/mol, kJ/molという単位になります。1calは4.18605Jとなります。1eVは1.6021892×10^{-19}Jとなります。SI単位系でのエネルギーの単位はJですので、Jを使うべきなのでしょうが、毎回指数を引きずった形で記載するのは大変です。

また、光が関わる分光学の分野も単位の問題があります。18 項で書いたように波長nm（可視光周辺領域）やエネルギーeVを使う場合があります。実はこれら以外に、振動数や波数が単位になっている場合があります。振動数は1秒当たりの波の数、波数は単位長さ当たりの波の数になります。振動数の単位はHz、波数の単位はSI単位ではm^{-1}となりますが、一般的に見られるのはcm^{-1}となります。そして振動数も波数もエネルギーの単位として見なすこともできます。一度それぞれの換算表を作成してみると良いでしょう。

第3章

有機ELはどんな種類・材料があるの?

26 役割によって材料が異なる

それぞれ得意な性質を利用する

有機ELは多層の有機・無機材料が利用されています。それぞれが個々の役割（機能）を果たしているのです。少なくとも陽極か陰極のどちらかが光を透過させるような機能を持っていないといけません。これが透明電極（ITO）です。

陽極からは正孔が注入されます（素子側の有機材料から電子を引き抜くことと同じです）が、これには正孔注入層が利用されます。

正孔注入層の次は正孔輸送層です。ここでは正孔移動度の高い材料がよく用いられます。そしてもう1点、発光層から流れ出る電子をブロックすることも重要なポイントです。電子をブロックするには、正孔輸送層のLUMOが発光層のそれよりも小さいか、電子移動度が非常に小さいことが必要です。なお、素子によっては2種類以上の正孔輸送層を利用することもあります。

次の層は発光層ですが、単独材料で用いられる場合と2種類以上を混在させて利用することもあります。これについては、27、28項で見てみましょう。

発光層には正孔だけでなく電子を注入しなければなりません。陰極から電子を発光層に供給する役割を持ったのが、電子輸送層です。電子輸送材料のLUMOは発光層よりもエネルギー的に高い方が好ましいです。HOMOは発光層からの正孔の流出を抑制するために発光層より大きい方が良いでしょう。そして電子輸送材料は電子移動度が高い方が好ましいです。

電子輸送層を利用しない発光素子もありますが、電子注入層を用いる素子は多いですね。陰極からの電子注入を促進します。

最後は陰極です。一般的には仕事関数の低い金属が用いられますが、陰極側を透明にするために極薄の金属層に透明電極を組み合わせた構造もよく用いられます。有機ELに使われる構成材料とそれぞれの役割はわかりましたか?

要点BOX

- ●キャリア注入にはキャリア注入層
- ●キャリア輸送にはキャリア輸送層
- ●発光は発光層

低分子有機ELの複雑な多層構造

正孔輸送層:
正孔を効率良く
発光層まで輸送

電子輸送層:
電子を効率良く
発光層まで輸送

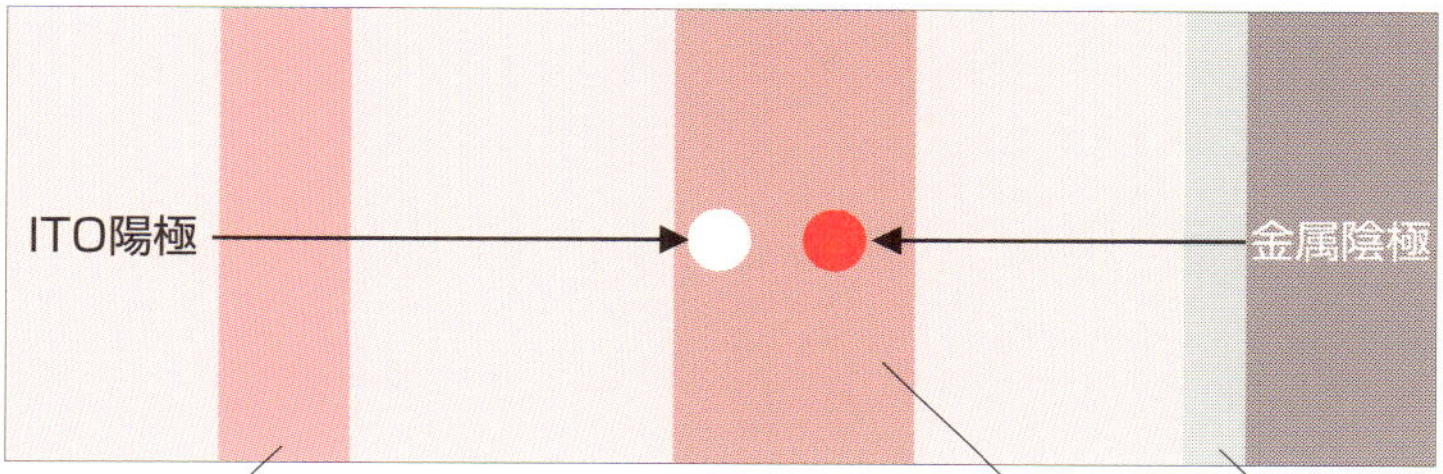

ドライ（溶媒を利用しない）プロセスを利用する低分子有機ELは何層も積層することが可能です。そのため、それぞれの層の膜厚やエネルギー関係などを細かく最適化することが可能です。
発光層がアルミキノリノール錯体(Alq3)からなっている場合には、電子輸送層兼発光層という言い方をする場合がありますが、Alq3には電子輸送層が不要なので、あえてそのようにしなくても良いと思います。

正孔注入層:
正孔輸送層とITOとのHOMOの関係を改善

発光層:
PL量子効率が高く、再結合

電子注入層:
陰極からの電子注入を促進

シンプルな高分子有機ELの構造

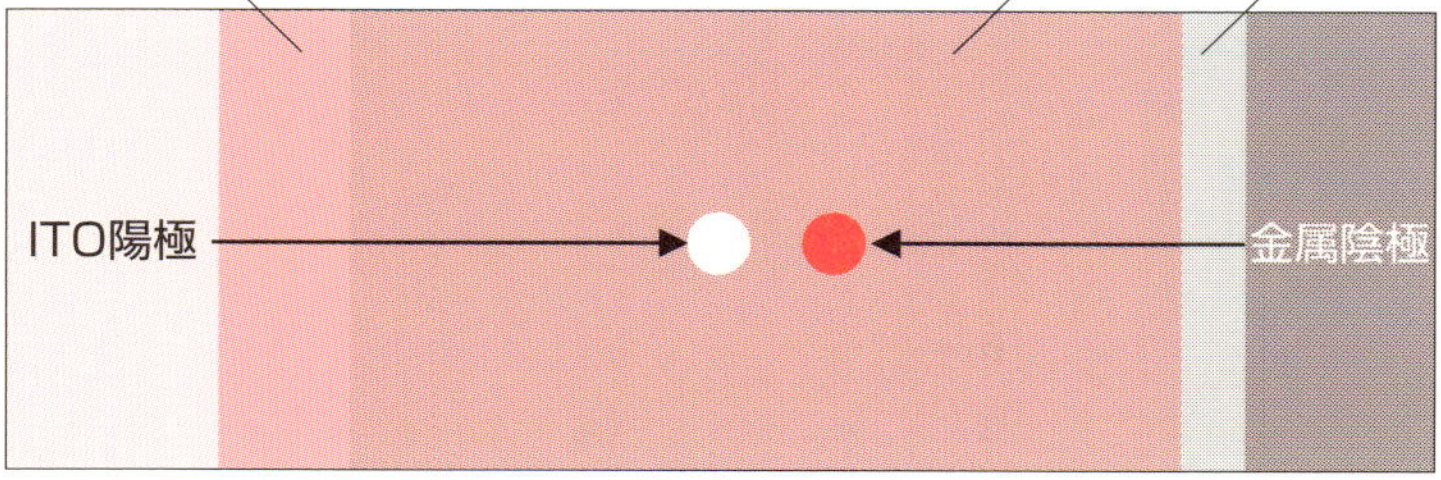

可溶性の導電高分子を利用する高分子ELでは、何層も積層することは簡単ではなく、また多層化は高分子ELの簡便な作成というメリットを損なうことになります。

27 発光材料からの分けかた

分子量・発光形態から分ける

機能性有機材料において、高分子・低分子という分け方はかなり乱暴なものかもしれません。というのはπ電子共役系が発達しているので、モノマーユニットがかなり大きな分子量を持っており、平均分子量から見るとそんなに重合度が高くない（10未満）というものもよく見られます。分子量分布で分類した方が本質的かもしれません。低分子材料は精製がよくできていますので、分子量分布で見るとほぼ単一です。ですから、構造が同じでもダイマーのように異なる分子量のものがあると、すなわちそれは不純物となります。

高分子材料は、広い分子量分布を持っており、ユニット数は異なってもそれを不純物とは見なしません。分子量分布を持つことで、良好な機械的特性を持つことができます。高分子材料は真空蒸着で作成すると、ユニットが切れてしまい、本来の性質を損なってしまいます。

発光の形態には蛍光とりん光があると9項で述べましたが、それで材料を分けます。低分子蛍光材料、低分子りん光材料、高分子蛍光材料、高分子りん光材料となります。

高分子ELは可溶なのでキャスト系で作成し、低分子有機ELは真空蒸着法で作成するとよく言われます。高分子は主鎖間の相互作用があり、それをバラバラにすることは簡単ではありません。しかも高分子ELで用いられる導電性高分子は主鎖に芳香環を含むことが多く、主鎖間の相互作用が強いために可溶性が低いのです。しかし、真空蒸着できない、溶けずに成膜できないでは困りますので、可溶性を高めるように分子設計して、利用しています。通常の低分子材料はわざわざ可溶部を導入しているわけではないので、可溶性が低いだけです。ですから低分子有機ELをキャスト系で作成したいのであれば、それにあわせた分子設計をすれば解決できます。

要点BOX

●高分子材料と低分子材料
●発光形態から蛍光・りん光
●可溶性を高めるよう分子設計

分子量と高分子

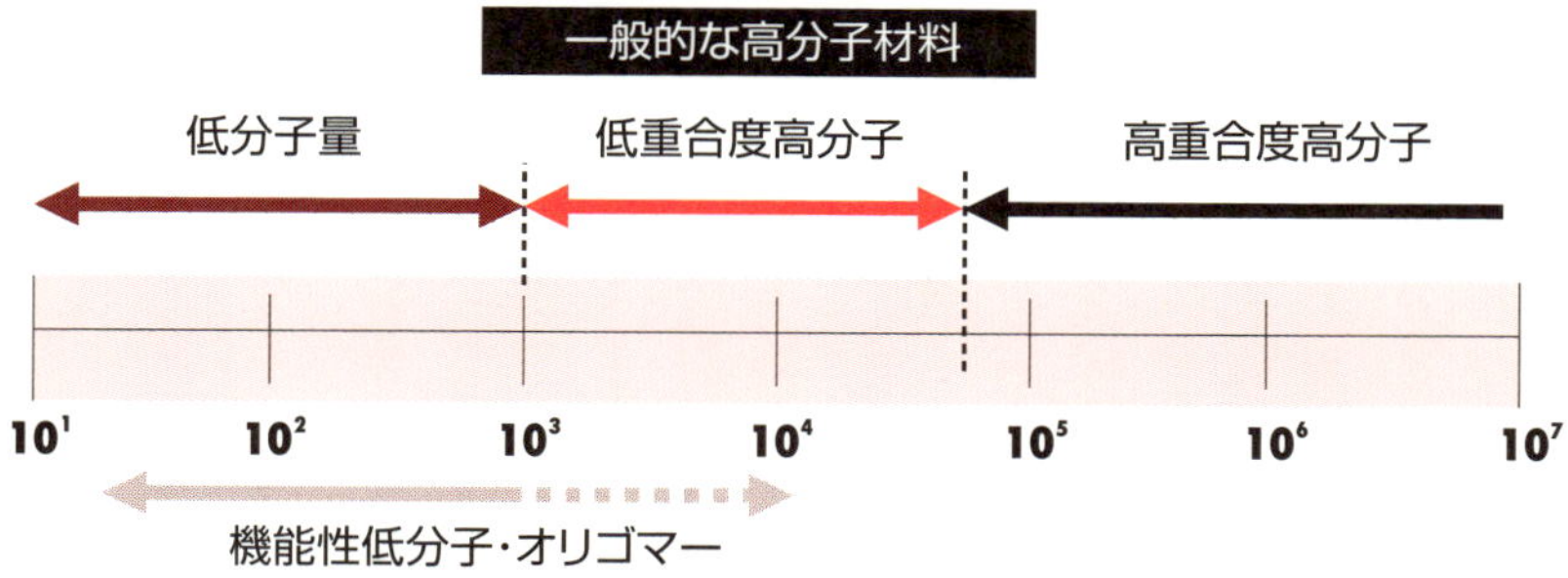

分子量分布の比較

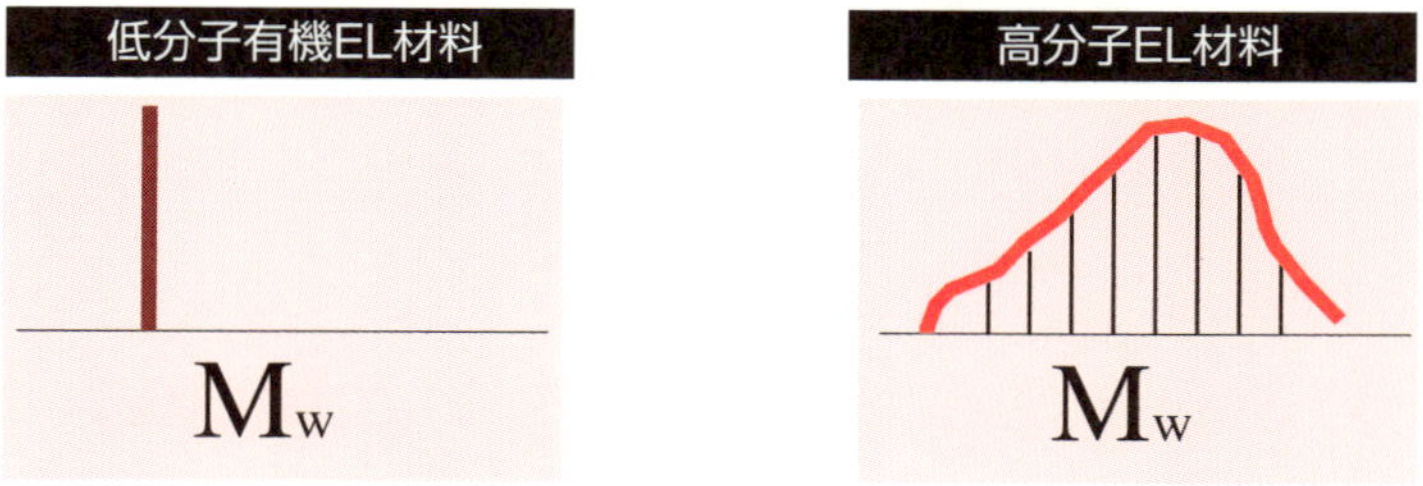

単一の分子量

分子量分布がある

分子構造が決まれば、分子量はある値に決まります。もし違う分子量が見えると、それは不純物になります。例えば構造が同じものが結合している場合を二量体(dimer)と呼びますが、これも不純物です。

モノマー単位（この分子量をM_wとする）の繰り返しなので、多くの場合、n倍のM_wとなります。分子量分布は横軸をリニア表示ではなく、対数表示にします。

一般に分子量分布はクロマトグラフにより分画（分子量の違う試料に分けること）しますが、その分子量はポリスチレン換算となります。なお、溶媒に溶けない試料は簡単に分子量分画できません。

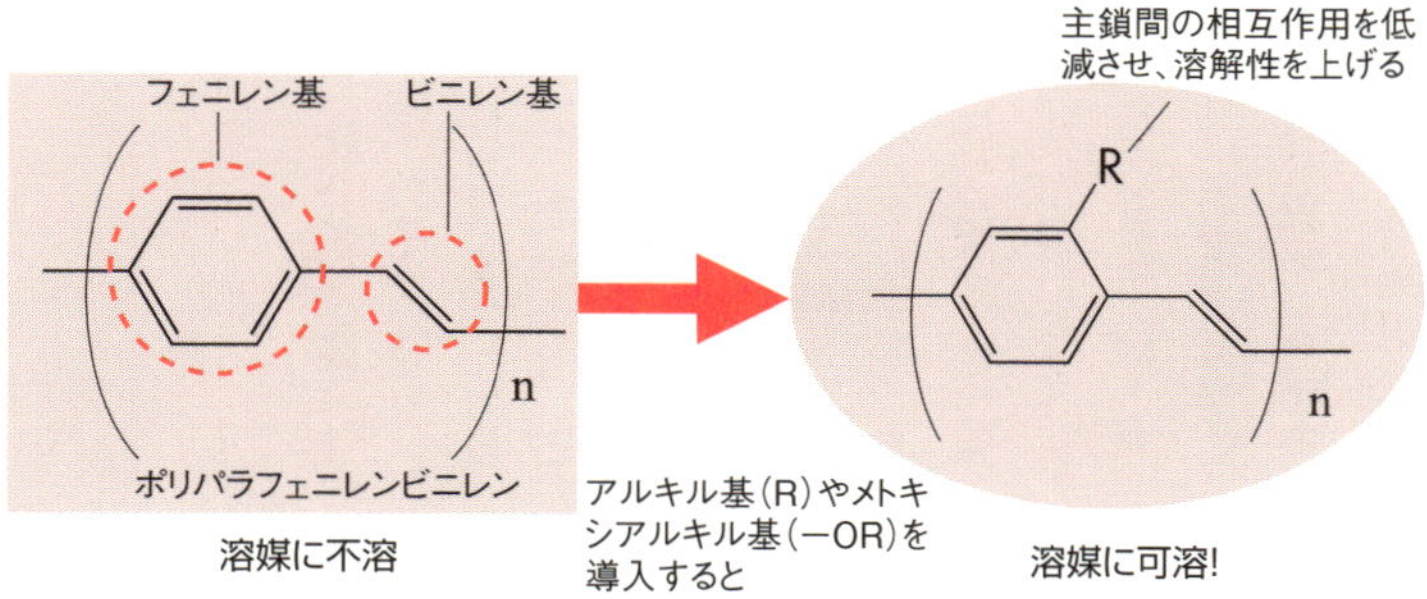

用語解説

モノマーユニット：単量体（モノマー）が重合した場合の骨格ユニット。

ダイマー：二量体。単量体（モノマー）が２つつながったもの。

28 低分子発光材料にはどんなものがあるの？

蛍光材料とりん光材料

有機材料の発光の起源はπ電子共役系です。ここではまず発光色との関係を見てみましょう。π電子共役系の広がりを確認するのには、紫外可視光吸収を見ればわかります。π電子共役系の広がりが大きいほど、長波長領域で吸収されます。もっとも、全く違う化学構造では単純には比較できませんが、基本骨格が同じであれば広がりはこれで評価できます。一般的にπ電子の広がりが小さいときは短波長の光が、大きく広がれば長波長の光が放出されます。

左ページの上図は、環式芳香族と呼ばれるベンゼン環で構成された一連の材料を示しています。ベンゼン環の数が多くなるほど、吸収ピークと発光波長が長波長になっていくのがわかりますね。ただし、ベンゼン環の数が同じでも形が異なっているとまた違ってきます。現在では計算機シミュレーションが発達してきたので、かなり複雑な構造であっても吸収や発光が推測できるようになりました。

下図に示すのは、蛍光色素と、丸で囲ってあるものはりん光色素になります。その中でアルミキノリノール錯体（Alq3）と呼ばれる色素はタン博士が利用した典型的な蛍光材料の1つです。この材料はPL量子効率が0.2ぐらいしかありませんので、良い発光材料でありませんが、濃度消光を生じるゲスト色素（例としては図のスチリル誘導体DCMやクマリン誘導体C540）のホスト材料として広く用いられています。また電子輸送材料としてもよく利用され、安定な膜質であるため非常に重要な材料です。

青色蛍光色素は、まだりん光材料の青色では十分な寿命を得られていないこともあり、事実上非常に重要です。りん光色素は、ここではRGB3色の典型的な材料を示します。Ir(ppy)$_3$ はイルピーと呼ばれて、りん光材料の最も基本的な材料です。赤色りん光材料は蛍光材料に比べて効率・寿命ともに優れているので、ディスプレイに用いられています。

要点BOX

- 万能なアルミキノリノール錯体Alq3
- 驚くべきイリジウム錯体Ir(ppy)$_3$
- 毎年効率と耐久性は向上している

分子構造と発光色

		PLピーク波長	PL量子効率
	ベンゼン	**283 nm**	**0.07**
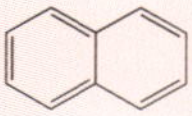	ナフタレン	**321 nm**	**0.29**
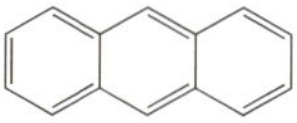	アントラセン	**400 nm**	**0.46**
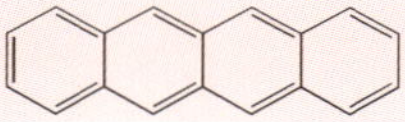	テトラセン	**480 nm**	**0.60**

ベンゼン環の数が多くなる（π共役系が広がる）とともにELが紫外から紫、青と変わる。

低分子有機EL材料の例

Alq3, 黄緑

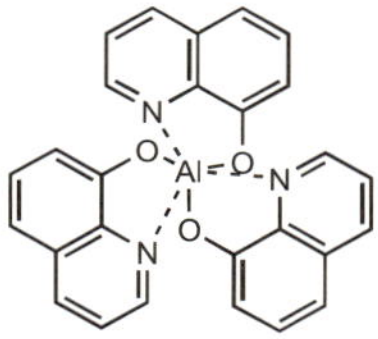

Ir(ppy)₃, 緑

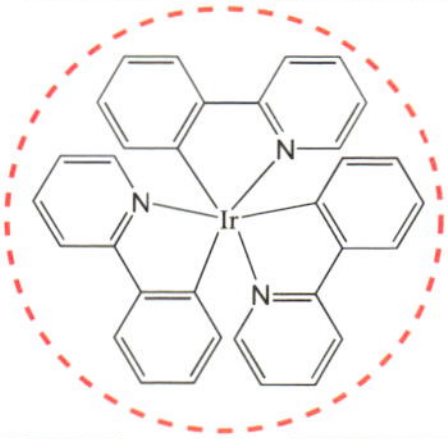

ジスチリルアリール誘導体

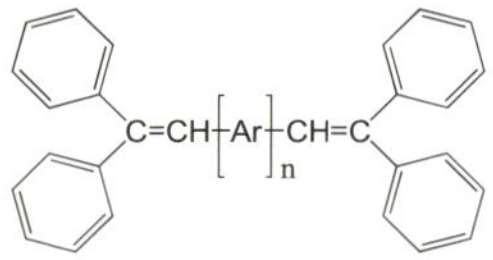

スチリル誘導体

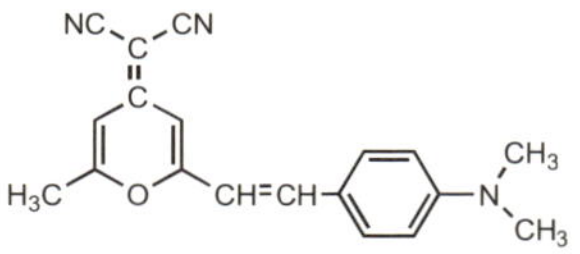

クマリン誘導体

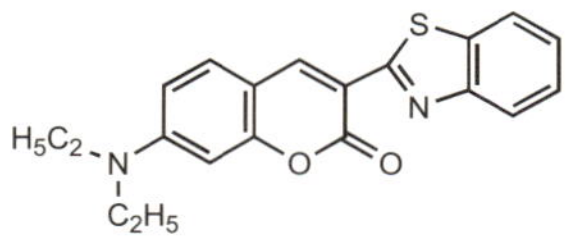

(btp)₂Ir(acac), 赤

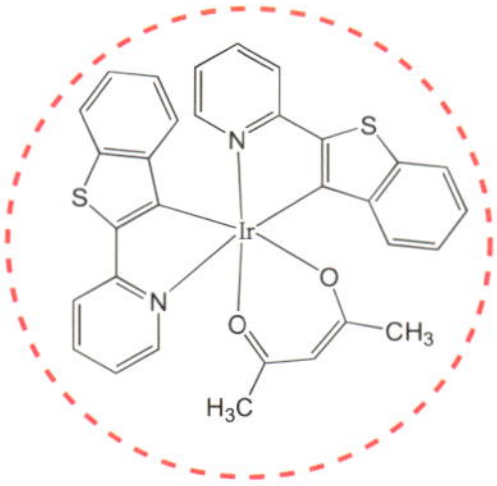

FIrpic, 青

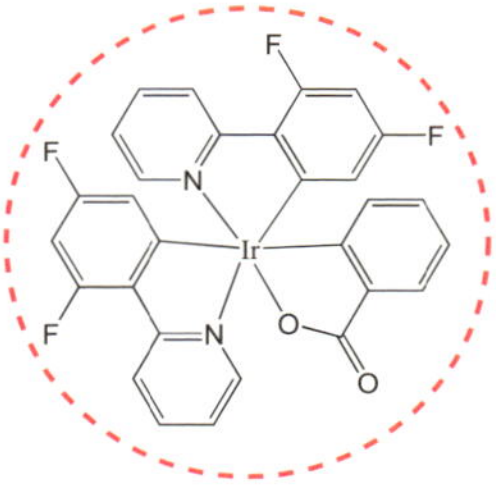

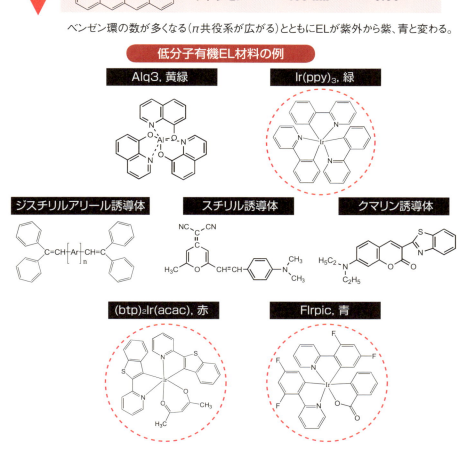

29 エネルギー遷移とキャリアトラップ

フェルスター機構とデクスター機構

有機ELは陽極からの正孔と陰極からの電子が再結合して発光を得ますが、1種類の分子しか存在しない場合はその有機分子が再結合して励起状態となり発光します。では2種類以上の分子ではどうなるでしょう。発光層は複数の分子から成ることは少なくありません。42項の共蒸着法を用いて、ドープ層として利用します。一般に層構造を維持し、キャリアの輸送を司る有機材料をホスト、発光色を決める材料をゲストと呼びます。さらにホストとゲスト以外にもう1種類アシスト材料を利用する場合があります。

さて発光プロセスには2つ考えられます。1つは、ホスト分子が再結合して、そのエネルギーをゲスト分子に移動してゲスト分子が発光する「エネルギー遷移モデル」です。もう1つは、先にホスト分子に対してどちらかのキャリアが安定に存在しやすいゲスト分子にキャリアがトラップしてもう一方のキャリアが再結合する「キャリアトラップモデル」があります。トラップモデルでは中性分子に一方のキャリアがトラップされると（電子があればその分子MはM^-となっている）、この電荷は当然他のキャリアに対してクーロン力を及ぼすことになります。バンドギャップ中にある発光中心を介して発光することが多いので、これに似ています。

エネルギー遷移モデルの根幹は、双極子ー双極子相互作用です。励起子の拡散においてもエネルギーの授受に重要な物理機構です。エネルギーを与える分子と受け取る分子の共鳴効果によって生じます。これはフェルスター機構と呼ばれ、その確率は両者距離の6乗に反比例します。もう1つ重要なファクターは2つの双極子の配向因子があり、向きが直交している場合には共鳴できないためにエネルギー遷移ができません。三重項準位では電子交換機構と呼ばれるデクスター機構があります。これはエネルギーを与える励起分子の励起電子と受け取る分子の基底状態の電子とを交換して励起状態が遷移する機構です。

要点BOX

- ●クーロン作用によるキャリアトラップ機構
- ●励起子共鳴によるフェルスター機構
- ●電子を交換するデクスター機構

エネルギー遷移モデル

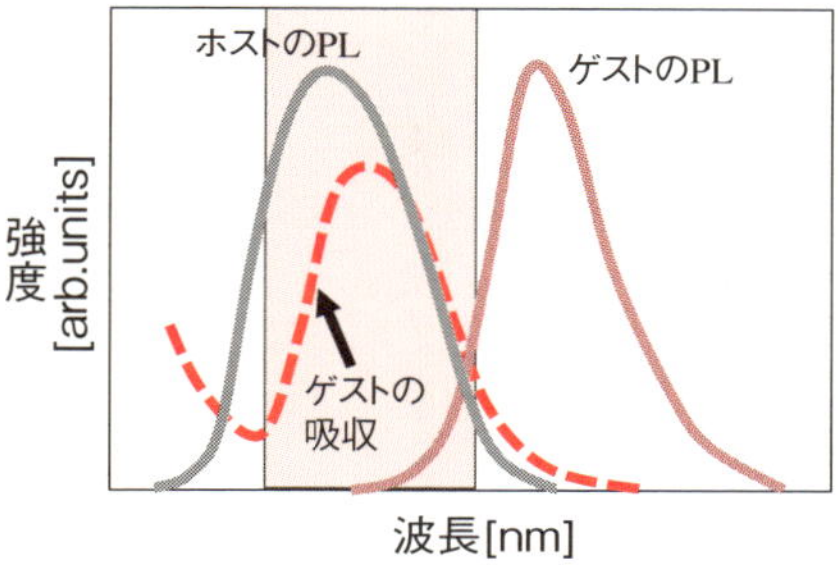

Försterモデル

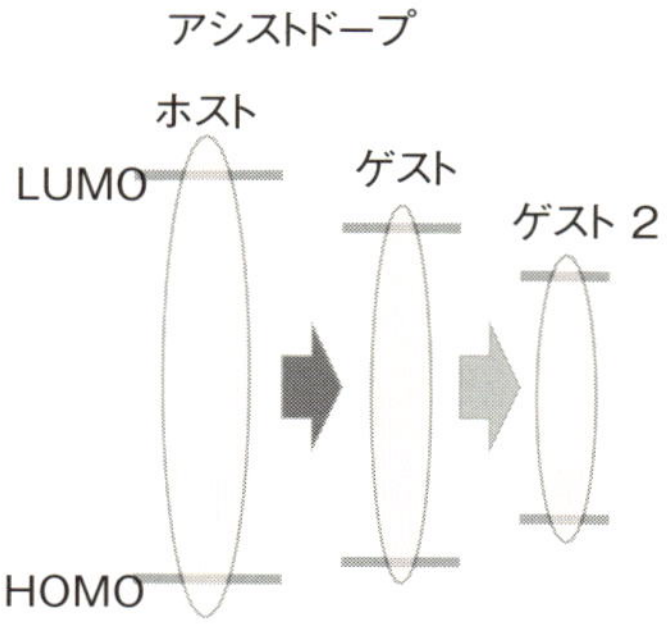

ホストのPLスペクトル

$$P_{hg} = \frac{K}{\tau_h R_{hg}^6} \int \frac{f_h(\nu)\varepsilon_g(\nu)}{\nu^4} d\nu$$

$$K = \frac{9000\kappa^2 \ln 10}{128\pi^5 n^4 N}$$

ゲストの吸収スペクトル

r_h:ホストの平均寿命
ν:振動数
K^2:双極子間の配向因子
n:屈折率
N:分子濃度

キャリアトラップモデル

ホスト中に分散されたゲスト色素に一方のキャリアがトラップされると、そのクーロン力により他方のキャリアが続いて捕獲されてキャリア再結合が生じる。

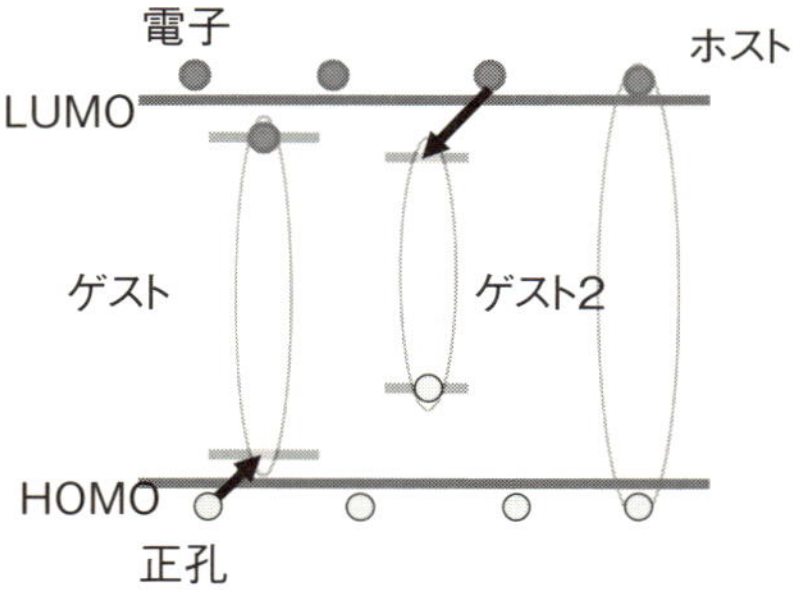

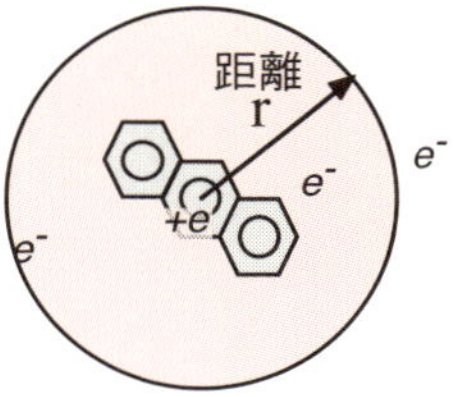

$$kT = \frac{e^2}{4\pi\varepsilon r_0}$$

クーロン力とキャリアのエネルギーと釣り合ったところが境界

$$r_0 = \frac{e^2}{4\pi\varepsilon kT} = \frac{e}{4\pi\varepsilon \bullet (kT[eV])}$$

30 導電性が必要な高分子発光材料

共役系と非共役系の高分子

キャリア再結合により発光を得るので、高分子材料は導電性が必要です。そのため、有機ELに用いられる材料は基本的には導電性高分子となります。導電性高分子には、主鎖にπ電子共役系である二重結合や芳香環を含んだ「共役系高分子」とπ電子共役を含んだ官能基をペンダントとして持っている飽和炭化水素系主鎖を有する「非共役系高分子」があります。

非共役系高分子では、官能基を電子や正孔がホッピングすることによって導電性が高くなりますので、ペンダント密度が重要になります。共役系高分子ではπ電子共役の広がりが大きいと導電性が高くなります。しかし導電性が高くなりすぎると、発光しなくなります。それはキャリアがすいすい流れてしまうと、再結合する機会が減ってしまうためです。導電性と発光性はトレードオフの関係にあります。

共役系高分子の例としては、ポリチオフェン、ポリパラフェニレン、ポリパラフェニレンビニレン（PPV）、ポリチェニレンビニレン、ポリフルオレン（PF）などが挙げられます。導電性高分子として、著名なポリアセチレンやポリアニリンなどは発光性がないか弱いので、高分子ELには用いられません。ただし、ここで挙げた共役系高分子は溶媒にほとんど溶けません。有機溶媒への可溶性を高めるために、よく用いられるのはアルキル基（C_nH_{2n+1}-）やアルキルメトキシ基（$C_nH_{2n+1}O$-）を導入することです。

非共役系高分子の典型的な例はポリビニルカルバゾール（PVCz, PVK）です。-CH_2-CHX-の構造を有するポリマーはビニルポリマーと呼びます。XがClであればポリ塩化ビニルのことで、ビニルポリマーは絶縁性高分子の基本構造になっています。ポリビニルカルバゾールはXにカルバゾール基をペンダントとして持っています。最近はビニルポリマーを骨格として、発光団をペンダントにして、高分子EL用の発光材料が開発されるようになりました。

要点BOX

- ●導電性と発光性はトレードオフの関係
- ●共役系は可溶性を高めるため工夫がいる
- ●ペンダント発光部位の付与で多種多様に

導電性の発現

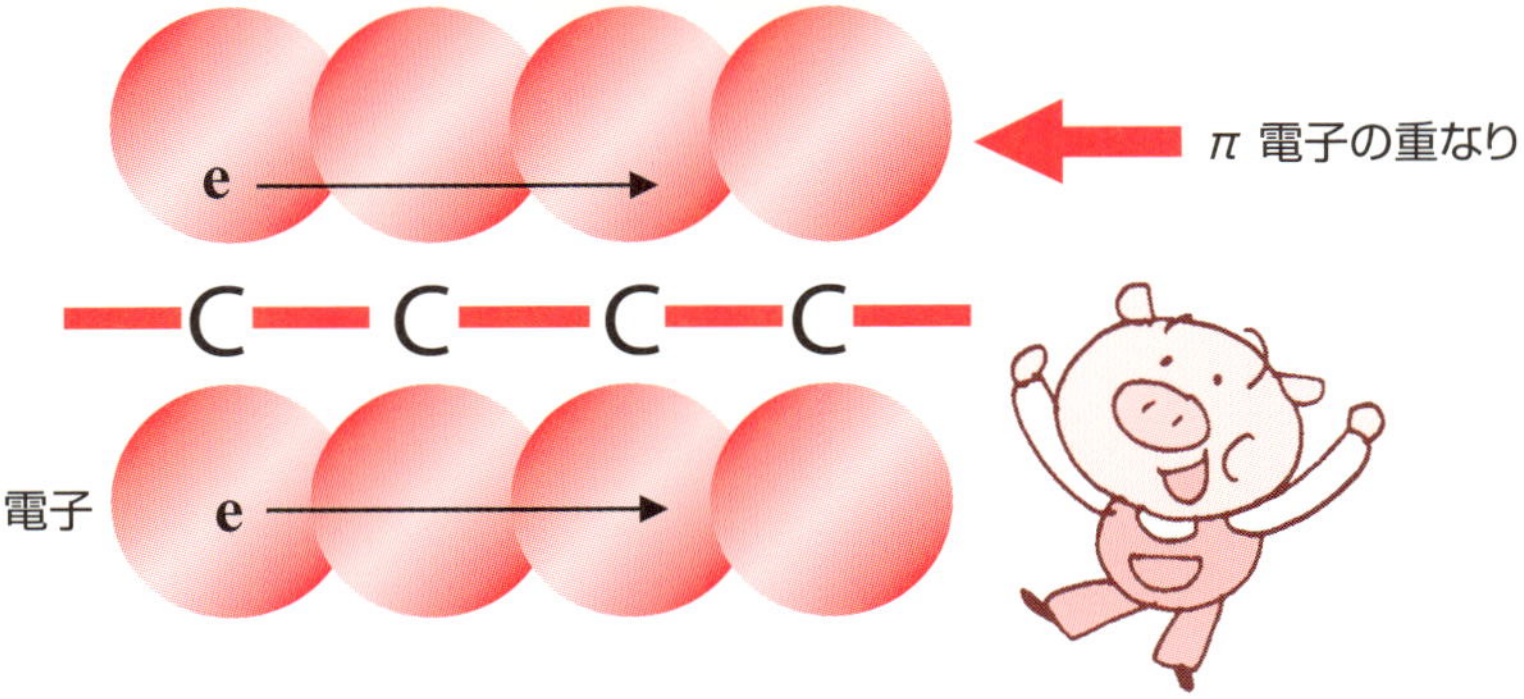

主鎖型導電性高分子

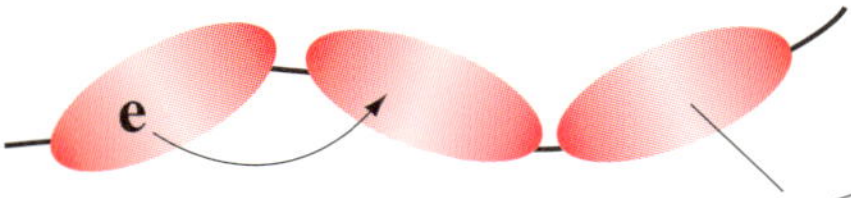

ペンダント型導電性高分子

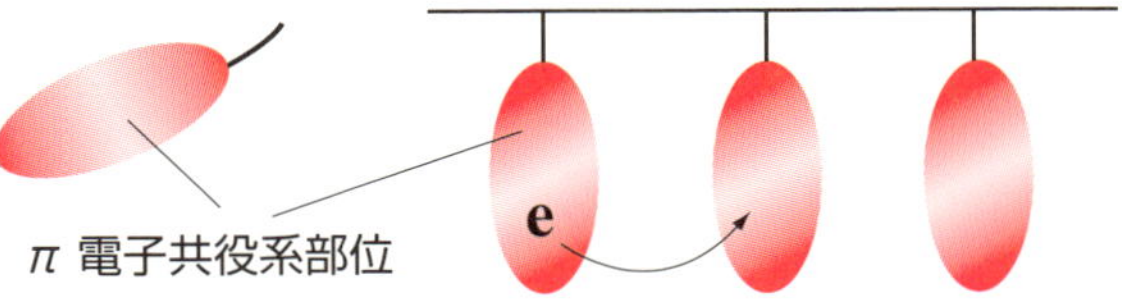

ポリパラフェニレンビニレン(PPV) 不溶

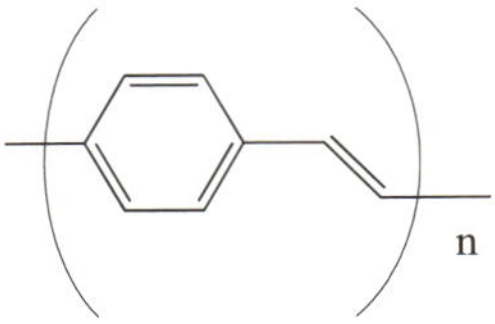

ポリビニルカルバゾール(PVCz) 可溶

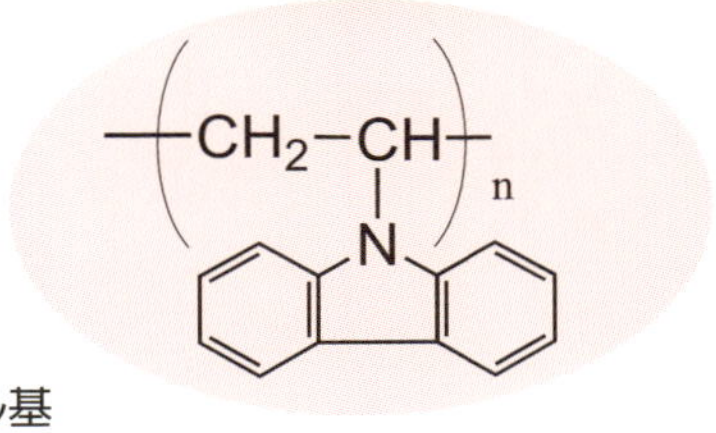

アルキル置換PPV 可溶

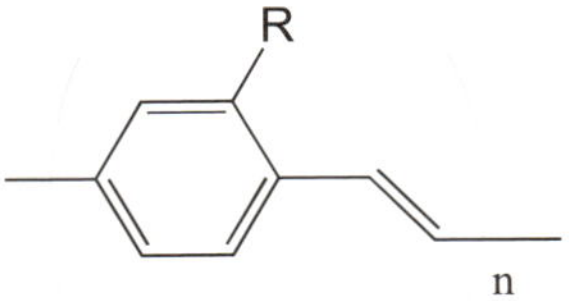

メトキシアルキル置換PPV 可溶

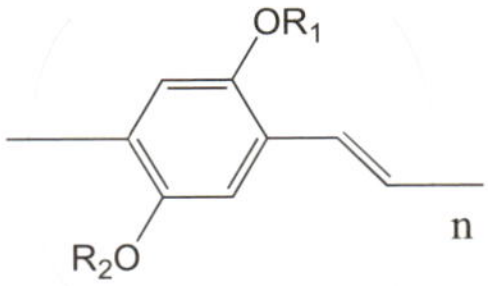

用語解説

ペンダント：主鎖（チェイン）についた官能基のこと。

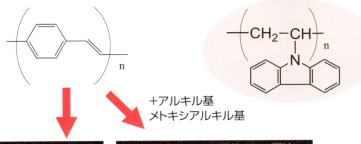

31 早くから研究されたりん光材料

励起子生成効率100%

キャリア再結合では一重項励起子が25%、三重項励起子が75%の割合で生成されることは10項で述べました。りん光を利用することができれば、蛍光材料に比べて3倍の効率を得ることができるわけです。本来は一重項励起子を三重項励起子に項間交差することはスピン禁制により許されないのですが、世の中には面白い材料があります。25%生成した一重項励起子を三重項励起子に転換して、三重項励起子の生成効率を100%にしてしまうのです。その1つにベンゾフェノンがあります。ベンゾフェノンは蛍光をほとんど発せず、りん光だけを示します。ベンゾフェノンのPL量子効率は低温ではほぼ1に近い値を持ちます。ただ、残念なことに室温付近になると、りん光は大変弱い発光になってしまいます。りん光を利用するという研究は、比較的早い段階から研究されていたのですが、低温での発光にとどまっていました。

室温での発光が初めて報告された材料は白金ポルフィリン(PtOFP)です。640㎚付近にピークを持つ赤色発光で、外部量子効率は3・6%程度でした。1999年に当時プリンストン大学のフォレスト博士(現ミシガン大学)のグループがイリジウム錯体($Ir(ppy)_3$)を利用した有機ELを発表しました。外部量子効率は8%、31 lm/W、28 cd/Aという、蛍光有機ELの限界値5%を凌駕する非常に高性能な有機ELでした。$Ir(ppy)_3$のPL量子効率は室温から低温までほぼ100%で、有機ELの発光材料として最適です。

りん光材料を利用した有機ELは海外ではHigh-performance OLEDとも呼ばれています。$Ir(ppy)_3$は緑色で、28項で示したようにRGB3原色はほぼ揃いました。特に赤色りん光材料は蛍光材料に代わって実用に供されています。ただ、現在では素子構造などを作り込んで、30~40%という高効率な有機ELが報告されていますが、高電流領域ではかなり効率が低下してしまいます(Roll-off現象)。

要点BOX

- ●蛍光の25%分もりん光に転換
- ●重原子効果で室温でも高いPL量子効率
- ●高電流では急速に効率低下(Roll-off現象)

りん光材料

りん光材料

ベンゾフェノン

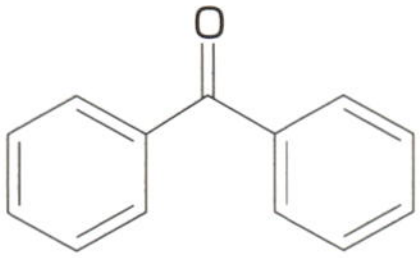

常温ではほとんど発光しません

　一重項励起状態
＋　三重項励起状態

100%三重項励起状態

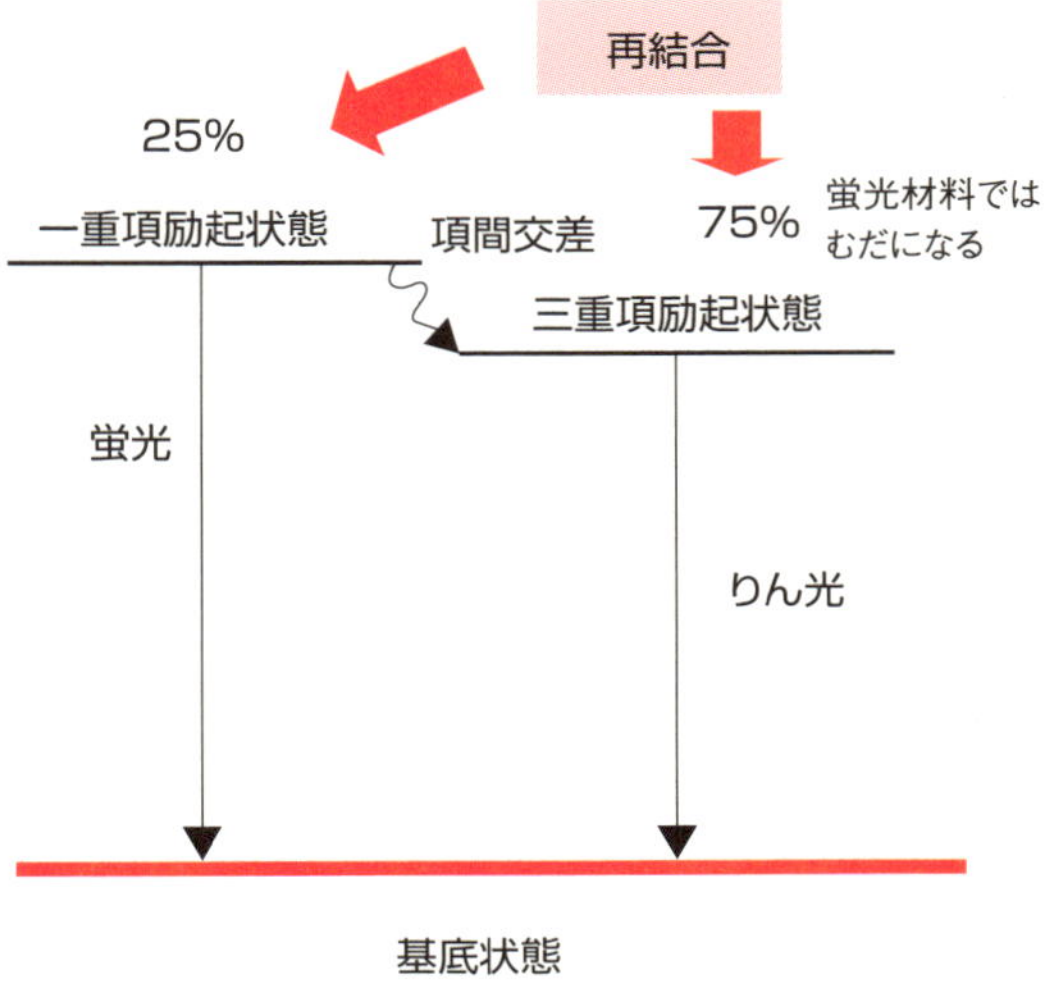

100%りん光転換有機EL素子の構造

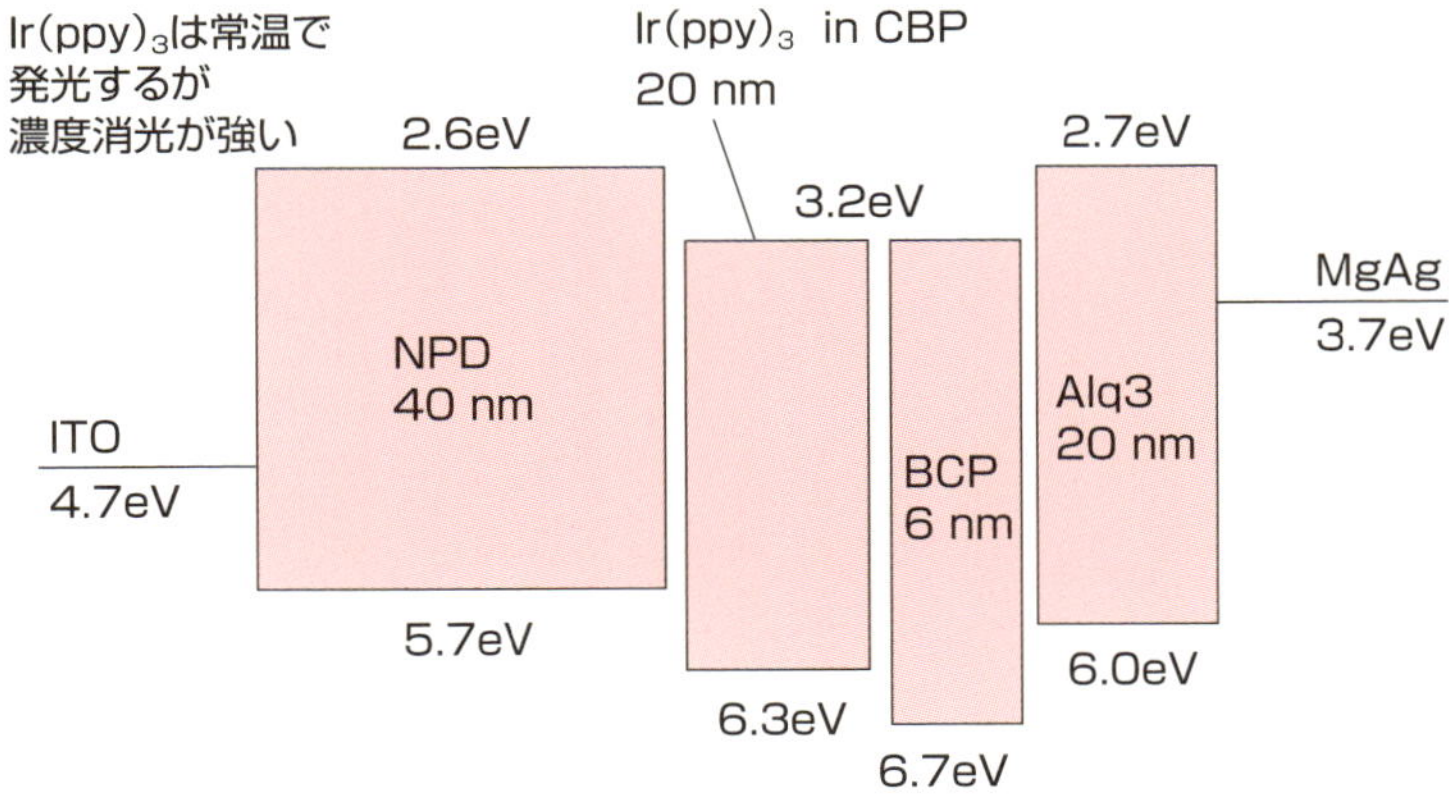

CBP

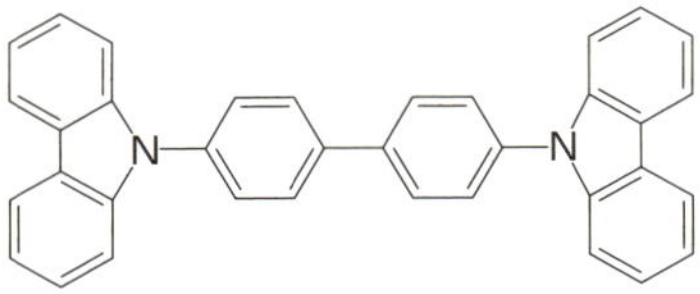

Bathocuproine(BCP)

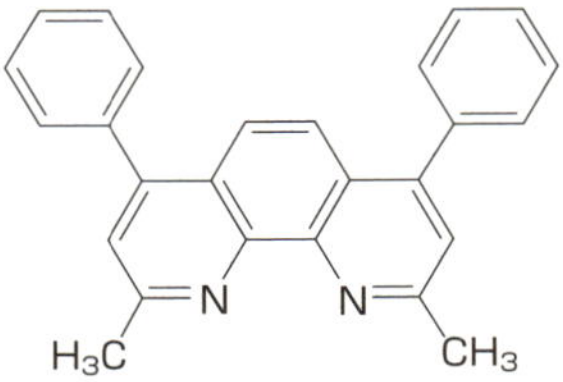

32 蛍光材料なのに励起子生成効率１００％？

熱活性型遅延蛍光

重原子を含むりん光材料では一重項励起子を三重項励起子に転換できます。重原子効果で、一重項励起状態と三重項励起状態がエネルギー的に近接し混じり合った状態になり、一重項状態から三重項状態に遷移しやすくなるのです。ところが3原色で最もエネルギーの大きな青色りん光材料は、発光材料のエネルギーが周囲分子に遷移しないように他の材料の三重項状態も考慮して開発する必要があります。そのため青色りん光材料の高効率化が遅れ、青色材料だけ蛍光材料が利用されています。逆に蛍光材料で励起子生成効率を１００％にできれば好都合です。

それが熱活性型遅延蛍光材料（ＴＡＤＦ：Thermally Activated Delayed Fluorescence）です。遅延蛍光とは、三重項-三重項消滅によって、一重項が形成してから蛍光を示す現象です。例えばアントラセン結晶は４００㎚にピークを持つ青色ＰＬを示すので、それ以上のエネルギーを持つ光を吸収させないと発光しません。しかし、６７０㎚の赤色光を照射すると青色ＰＬが観察されます。６７０㎚の赤色光はアントラセンの三重項を励起し、生じた三重項から一重項励起子が生成して発光します。これが遅延蛍光です。三重項を一度経ているため、直接観測されるＰＬ（prompt成分）に比べて遅れて発光します。ＴＡＤＦでは、一重項準位と三重項準位のエネルギー差が小さいと、三重項準位から一重項準位に室温程度の熱エネルギー（0.026eV）で逆交換項差によって励起して三重項励起子が一重項励起子となります。一重項準位は三重項準位よりも必ずエネルギー的に低いので、また三重項準位に戻ってしまいます（交換項差）が、ＴＡＤＦでは遷移間分子内ダイポールが直交しているために交換項差が抑制されます。結果的に三重項励起子だけが一重項励起子に転換されます。ＴＡＤＦ材料は重原子（レアメタル）を含むりん光材料よりも安価に製造でき、第三世代の材料とも呼ばれます。

要点BOX

- ●スピン禁制があり、発光に遅れが出る
- ●三重項-三重項消滅によって一重項励起子生成
- ●励起三重項から一重項に熱エネルギーで移動

遅延蛍光

アントラセン結晶のPLスペクトル

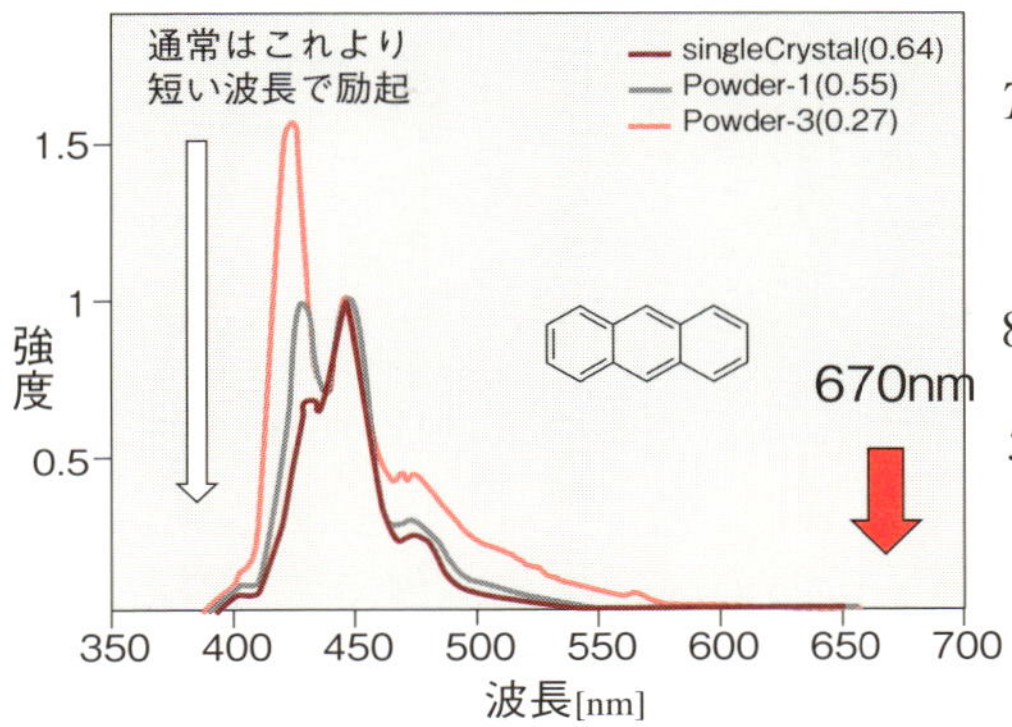

三重項-三重項消滅(衝突)

$$T_1 + T_1 \rightarrow S_1 + S_0 \rightarrow 2S_0 + h\nu$$

実際は次の式によるので、

$$8T_1 \rightarrow S_1 + 3T^*$$

$$5T_1 \rightarrow S_1$$

5個の三重項から1個の一重項ができる。

発光の減衰挙動

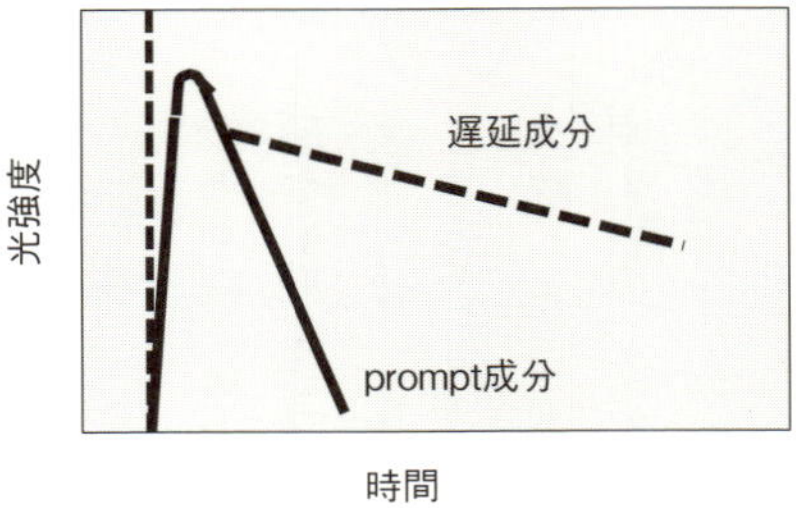

熱活性型遅延蛍光では、三重項から直接一重項に逆項間項差が生じる。そのエネルギーは熱エネルギー(熱活性)

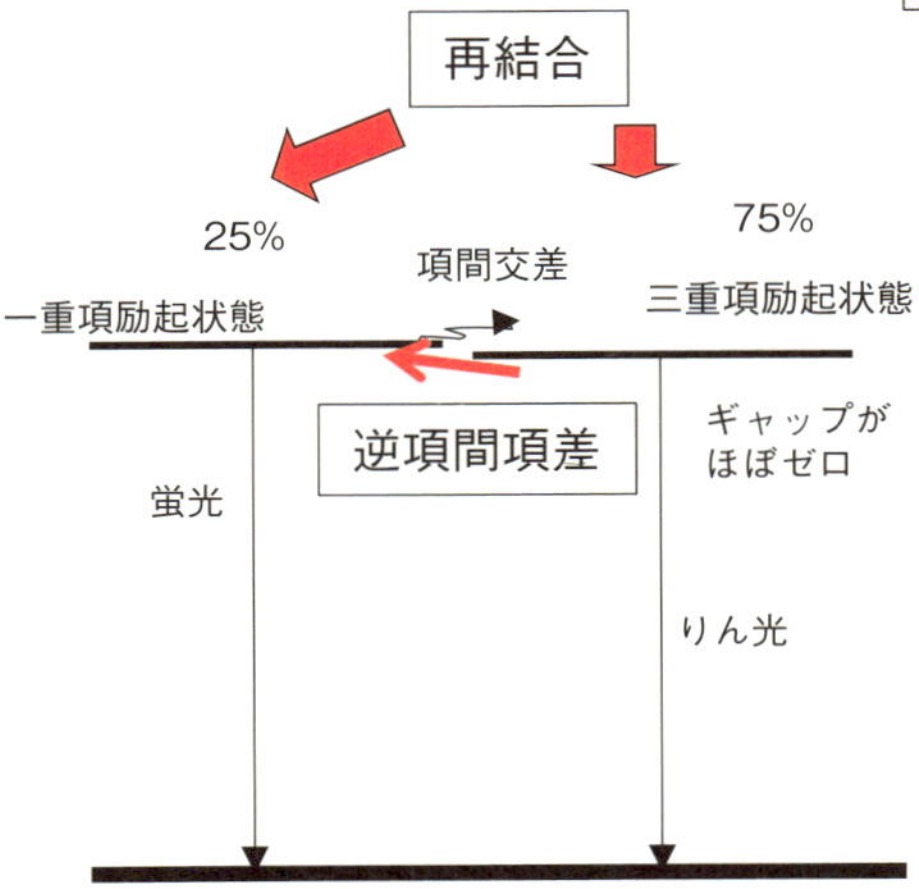

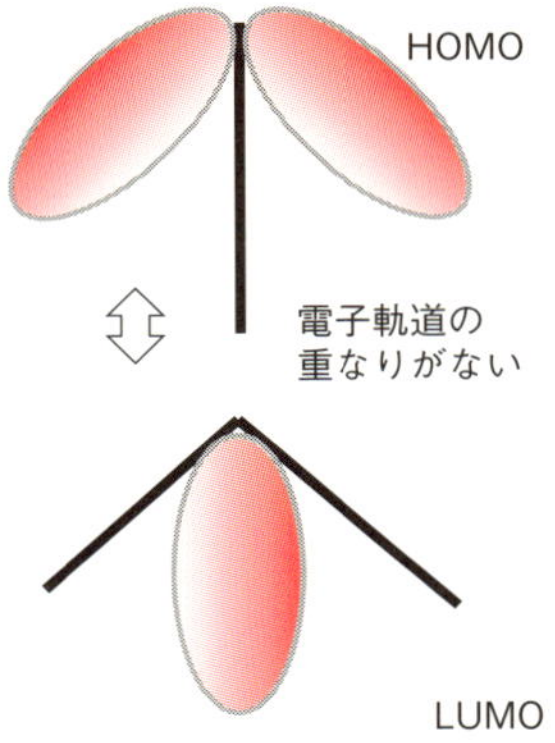

用語解説

重原子効果：重原子の存在によって、スピン軌道相互作用が強まり、スピン反転しやすくなる。

33 よく利用されるキャリア輸送材料

正孔輸送と電子輸送

タン博士が最初に利用したトリフェニルジアミンシクロヘキサン、九州大学グループが利用したTPD、コダック社が用いたα-NPDなどの共通点はトリフェニルアミン骨格（α-NPDはブタジニエリデン置換体）を有していることです。これは感光体材料でも非常によく用いられている構造です。トリフェニルアミン基において、窒素原子は孤立電子対を持っていますが、この電子が抜けやすく、ラジカルカチオンになりやすいのです。二量体では*Tg*が低いので、三量体、四量体にして分子量を増やして、*Tg*を上昇させる手法が知られています。感光体に利用されている有機材料を見ると、必ずしもトリフェニルアミン骨格を利用していませんが、アミン構造は取り入れています。移動度としては10^{-2}～10^{-3} cm^2／Vsです。

正孔の移動も電子の移動なのですが、LUMOでの電子移動となると分子のエネルギーが高い状態なので、不安定になりやすいし、特に酸素などの影響を受けやすくなります。それで、弱い電子輸送性でもAlq3がよく用いられます。もう少し電子輸送性を高めたものでは、オキサゾール誘導体、トリアゾール誘導体が知られます。オキサゾール誘導体は成膜後の多結晶化が比較的生じやすい材料です。

発光層で移動度が高いのは困りますが、キャリア輸送層では移動度が高いのは駆動電圧の低下にもつながり、良いことです。新しい材料として、名古屋大学理学研究科山口茂弘教授が提案したシロール誘導体やボロン誘導体は電子移動度が高く、実用に供されています。キャリア輸送材料の移動度を高くすることは、キャリア輸送材料の抵抗分を減らすことを意味します。そのためには、34項のキャリア注入材料を利用しますが、正孔輸送層に電子受容体（ルイス酸）をドープして導電性を高める手法があります。電子輸送層もLiqやアルカリ金属をドープすることで、導電性を高めることができます。

要点BOX

- 正孔輸送材料はトリフェニルアミン系が主流
- 電子輸送性が高いオキサゾール、トリアゾール系
- 新材料、シロール系、ボロン系も実用化

正孔輸送材料

α-NPD(NPB)

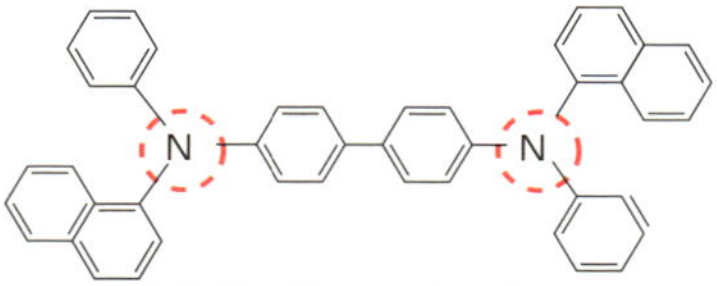

TPD

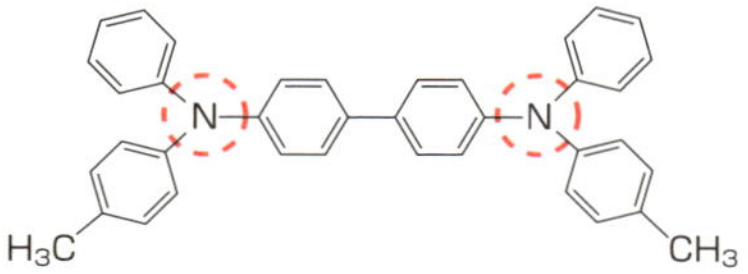

TACP

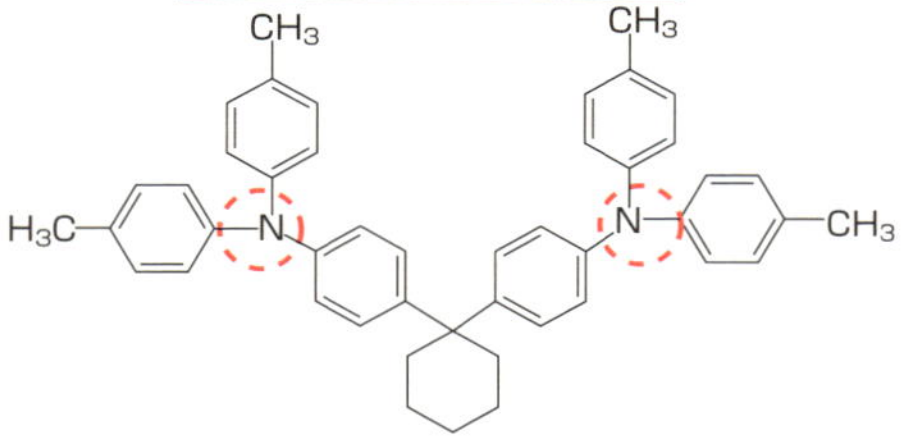

トリフェニル四量体

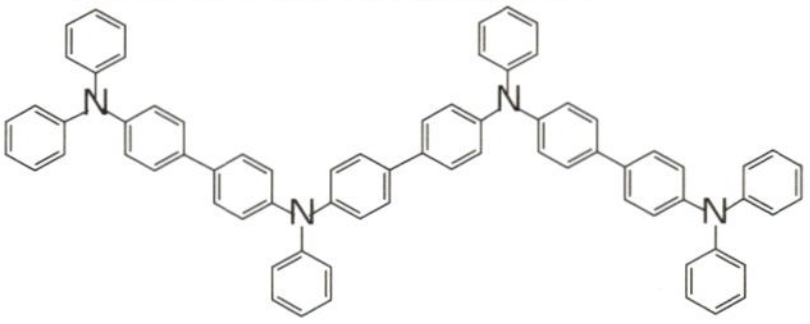

窒素は孤立電子対を持っていますが、この電子の1つが抜けて正孔を受け取りやすくなります。アミンがポイントです。

電子輸送材料

オキサゾール誘導体(PBD)

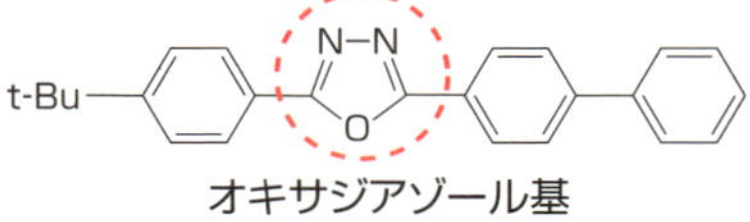

トリアゾール誘導体

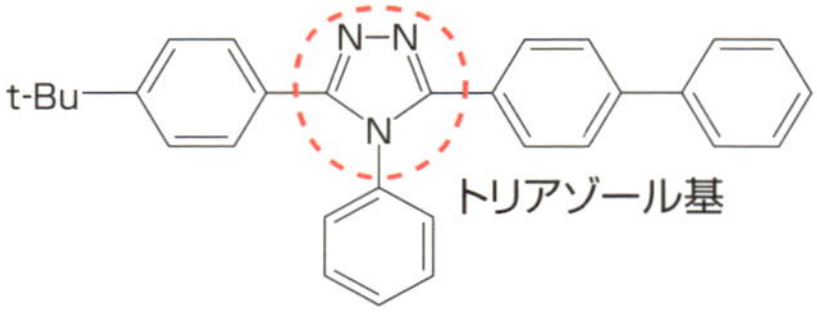

オキサゾール誘導体(OXO-7)

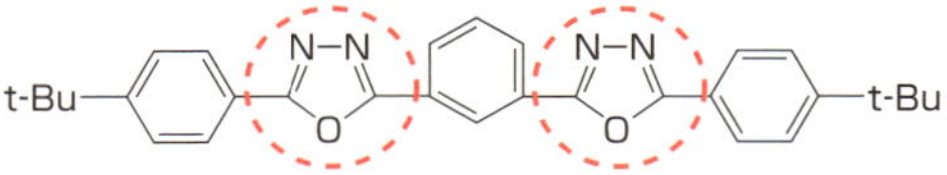

シロール誘導体

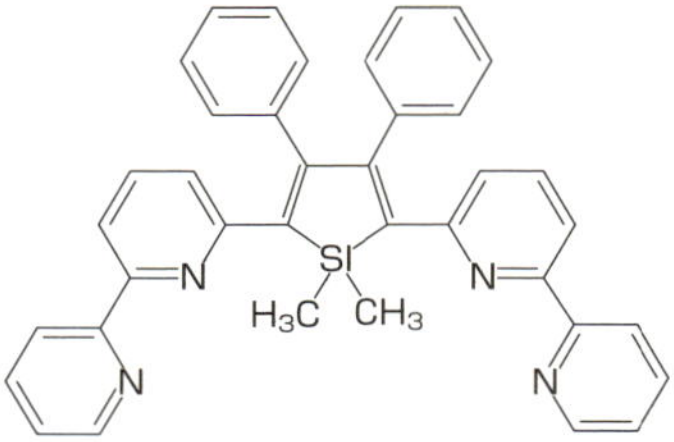

ボロン誘導体

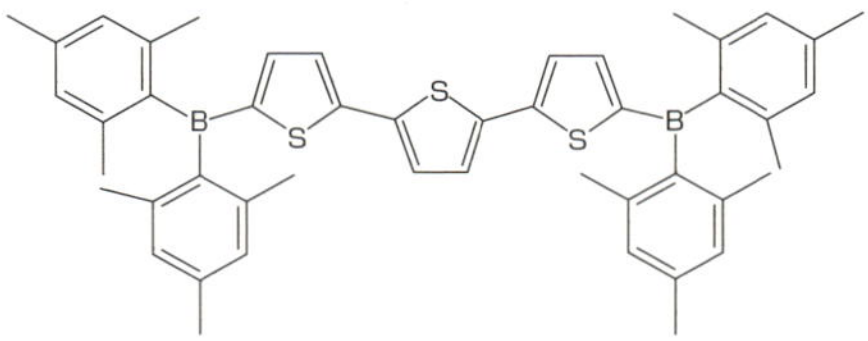

Alq3も電子輸送材料として使用します。その電子移動度は10^{-5}～$10^{-6}cm^2/Vs$程度です。シロール誘導体で約$10^{-3}cm^2/Vs$程度です。電子を受け取りやすい材料は大気中では不安定になります。またオキサジアゾール誘導体やトリアゾール誘導体は結晶化しやすい。

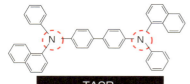

34 キャリア注入材料

階段を登るか、壁をはい登るか

陽極として用いられるITOの仕事関数は4.5～5.2 eV程度（以下5.0 eVとします）です。正孔輸送材料、例えばα-NPDのイオン化ポテンシャルは約5.4～5.5 eVとなります。そうなると正孔注入の障壁高さVは約0.5 eV程度になります。室温（300K）をエネルギーで表すと、0・026eVとなります。ボルツマン統計確率（$\exp(-\Delta\phi/kT)$）は10^{-9}のオーダーになります。そこでITOとα-NPDの中間のイオン化ポテンシャルを持つ有機材料を利用して、正孔注入を促進するというのが正孔注入層の考えです。よく用いられる正孔注入層は、銅フタロシアニン（CuPc）、スターバースト材料、ポリアニリン、ポリピロール、PEDOT：PSS,SAM,HAT-CN,F4TCNQなどです。

電子輸送側も電子注入層としてよく用いられる有機原料は、Alq3があります。しかし、より重要なのは、アルカリ金属やアルカリ土類金属の酸化物やハロゲン化物（LiF・Li_2O・CaO・CsO・CsF_2など）です。これらはイオン結晶なので、どのように蒸発しているのか想像できませんが、分子状態で蒸発しているようです。ただし、イオン結晶というのは絶縁体です。有機層に厚く付けてしまうと、陰極金属からの注入を抑制してしまいます。多くの文献を見ても1㎚未満の膜厚です。

それでもなぜ絶縁体を付けて電子注入が促進されるのでしょうか？　2つの理由が提案されています。1つはこれらの金属酸化物・ハロゲン化物が直後に蒸着される活性なAlによって還元され、低仕事関数のアルカリ金属などを蒸着したのと同じ効果が得られるとするものです。もう1つは分子状に付着した金属酸化物・ハロゲン化物の電気双極子によって電気二重層が形成され、その結果、真空準位がゆがめられ陰極金属からの注入障壁が低下したことにより、電子注入が促進されるからです。

要点BOX

- ●熱活性では初めと最後のエネルギー差が重要!?
- ●階段状にすると注入効率が増加!!
- ●ITOの密着性を改善

キャリア注入材料

正孔注入材料

ポリアニリン

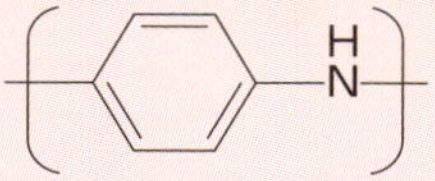

ポリピロール

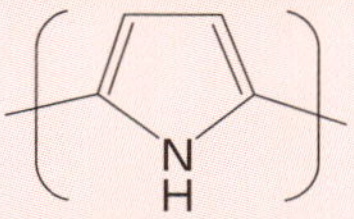

銅フタロシアニン（CuPc）

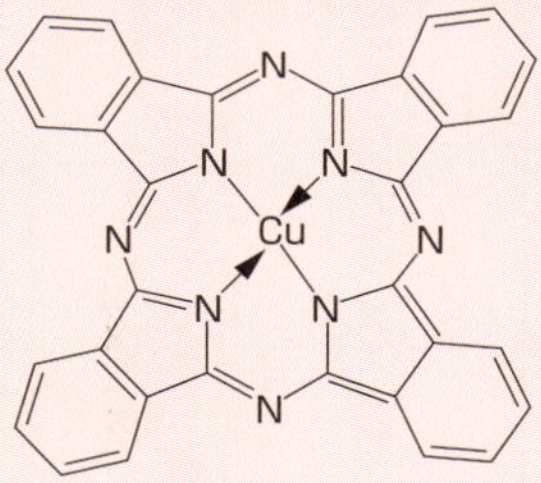

車や新幹線の青色の顔料

PEDOT:PSS

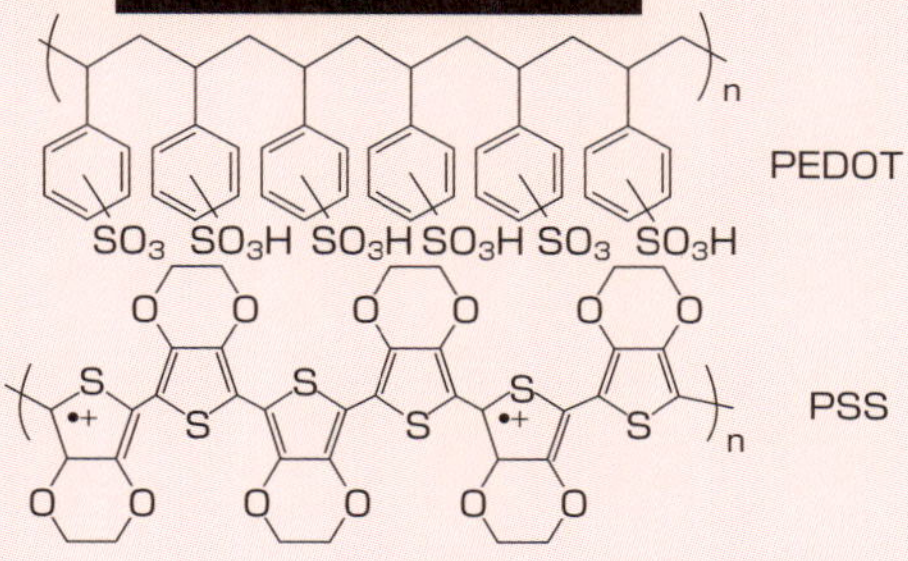

PEDOT:PSSはPEDOTにPSSがとりついた凝集体

ポリアニリン、ポリピロール、PEDOT:PSSは導電性高分子です。アニリンブラックと呼ばれる黒色材料があるように、ポリアニリンは厚みを増すと光透過性が悪くなります。PSSのスルホン酸基が水に可溶であるため、PEDOT:PSSは粉砕したナノ粒子を水に分散させた形で販売されています。

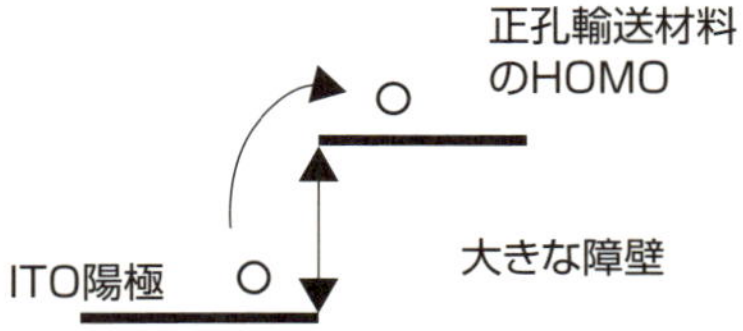

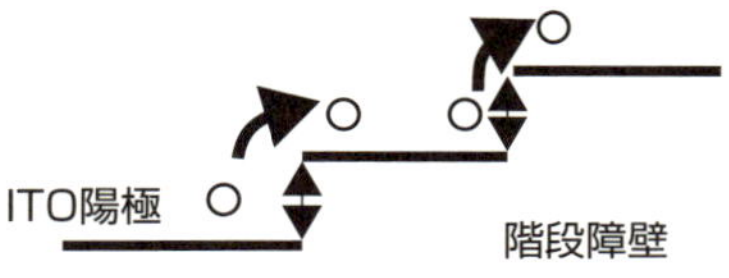

2回に分けると注入が改善
（注:この図では正孔のエネルギーを逆向きに記載してあります。）

電子注入材料

LiF, Li_2O, CaO, CsO, CsF_2

1nm未満の層を導入すると電子注入が促進される。厚すぎると、これらは絶縁体なので電子注入が悪くなる。

提案された2つのメカニズム

①アルカリ金属やアルカリ土類金属が還元され、金属を蒸着したのと同様な効果が得られる。
②電気二重層の影響で注入障壁が低下する。

35 正孔リッチを防ぐキャリア阻止材料

キャリアバランスの改善に有効

よくある典型的な、正孔輸送層と発光層との二層型試料においても、2つの材料のエネルギー状態が違うために、界面でキャリアが蓄積することがあります。特に両者の導電率の違いによって、印加電圧が分担されます。一般に正孔輸送材料の方が発光層に比べて導電率が高いので、印加電圧が低い場合には正孔輸送が界面まで速やかに行われると考えられます。しかしながら、多くの場合には、正孔にとっては正孔輸送層から発光層側への障壁があるため、界面近傍に正孔が蓄積されることになります。そしてこの正孔の蓄積が発光層の電界を高め、電子注入を促進し界面近傍でのキャリア再結合を効率良く行うわけです。ところが、層構造が複雑になってきたり、りん光材料をドープした系では、比較的正孔を輸送しやすい材料構成になることがあります。また、この正孔輸送が容易なために本来予定した発光層ではない別の有機層が発光することもあります。そのとき正孔阻止層を利用します。

正孔阻止層、英語で書くとhole-blocking layerとなります。電子の場合には、それぞれ電子・electronに置き換えれば良いわけです。多くの有機材料は正孔を輸送しやすい傾向があります。そのため正孔輸送層と組み合わせた系では、有機ELは正孔リッチになりやすいのです。そこで陰極から電子注入を促進して再結合を促すという手段の他に、正孔阻止層を導入してキャリアバランスの改善を図ります。

正孔阻止材料には、バソクプロイン（BCP）、Bphen、PCBIなどが知られています。特徴としては、発光層のHOMOよりも深いHOMOを持っており、発光層の電子注入を妨げないLUMOを持っています。正孔阻止層を導入した系では、例え正孔輸送材料を組み合わせた素子でも、正孔輸送層と発光層の界面付近が再結合領域となる以外にも、発光層と正孔阻止層の界面付近でのキャリア再結合も生じます。

要点BOX

- ●キャリアを蓄積させる
- ●再結合領域を制御できる

二層試料におけるキャリア蓄積

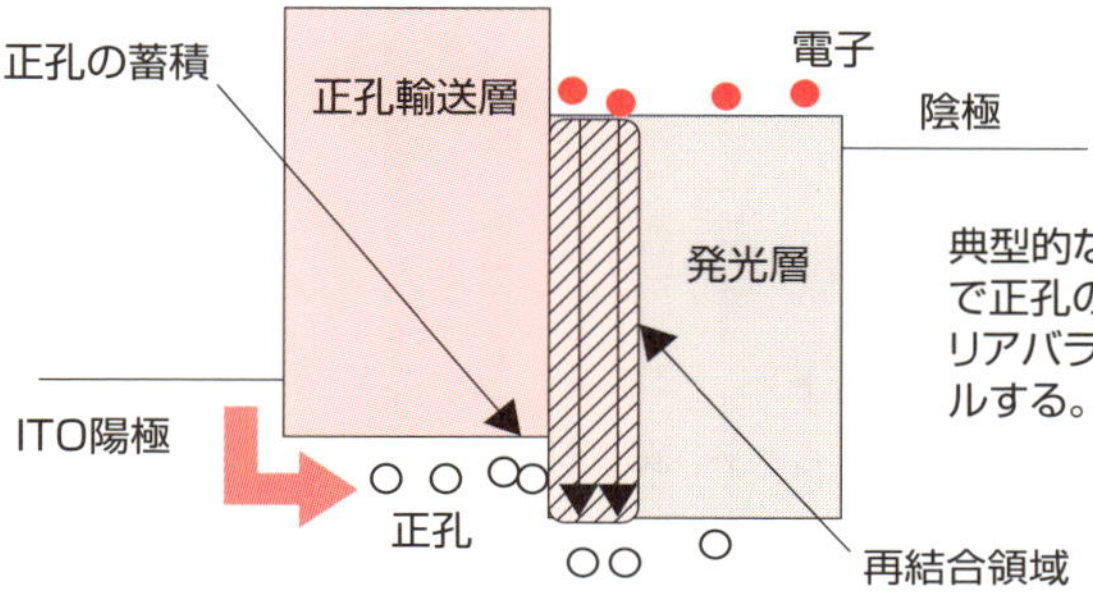

典型的な二層型でも、界面で正孔の蓄積が生じ、キャリアバランスをコントロールする。

正孔阻止材料

バソクプロイン（BCP）

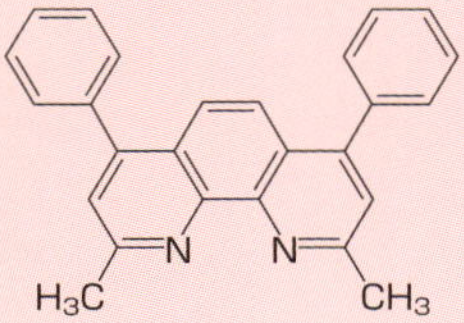

Bphen

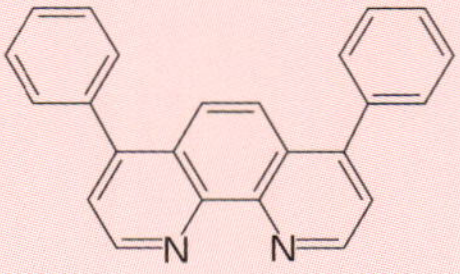

PCBI

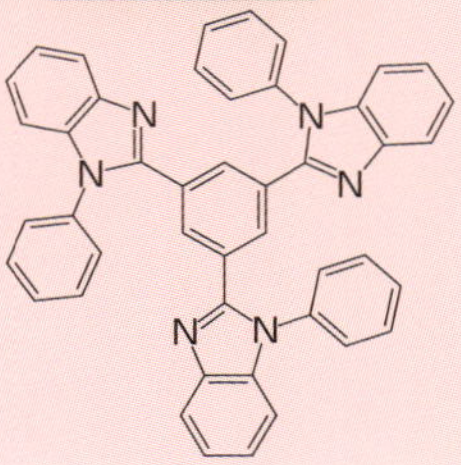

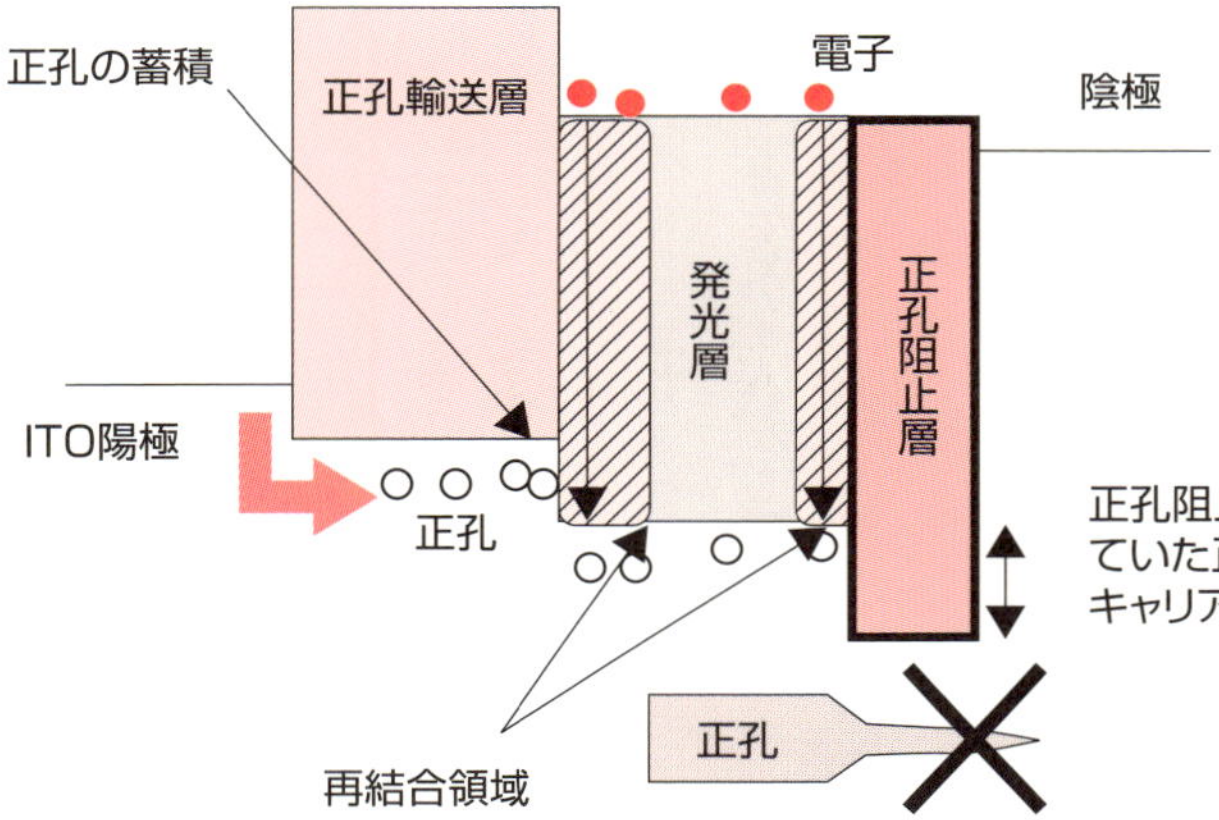

正孔阻止層で漏れていた正孔成分をカット！キャリアバランスが改善

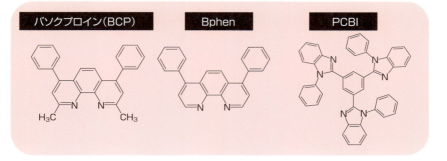

36 光を取り出す透明電極

電子が流れるのに透明?

　有機ELを含め、発光素子やディスプレイは必ず光を透過させる面を1つは持たないと、光を取り出せません。有機ELでは電流を流すので、導電性も必要です。これには透明電極が用いられますが、主に酸化物半導体を利用します。酸化シリコン(SiO_2)、アルミナ(Al_2O_3)など、本来酸化物は絶縁性のものが多いのですが、ある金属の酸化物は導電性を示します。

　導電性が高い材料は金属が代表的ですが、金属は透明ではなく、金属光沢と呼ばれる独特の色を持っています。これは固体中に存在する電子による光反射です。この光反射を決定しているのはプラズマ振動で、この反射の分水嶺がプラズマ周波数です。プラズマ周波数より小さな周波数の電磁波は反射され、大きな周波数の電磁波は透過します。詳細は固体物理学の本を参考にしていただくとして、プラズマ周波数は左ページの①式のように、キャリア密度の平方根に比例します。銀のキャリア密度は6.9×10^{22} cm^{-3}なので、130㎚より波長の長い電磁波は反射してしまいます。ITOのキャリア密度は約1桁低い10^{21} cm^{-3}なので、~1000㎚より長い波長を反射します。すなわち、350~780㎚の可視光は透過できるのです。

　それでは透明電極材料としてはどのようなものがあるのでしょうか? 今最も用いられるのは、酸化インジウム(ITO)です。これにスズをドープすることによりn型半導体として利用します。太陽電池に主に利用されるのが、酸化スズ(SnO_2)です。太陽電池の作成時には還元雰囲気に曝されることが多いので、化学反応性に強いSnO_2が用いられます。出光興産が発表したInZnO(IZO)は非晶質性でありながら、導電性が比較的高く、低温成膜できる材料として有機ELではよく用いられます。インジウムは今後高騰する恐れがあります。そこで材料的な問題の少ない、酸化亜鉛(ZnO)が注目されています。

要点BOX

- ●酸化物半導体が用いられる
- ●ドープ量と酸素欠損で諸特性が決まる
- ●シート抵抗は膜厚で制御する

透明電極

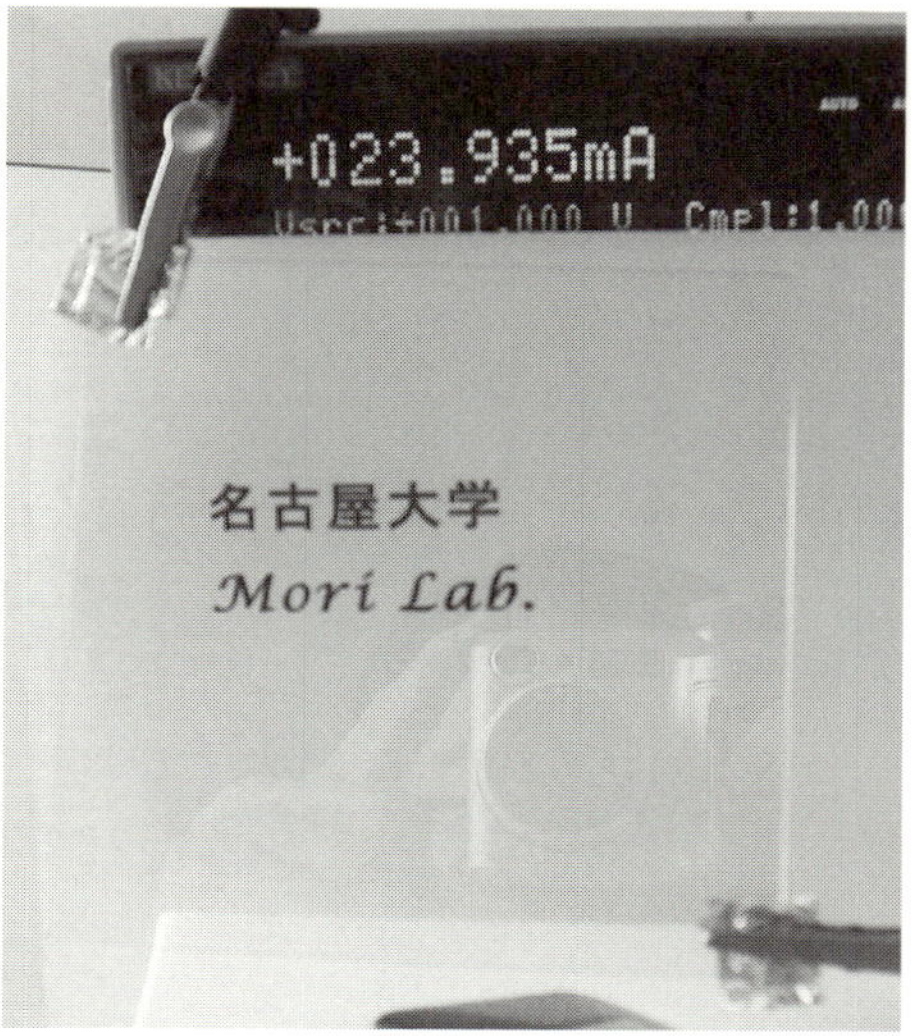

10cm角のITO基盤に電圧を印加したところ。上部の電流が流れている値。カメラがうっすら写っているので、ガラスなのがわかりますよね?

導電性は電子密度でほぼ決まります。電子濃度は材料の透過率に強く依存しています。

金属特有の金属光沢の原因であるプラズマ共鳴振動数ω_pは

$$\omega_p^2 = \frac{n_e e^2}{\varepsilon m^*} \quad \cdots\cdots ①式$$

ここで、n_eは電子密度、eは電荷素量、εは誘電率、m^*は電子の有効質量となります。ω_pより短い周波数では光を反射し、長い周波数では光を透過します。透明酸化物半導体では電子濃度が1桁は優に低いために、本来紫外領域にあるω_pが赤外領域までシフトすることにより、可視光領域が透明になります。

主な透明酸化物半導体材料

	ITO (Snドープ In_2O_3)	SnO_2	ZnO	IZO (InZnO)
バンドギャップ (eV)	3.6〜3.8	3.5〜3.9	2.5〜3.3	3.5〜3.8
キャリア密度 (cm^{-3})	10^{20}〜10^{21}	10^{16}〜10^{17}	〜10^{20}	〜10^{20}
その他	結晶 良エッチング性 還元雰囲気に弱	結晶 太陽電池に利用	結晶	非晶質

これら酸化物半導体材料は正孔注入するために陽極に用いられることが多いですが、n型半導体です。透明電極では体積抵抗ではなく、シート(面積)抵抗を用います。

面積抵抗　$R_s = \frac{a\rho}{bd}$　体積抵抗率

$= \frac{\rho}{d}$　($a=b$:正方形のとき)

膜厚を厚くすると、R_sは小さくなる

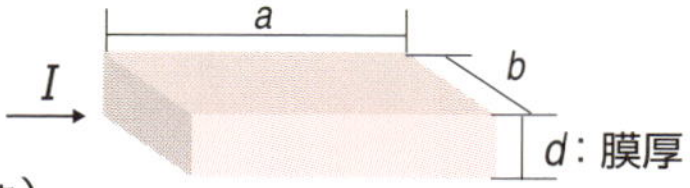

37 陰極金属と仕事関数

低仕事関数の金属の取り扱い

LUMOはHOMOよりも高いエネルギー（少なくとも可視光のエネルギーの差以上）なので、電子を注入しようとすれば、LUMOとのエネルギー差が低くなるように低い仕事関数を持つ金属を用いた方が良いことになります。実験によく利用される金属の仕事関数を左ページの図に並べてみました。低い仕事関数を持っている材料にはアルカリ金属やアルカリ土類金属が多いことがわかります。

3eVより小さい仕事関数を小さい順から並べると、Cs(1.95)<Rb(2.16)<K(2.28)<Na(2.36)<Ba(2.52)<Ca(2.9)<Li(2.93)となります。それでは効率の良い素子を作成するには、これらの金属を使用すれば良いのでしょうか？　これは非常に危険です。通常の真空蒸着などで何とか扱えるのは、Ca（塊状のもののみ、それ以外の形状は危険）までです。どれも大気中で活性が高いのですが、まずBaは毒性が高いため、止めた方が無難でしょう。Na・K・Rb・Csは通常は油中に保存されるほど、反応性が高いです。日本のように湿度が高い環境下では大気中では自然発火し、熱によって爆発的な反応を生じますので、大変危険です。これら金属を直接扱うことは止めましょう。特に学生や新人など慣れない人たちに使用させることなどは危険きわまりない所業です（導電性高分子のポリアセチレンにNaをドープすることにより、導電性を高めるという手法がありますが、同様な理由で誰もができる研究ではありません）。

ではどうすれば良いのでしょうか？実際にこれらの金属を有機層にドープしたり、陰極に利用したりしています。サウスゲッターズ社よりアルカリディスペンサが出ています。金属または合金のプリカーサを蒸着ボートに電流を流して加熱することで、金属が蒸発できるものです。また、活性な金属を有機層側に蒸着した場合には、それをキャップする意味もあり、アルミや銀を連続蒸着します。

要点BOX

- ●金属と仕事関数の関係
- ●電子注入には低仕事関数の金属が良い
- ●低仕事関数を持つ金属は活性が高い

陰極金属

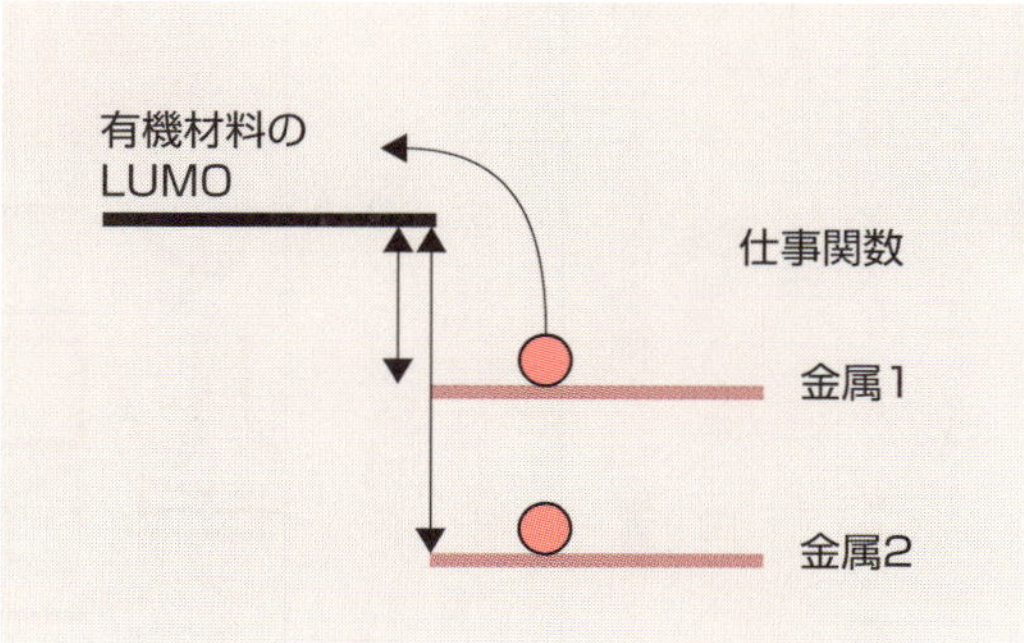

電子注入には仕事関数の小さいものが有利

金属1と金属2では電子注入障壁は金属1の方が小さい。この概略のエネルギー差は有機材料のLUMOと金属の仕事関数の差による。

仕事関数の小さな金属を並べてみると(単位はeV)

Cs(1.95)<Rb(2.16)<K(2.28)<Na(2.36)<Ba(2.52)<Ca(2.9)<Li(2.93)

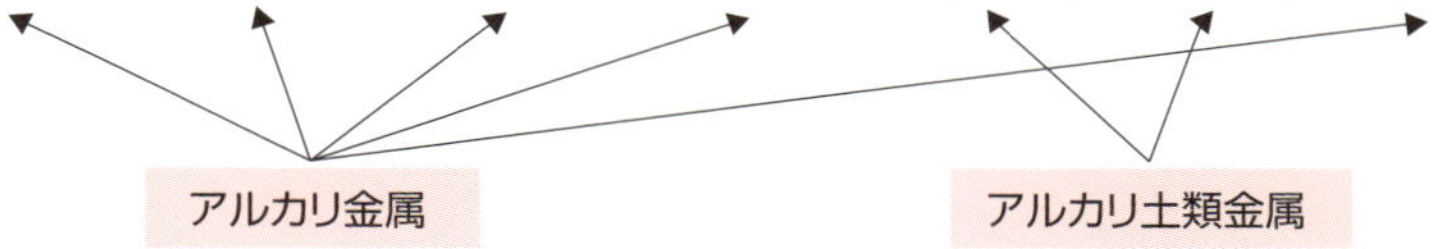

危険!

- これらの金属は単体を取り出して蒸着しない。酸素や水と激しく反応する。
- アルカリディスペンサを利用しましょう。
- 金属塩を加熱させることにより、金属を還元させて蒸着できます。

- 比較的安全なものはMgとAgの共蒸着による合金です
- 特性にばらつきが出やすいが、Al:Li合金は簡便な材料です
- 一般的には、電子注入材料を蒸着した後、Alを蒸着します
- トップエミッション用では、極薄膜のMg:Ag合金と透明電極を利用します
- 逆構造(陰極側から作り込む)の場合には、AlNd合金が有効です

用語解説

アルカリディスペンサ:金属または合金のプリカーサーを詰めた蒸着ボート。通常の抵抗加熱により反応が生じて、還元された金属が蒸着できる。

38 コロンブスの卵、マルチフォトンデバイス

交流駆動の有機ELも

ここでは有機ELの素子構造について述べてみましょう。有機ELの基本構造はタン博士の発表、初期の九州大学グループの発表で構造がほぼ決まり、後はその変形と機能分離の複雑化であると言えます。ところが、その範疇ではちょっと分けられないものがあります。

その1つは山形大学グループが発表したマルチフォトンデバイスと呼ばれるものです。単独の素子で電圧Vを印加して電流Iが流れたとき、発光強度Lが観測されたとします。左の上図に3つの素子が直列につながった例を示します。外部回路に電流Iを流すためには、電圧を3Vにする必要がありますが、素子から観測される発光強度は3Lとなります。もしこれを電流に対する発光効率として見ると3倍になったと言えます。1つのデバイスとして作り込むためには金属電極を透明電極とするとともに一方には電子をもう一方には正孔を注入できるような層を導入する必要があります。それが電荷発生層です。山形大学グループは酸化バナジウム（V_2O_3）を利用しました。マルチフォトンデバイスは電圧が高くても電流は小さいので、照明などの用途に向いています。

九州大学グループの素子は、電荷発生層を中央に持ち、外側にブロッキング電極を持った構造です。そして、この素子に交流を印加すると、電荷発生層から正孔と電子が電界方向に従って放出されますが、電圧が反転すると今度は先ほどとは逆の電荷がそれぞれに注入されます。そうすると、先に注入された電荷と後に注入されたカウンタ電荷が再結合して、発光するというものです。端の両電極からはキャリアは注入されていませんが、発光は観測されます。このキャリア挙動は、無機EL素子とよく似ていますね。もっとも発光機構自体は違っているので、同じではありませんが、駆動方法はまさしく無機ELと言えましょう。

要点BOX

- ●電荷発生層がポイント
- ●別々の素子を1つの素子に積み上げる
- ●キャリアを注入しない有機の「無機EL」

マルチフォトン方式

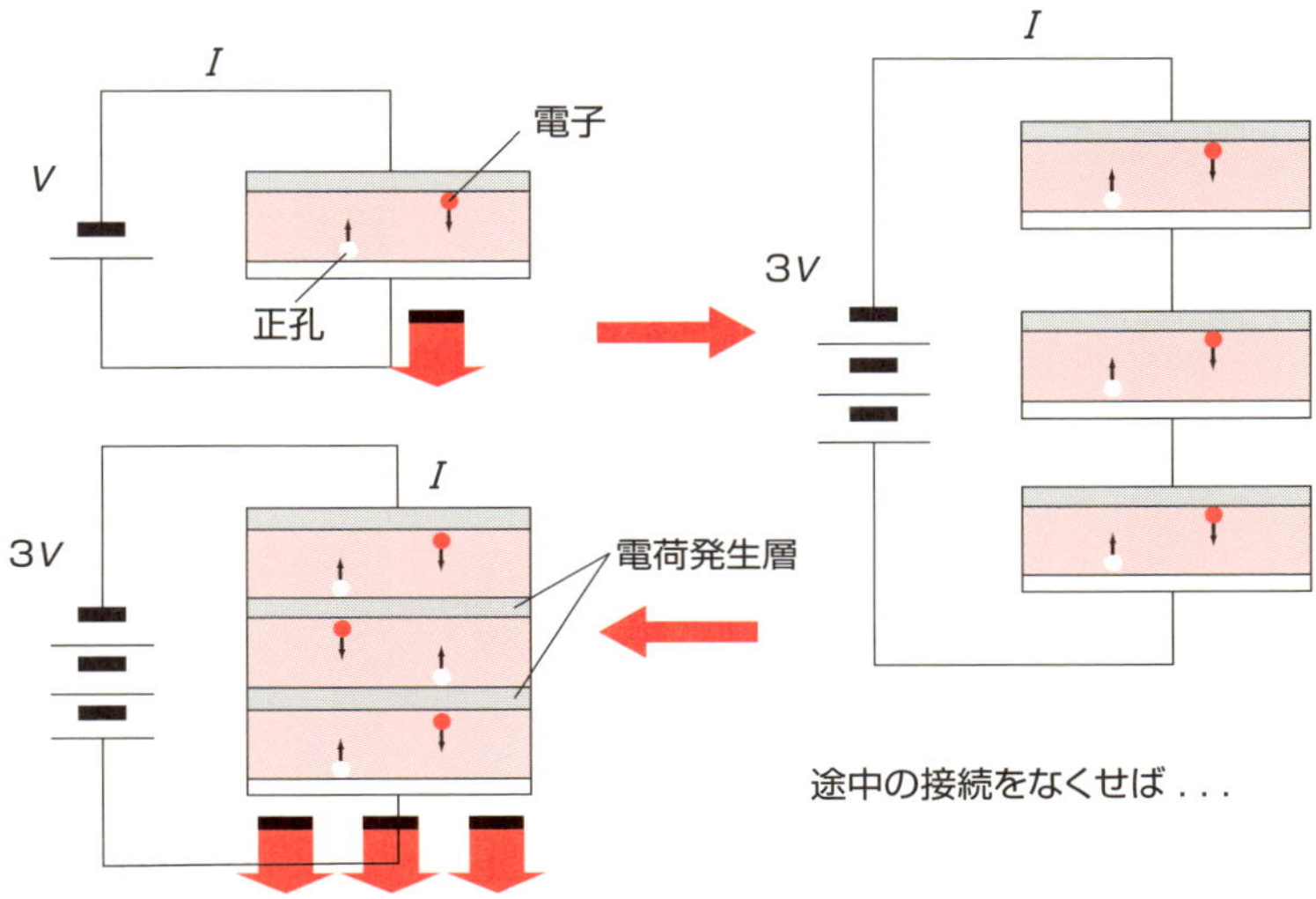

通常外部回路に1つ電子が流れたら、内部量子効率が100%であれば、1つフォトンが生じます。*n* 個の素子から*n* 個のフォトンが放出されますので、マルチフォトンデバイスと命名されたました。海外ではスタック構造と呼ばれています。

交流駆動の有機ELも

電源に接続された電極からキャリアを注入せずに、電荷発生層からのキャリア発生により再結合を実現

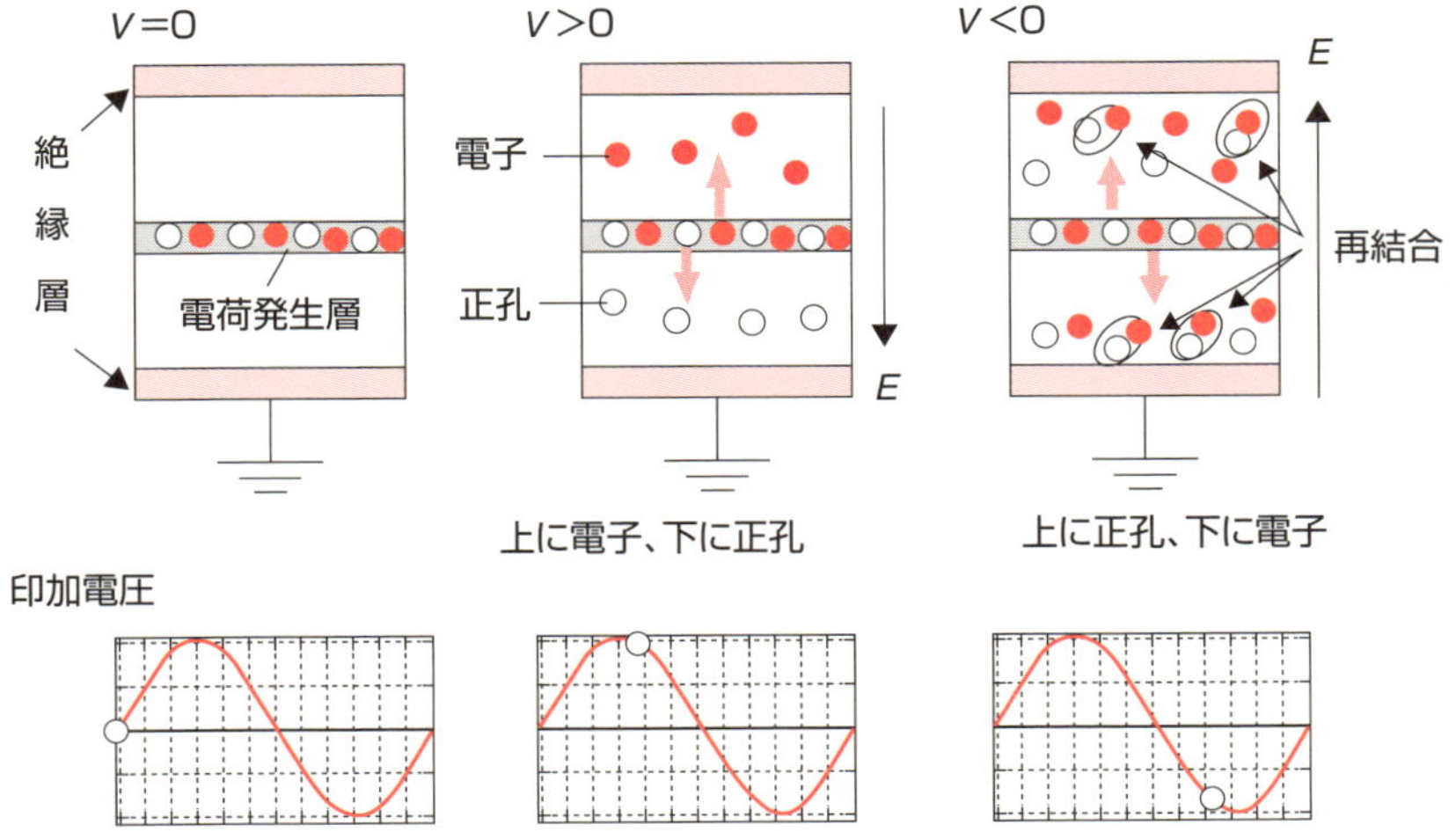

Column

有機ELと材料の価格

有機材料の特徴として、原子と結合の組み合わせにより、多種多様な材料が作成できるというものがあります。しかしながら、必ずしもすべての出発原料を一から合成しているわけではありません。そうした意味では、石油・石炭というのは原材料の源です。（材料をただ単に燃やして、CO_2と水にするなんて、資源のむだです。）昨今、石油の価格上昇が著しく、それを元原料としている有機試薬の価格は少しずつ上がっています。

非常にポピュラーな材料であるアルミキノリノール錯体Alq3は1990年代前半に昇華精製したものを購入しようとすると、1g当たり何と6万円を超えていました。1gというのは、まじめに試料を作るととても1年間持つ量ではありません。しかもバッジ（作る時）が違うとそのばらつきも大きく、素子特性に差ができてしまって、実験にならなかったこともよくありました。今までと傾向が違う、どうしてだろうと学生と一緒に頭を悩ませました。

今は1g数千円くらいで、しかもばらつきはほとんどありません。とはいうものの発光材料、特にりん光材料はまだ高いです。1g10万円程度はするでしょうか。でもこれとて以前に比べれば、格段に安くなっています。以前はゆうに50万円以上していましたし、今もポピュラーでないものは同じ程度の金額です。

化学メーカーとしては、少量でも高付加価値がある材料です。実際に、これを生産ラインに乗せると、材料の量はkg単位になります。もし10万円／gのものを1kg購入すると、1億円です。そうなると材料をできる限り効率良く利用して、なおかつ利用できなかったものは回収する必要があります。

真空蒸着というのは、材料効率が非常に悪いので、ほとんどをむだに捨てていると見なせます。膜の均一性を上げようと思えば、蒸着源と試料とは離した方が良いのですが、材料効率を上げるためにはできる限り近づけた方が良いわけです。なかなか難しい問題です。

第4章

有機ELはどうやって作るの?

39 膜厚の制御が容易な真空蒸着法

真空中で物質を基板上に堆積

真空蒸着法とは、真空に減圧した雰囲気の中で、一般に熱エネルギーを物質に与えて、基板上に物質を堆積させる手法です。真空蒸着法の特徴は、①ドライプロセスであること、②膜厚方向の制御が容易にできること、③マスクにより塗り分けが可能であること、④材料が熱蒸発できる材料であれば利用可能であること、が挙げられます。デメリットとして、真空機器としての装置のサイズの限界などが指摘されます。

圧力が低くなると残留ガス濃度が低下し、平均自由行程（残留ガス分子と対象分子が衝突する平均距離）が長くなります。例えば大気圧下では、数nmしかない平均自由行程が、10^{-2} Paの圧力下では0.2mまで長くなります。平均自由行程が短いと蒸着源温度を高くして、もっと運動エネルギーを与える必要があります。

真空蒸着は基板（堆積側）が上方にあり、蒸着源は下方に位置しています。有機分子が固体形状になっているときは、単にファンデアワールス力によっているだけですので、加熱することにより熱運動が激しくなり、ついには空間のある上方に飛び出します。高分子のように分子同士が絡み合っていたり、分子量が大きい材料では、一部の分子鎖が熱運動により切断されてしまいます。この切断部が基板に堆積した後で、再結合すれば問題ないのですが、実際にはきれいに元に戻らないので、こうした材料には真空蒸着法は使用できないということです。

真空蒸着の例を左の下図に示します。マスクを使用してAの部分にRの材料を蒸着します。次にマスクを移動させて、Gの材料を蒸着します。また、マスクを移動させて、Bの材料を蒸着します。さて何十cmとかmオーダーのマスクになりますと、端で支えているだけでは薄いとたわんでしまい、基板との密着性が悪くなります。基板とマスクの間に隙間ができると、蒸着の精度が悪くなります。これが真空蒸着法でのディスプレイ作成でのデメリットです。

要点BOX

- ●熱で運動エネルギーを与える
- ●高真空で平均自由行程を長くする
- ●マスクによる塗り分け

有機デバイス作製の王道 ー真空蒸着ー

水の相図

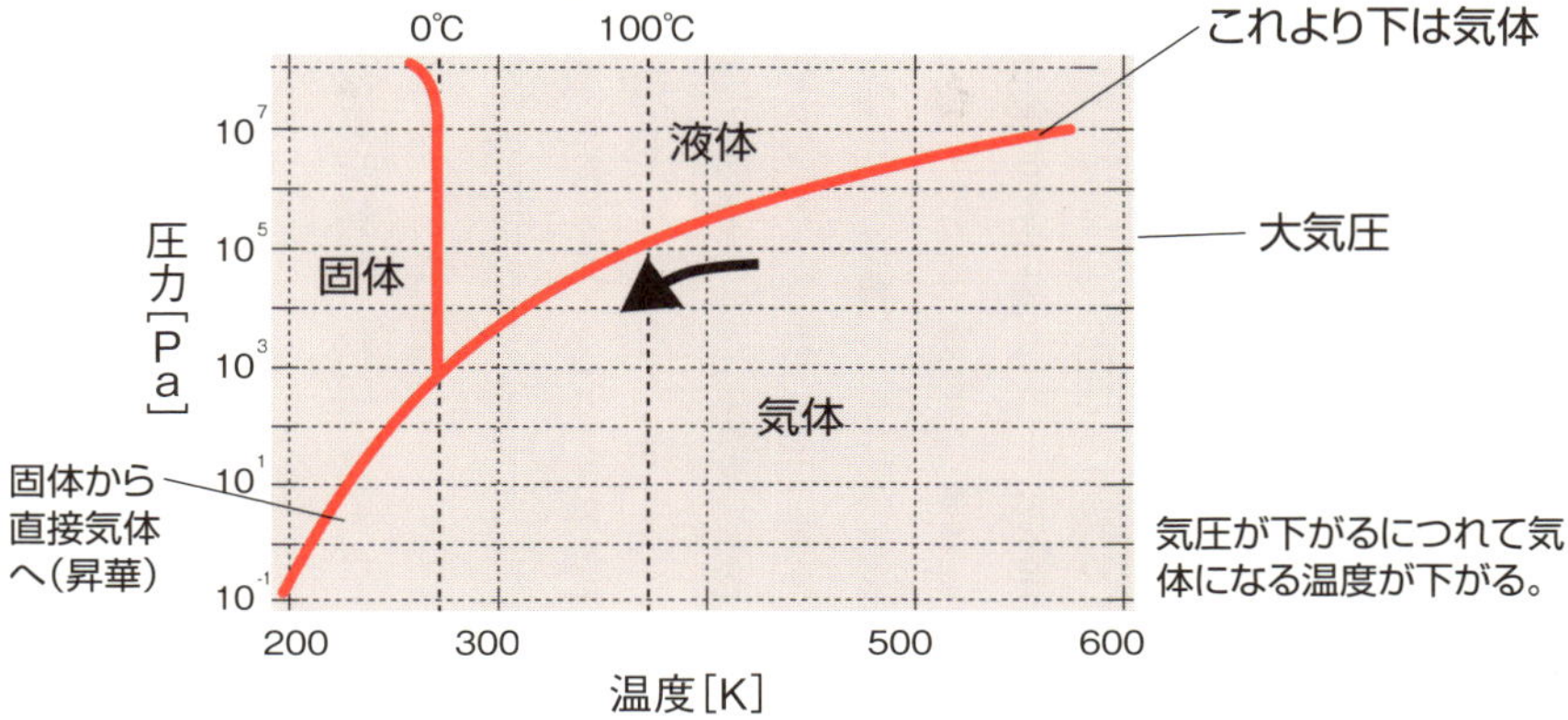

他の物質も圧力を下げることにより、低い温度で熱分解せずに気体になる。

↓

真空蒸着

真空蒸着法のしくみ

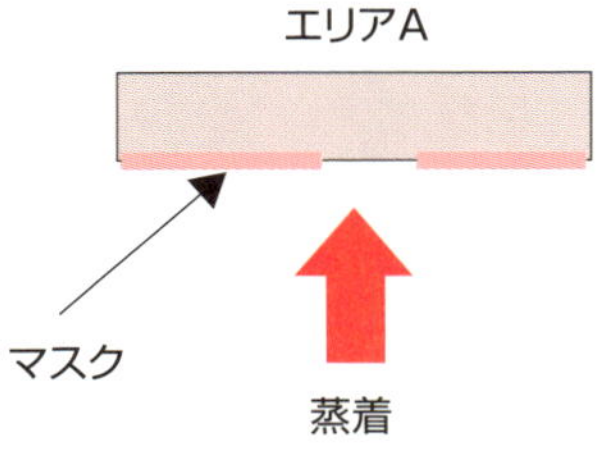

マスクのないところに有機層はできます。

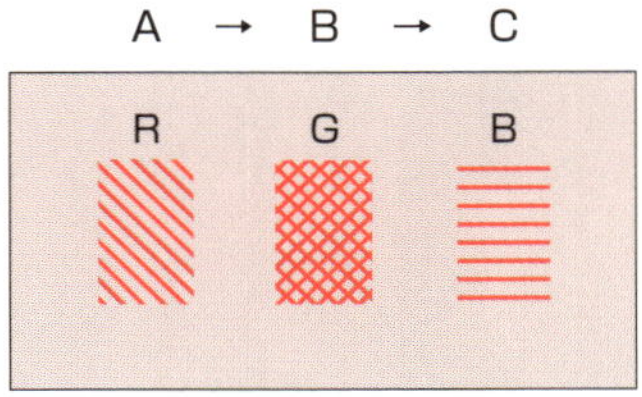

マスクの位置を変えながら蒸着すれば発光色を制御できます。

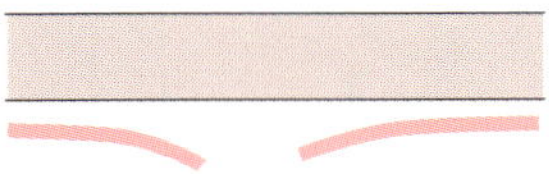

マスクがたわんだりすると、

→

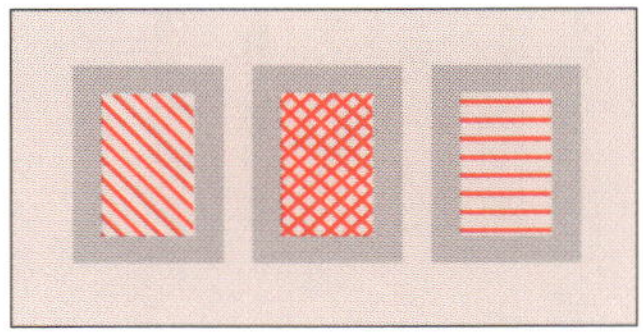

エリアがにじんでしまいます。

蒸発した材料は直線的に移動しますが、垂直方向だけに飛んでいくわけではありません。基板に斜めからも進入します。

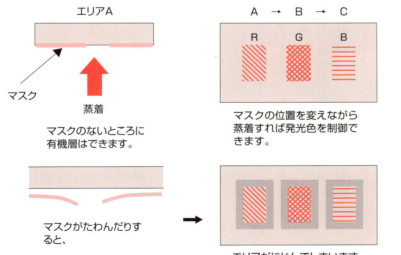

40 進化する真空蒸着

蒸着源は点から線へ

真空蒸着法は真空装置を利用する大がかりなもので、装置の製造コストの増加や、タクトタイムが短くできないなどの欠点が言われてきました。しかしながら、本格的な量産機においてメインの層構造はすべて真空蒸着法が利用されています。ディスプレイにしろ照明にしろ膜構造がきちんとできないと商品としての歩留まりが低下してしまうからでしょう。

当初生産されていた有機ELでは点蒸着源であるクヌーセンセルが用いられていました。クヌーセンセルでは容器内で熱平衡状態に達して、上部の穴から飛び出す蒸発分子量は容器の温度だけで制御できます。ところがこの蒸発源の場合、蒸着源を頂点とした円錐状に蒸着分子が広がるため、基板に成膜される有機分子よりも周りの壁に付着する有機分子の方が圧倒的に多くなります。さらに蒸着源の直上と外周側では蒸発量が異なるので、基板を回転させてムラができないようにします。成膜速度も制限されてしまい、材料の使用効率は2～4％程度です。

そこで蒸着源を、点ではなく線状にする発想の、リニア蒸着源（リニアソース）が開発されました。点蒸着源を密に一列に並べたものと1ラインの穴を開けたものがあります。点蒸着源に比べて、基板との距離を接近させて材料のロスがないように工夫されています。これであれば材料使用効率は相当高くなると思われますが、実際の材料使用効率は仕込んだ原料がどの程度素子に利用されたかなので、常時加熱方式であれば基板搬送などのアイドリング時も蒸発させ続けるため、せいぜい20～30％程度しかなりません。

最近は、事前に蒸発させた分子を線状や面状（マニホールド）に噴出させてアイドリング時のロスを極力減らす蒸着法もあります。また蒸着源に蒸発分子が再付着しないように全体を加熱するホットウォール方式も提案されています。こうした蒸着装置の改良で、材料使用効率は70～80％に達するようになりました。

要点BOX

- ●点蒸着源からリニアソースへ
- ●膜厚のばらつきは±5％未満
- ●近く、速く、さらに材料使用効率を上げる

進化する真空蒸着法

クヌーセンセル

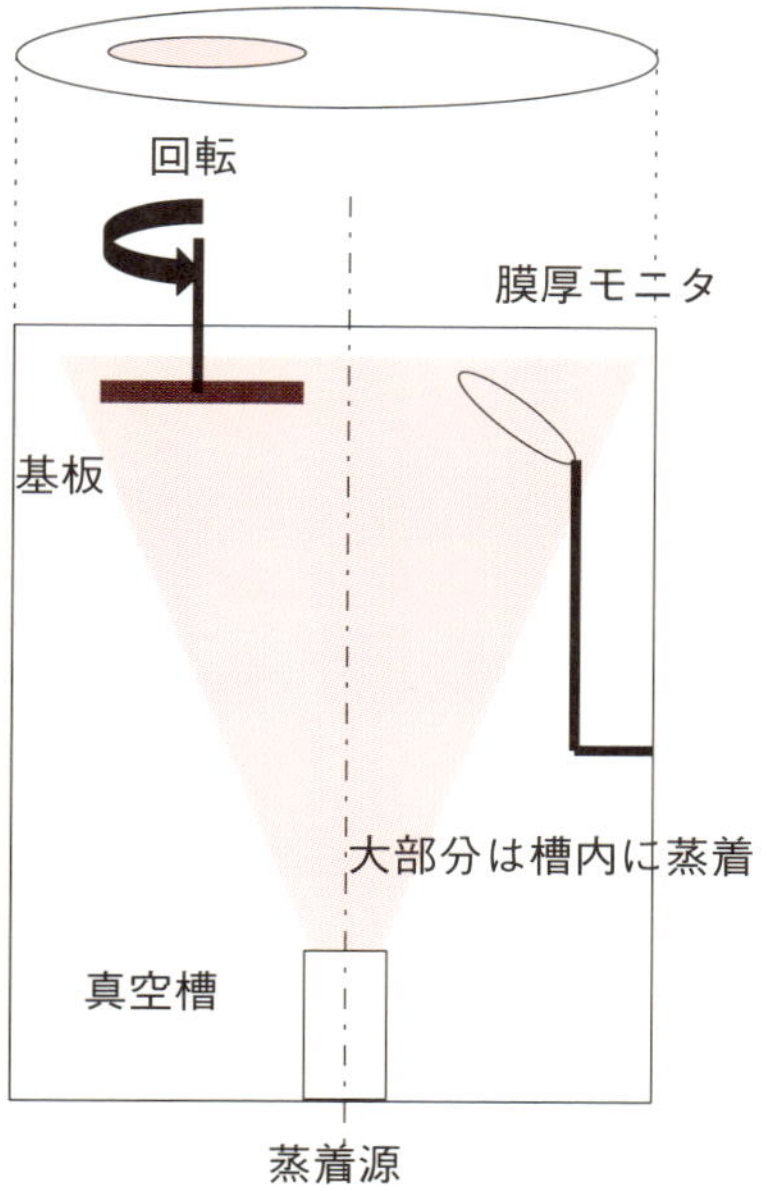

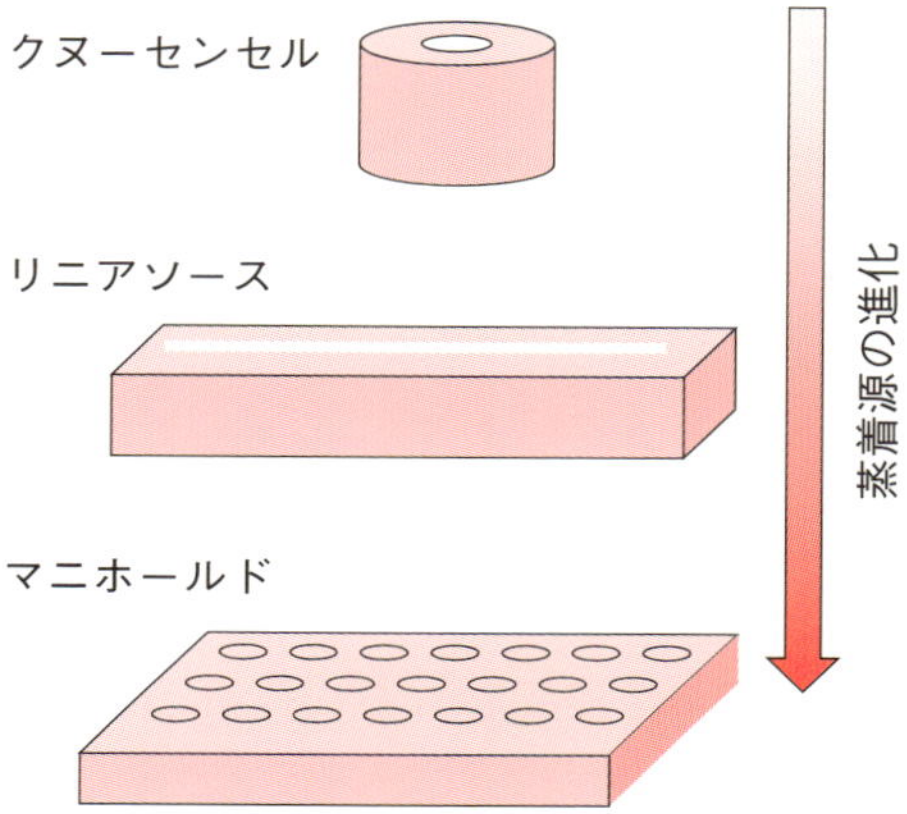

試料を設置した側と反対位置に蒸着モニターを設置して利用する。
均質性を担保にすると点蒸着源はむだが多い。

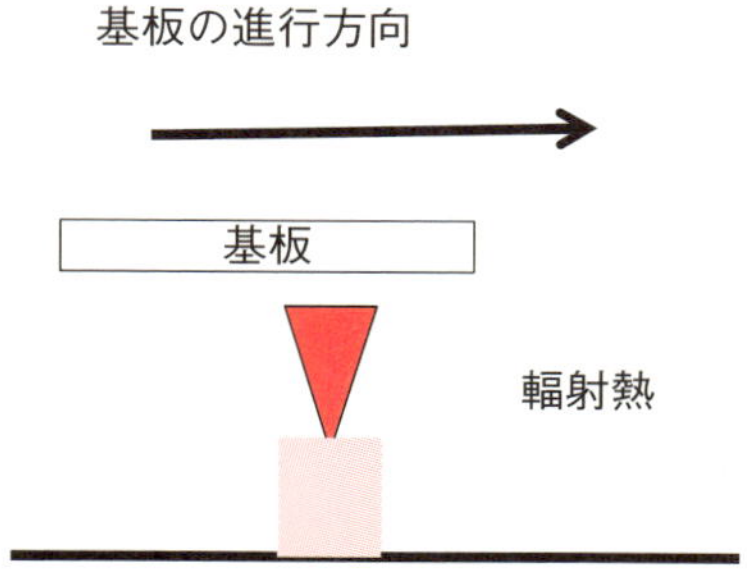

リニアソース源

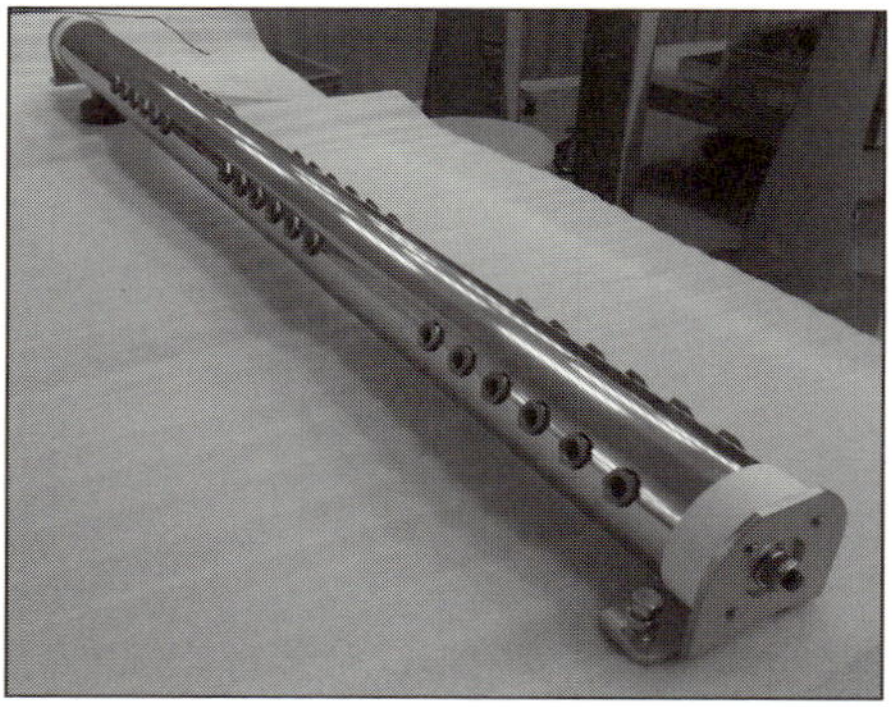

（長州産業㈱の提供による）

基板を近づけるとむだは少なくなるが、基板を加熱することになる。素早い蒸着過程が望ましい。

41 クラスタからインライン蒸着機へ

タクトタイムを減らすライン生産方式

有機ELの蒸着プロセスとしては、基本的に1つのチャンバーで蒸着して次の蒸着のためにチャンバーを代える作業を繰り返して多層構造を実現していきます。この方式をクラスタ(cluster)方式と呼びます。そのため、基板を中央のチャンバーに一旦移して、ゲートバルブを介して連結してある周りのチャンバーに順次移動させて真空蒸着を完了させ、最後に取り出します。左ページの図の例では連結チャンバーが6つありますが、2つは出し入れするチャンバーになるので、異なる4層を蒸着できます。この手法ではどうしても中央に一旦基板を戻さないと基板の操作ができず、タクトタイムを大きく減らすことができません。もう1つの問題は、基板サイズの大型化に対応しづらいことが挙げられます。

タクトタイムを減らすためには停滞なく基板を流して作成を進めることが必要です。俗に言うライン生産方式が望ましいわけです。そうした要望に応えたものが、インライン(in-line)方式です。In-line、すなわち直線上に装置類を配置してデバイスの作成を行います。クラスタ方式に対する欠点としては、配置スペースが大きくなることでしょう。各層の蒸着源が並んでいるところを基板が止まることなく移動して層構造を作成していきます。もちろん蒸着源はリニア状もしくは面状に配置されています。これに端から洗浄済みの基板を送り込めば、もう一方の端から完成品を取り出すことができます。もっとも最後には基板カットが入るはずなので、同じようにただ流れて出てくるわけではありません。インライン方式では大型基板を取り扱うことが可能となります。

また同じインライン方式でも基板を水平に流すのではなく、垂直方向に配置することによって設置スペースを少なくする生産方式も提案されています。この場合には蒸着源としては面状蒸発源を利用して、一気に成膜することになります。

要点BOX

- ●どのように多層にするのか
- ●基板の取り回しも重要
- ●流れ作業にはインライン方式

クラスタ方式、インライン方式の蒸着プロセスのしくみ

クラスタ方式の蒸着プロセス

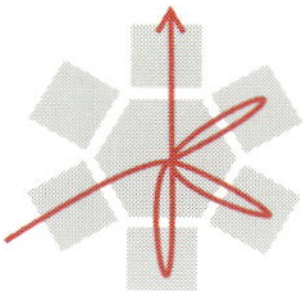

基板は中央のチャンバー
を起点に行ったり来たり

インライン方式の蒸着プロセス

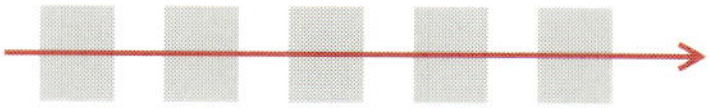

インラインでは基板は真っ直ぐに

クラスタ方式の蒸着装置

（㈱アルバックの提供による）

インライン方式の蒸着装置

（長州産業㈱の提供による）

42 2種類の材料を同時に蒸着

共蒸着（色素ドープ）法

左ページ上図のように、共蒸着法は2つ以上の蒸着源を同時に蒸発させ、膜を作成する手法です。特に発光層において共蒸着を色素ドープという言い方で表現をします。半導体におけるドープというのはppmオーダですが、有機材料の場合にはmol%オーダです。

どうやってドープ濃度を制御しているかというと、分子束と蒸着速度は比例の関係にあることから、2つの有機材料を同時に蒸発させる場合には、共蒸着の比を両者の蒸着速度の比を用いて制御します。よく見られるのは、ホスト色素に1種類のゲスト色素をドープしたものですが、中には著者のグループや三洋電機のグループのように2種類のゲスト色素をドープして発光層に利用したものがあります（後者はアシストドープと呼ばれます）。

有機ELではタン博士の最初の発表においては、陰極金属Mg：Ag合金の共蒸着が用いられており、その次の第2の発表において、濃度消光を生じる有機色素を適切なホスト材料中に共蒸着法を用いて、色素ドープを行った例が示されました。

左の下図は色素ドープ法によった有機EL素子のELスペクトルの例です。Alq3にスチリル誘導体（DCM）やクマリン誘導体（C540）をドープすることにより、発光色を変えるとともに、発光効率を向上させることができます。

色素ドープによる高性能有機EL素子の実現は蛍光材料ばかりでなく、りん光材料でもよく使われる手段として利用されています。1つの目安として、蛍光色素では1%前後が最適な効率になりますが、りん光材料ではそれよりも多めの数モル%であることが多いようです。

蒸着比率を数十mol（ほぼ1対1くらいまで）まで共蒸着比を上げ、正孔輸送層や正孔阻止層を作成した有機アロイ法は薄膜形態の安定化に有効です。共蒸着法は有機デバイス作成に重要な手法です。

要点BOX

- ●色素ドープ法とも言われる
- ●2種類のゲスト色素をドープして発光
- ●りん光材料でもよく利用される

共蒸着（色素ドープ）

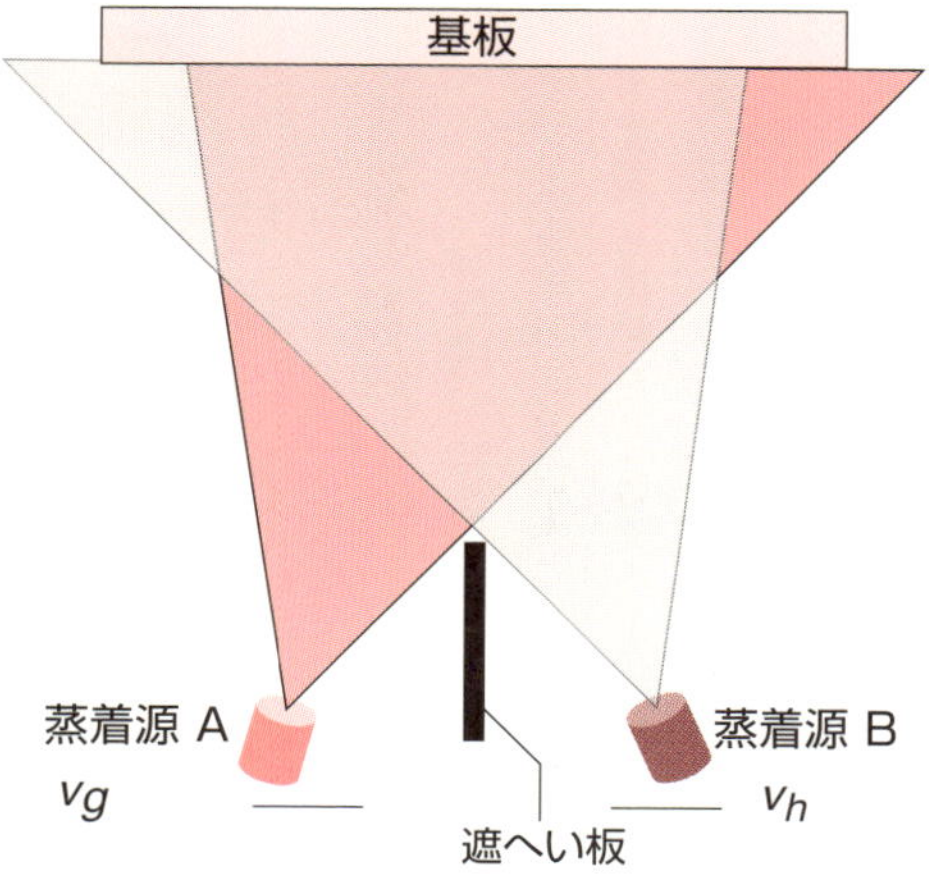

分子束は蒸着速度に比例

蒸着速度比=ドープ濃度

$$\text{ドープ濃度} = \frac{v_g}{v_h + v_g} = \frac{v_g}{v_h}$$

$$v_h >> v_g$$

例:v_h=0.2nm/sでv_g=0.002nm/sなら1mol%

2種類の材料を同時に蒸着します。

ホスト材料のAlq3に、ゲスト色素として C540かDCMをドープした有機ELのELスペクトル

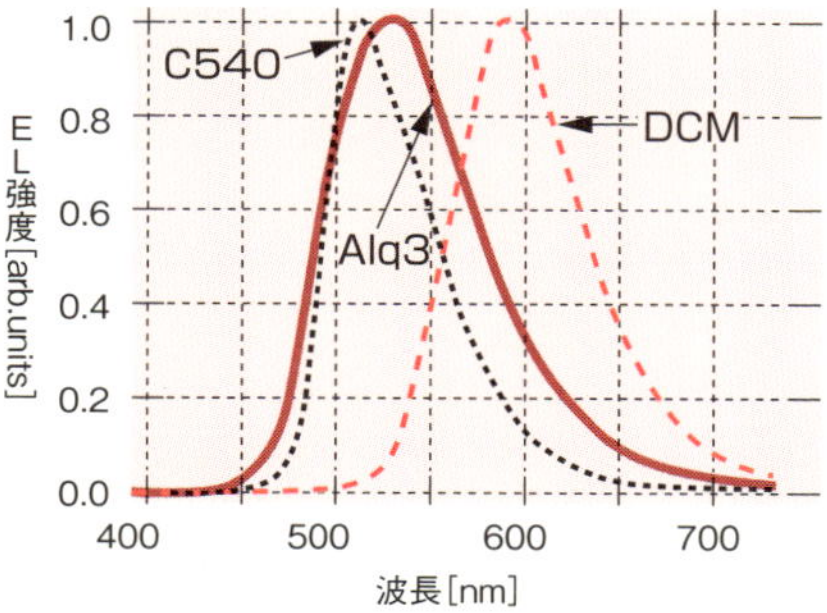

ドープ濃度は1mol%

C540

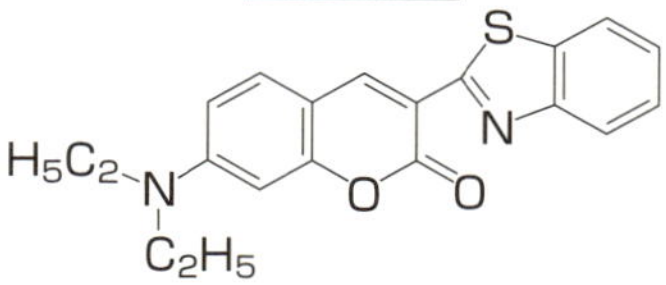

DCM

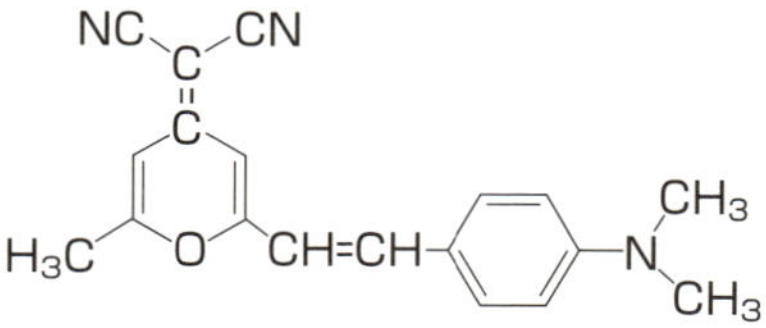

単独では濃度消光により、発光しない材料もホスト色素に分散させることにより、高効率な発光が得られます。

用語解説

モル(mol)%：原子、分子の個数比の百分率を表す。重量(wt)%は重量比の百分率。

43 透明電極の形成とスパッタ法

スパッタ法による薄膜形成

有機材料にはあまり利用されませんが、金属やセラミックスのような無機材料の成膜方法にスパッタ法があります。低真空下で直流もしくは高周波を印加してグロー放電を持続させた際に、陰極側に電界の高い領域ができて正イオンが加速され陰極に衝突します。このとき陰極材料(ターゲット)から中性粒子がたたき出されます。この中性粒子を反対側の電極側に堆積させて薄膜形成を行うのが、スパッタ法による薄膜形成です。また、陰極電極を削る(エッチングする)ことになりますが、この現象もスパッタリングと呼ばれます。有機ELを構成する部材では、透明電極の形成にスパッタ法が用いられます。ガラス基板もしくはフレキシブル基材(プラスチックフィルム)上に、酸化物半導体である透明電極を形成するのには、全く問題がないとは言えませんが、それほど問題は生じません。

有機ELにおいては、50項で述べますトップエミッション方式で有機膜を形成した後、半透明上部陰極を形成し、透明電極を形成するという手段がよく使われる手法として普及しつつあります。有機層の上にターゲットから飛び出したクラスタが高エネルギーの運動エネルギーを持ったまま到達すると、結合力が弱い有機分子材料では、クラスタ粒子が到達した際に運動エネルギーを失わず表面の有機分子を削り取ってしまうことがあります。正イオンによるエッチングではなく、体積に関与するクラスタによるエッチングが生じます。

そのため、半透明電極である金属層の耐性を利用したり、スパッタリングを生じさせる電源パワーを抑制して、運動エネルギーの影響を小さくすることで解決が図られます。また、一般的にスパッタ法ではターゲットと対向する形で陽極側に基板を位置させます(通常ではターゲットは上部電極で、基板は下部電極となることが多い)が、これを側面に基板を置くという手段をとります。

要点BOX

- ●ターゲット材料をイオンでたたき出す
- ●ターゲットを削るのはエッチング
- ●堆積物によるエッチングに注意

スパッタ法（スパッタリング）

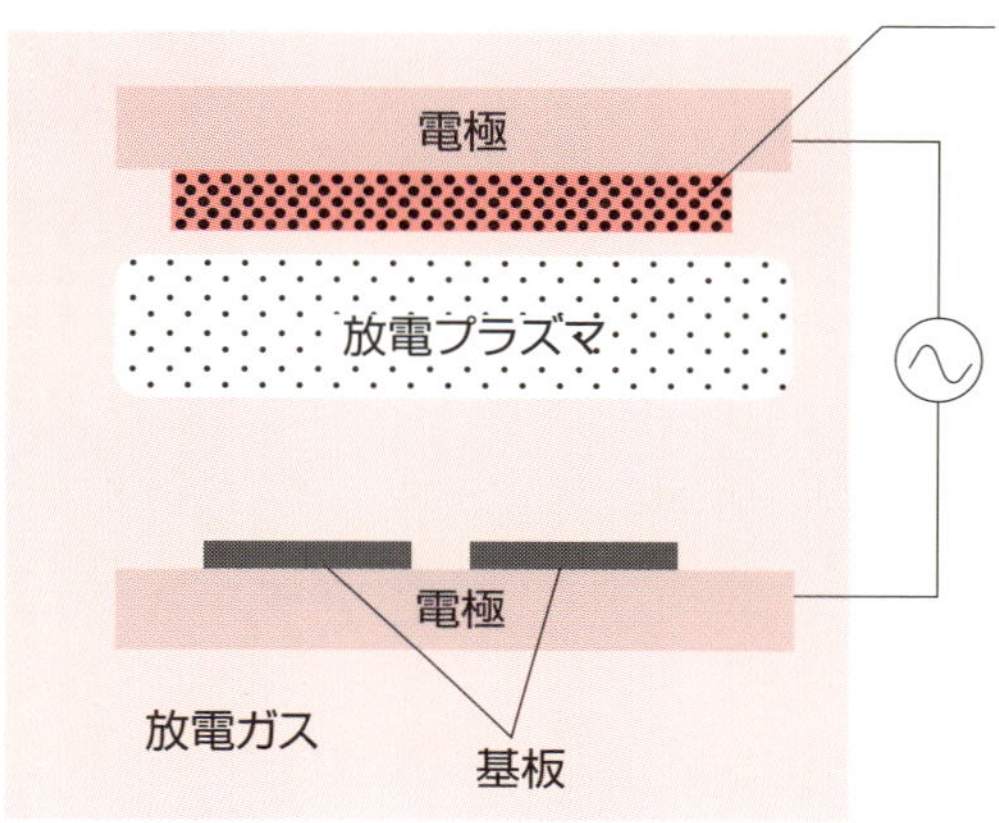

スパッタ現象を起こすためにはガス放電により、ターゲットをエッチングさせ（削る）、粒子を発生させます。電源には直流を使用する場合と、高周波（13.56MHz）を使用する場合があります。真空蒸着と異なり、下部に基板を置くことが多いですが、条件が悪いと粉をばらまいたような膜質になります。

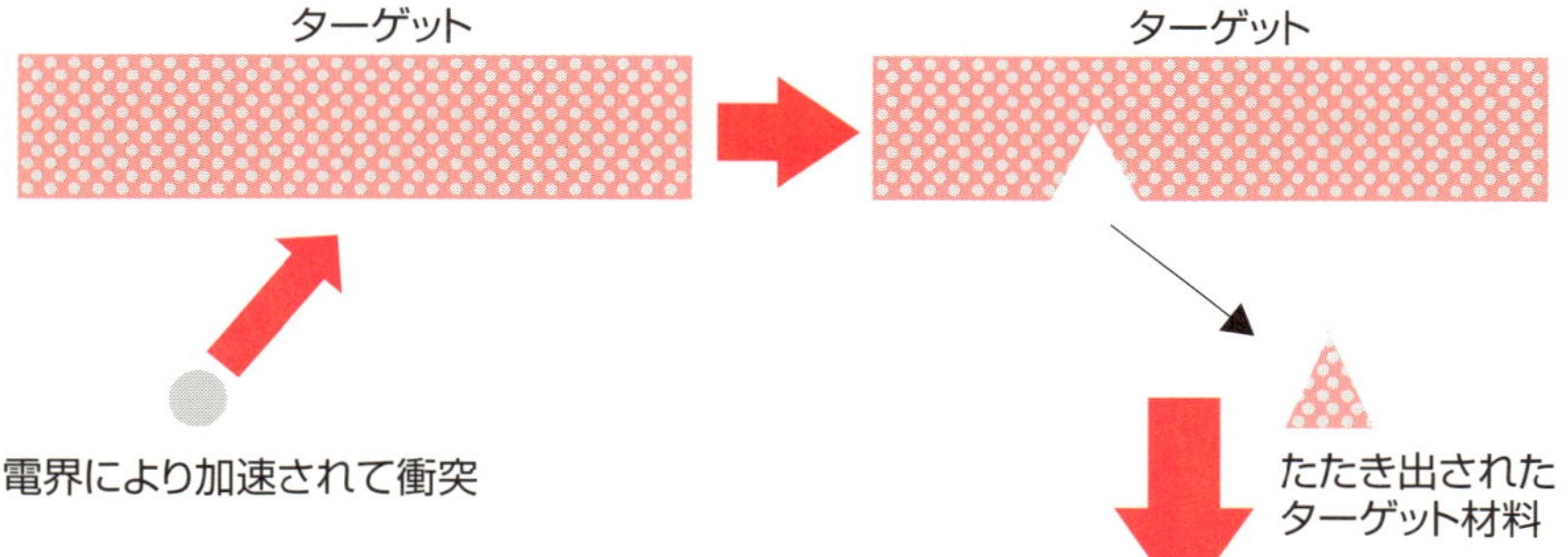

ターゲット材料のクラスタが運動エネルギーを持っているので、膜の再構成により緻密な膜ができるのが特徴です。しかしながら、その運動エネルギーで有機材料の場合には再度堆積物がエッチングされることがあります。条件出しが重要です。

基板にターゲット材料のクラスタが堆積していきます。

電極形成ばかりでなく、封止膜作製にも使える!

用語解説

プラズマ：電離した荷電粒子を含む気体のこと（電子、イオン、ラジカル、中性分子を含む）

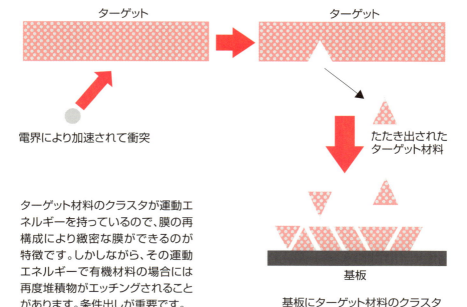

44 溶液から薄膜を作る キャスト法

キャスト（cast）法というのは、溶液から薄膜化（固体化）する手法の総称と言っても良いのですが、いろいろなやり方があります。しかしどれも溶液を使う必要があります。

スピンキャスト法では、基板を回転させて、そこに溶液を滴下します。溶液は遠心力により、円周部に拡散します。そのため、溶液と基板とのなじみやすさは均一な膜厚を実現するのに重要な要因となります。なじみが悪い場合には、水滴がガラスを走るように溶液が移動するので全体に広がりません。また基板に雰囲気ガスの風を送っている（実際には雰囲気は止まっていて、対象物が動いているのですが）のと同じですから、急速乾燥します。分子は半径方向に長軸を配向する傾向があります。

スピンキャストの膜厚制御は、①溶液の粘度を変える（高粘度⇩厚膜）、②回転数を変える（高回転数⇩薄膜）、で行います。これ以外にも、基板温度や溶液温度を変えるということもありますが、基本的には①の粘度に関わる要件です。膜厚は数%未満の誤差で調整できます。

ディッピング法は、回転ではなく、溶液に基板を浸して一定速度で引き上げるという手法です。基板の表側（電極側）以外に裏側にも薄膜形成されるのが少々やっかいです。こちらのメリットはスピンキャスト法と異なり、材料効率が高い点が挙げられます。スピンキャスト法では必ず端まである程度の溶液が残っていないと均質な膜にはなりませんので、結果的に余ったものはスピナーの端に全部飛んでいってむだになってしまいます。ディッピング法で作成した膜では、引き上げ方向に分子の長軸が配向します。ディッピング法の膜厚制御は、①は同じですが、②引き上げ速度を変える（高速⇩厚膜）ことでもで実現します。

これ以外に基板に展開した溶液を掻き取るダイコート法があります。

要点BOX
●スピンキャスト法―遠心力を利用
●ディッピング法―一定速度で引き上げる
●溶質が溶媒に溶けるかがポイント

いろいろなキャスト法

1. スピンキャスト法

基板を置いた台を回転させて、
溶液を滴下して膜状に展開する。

パラメータ

- 滴下量
- 溶液濃度
- 回転数[rpm]（1分間当たりの回転数）
- 蒸発速度（基板温度、雰囲気濃度など）

有機分子は中心から円周に向かって分子の長軸方向を向けやすい（配向する）。

材料のむだが多い。

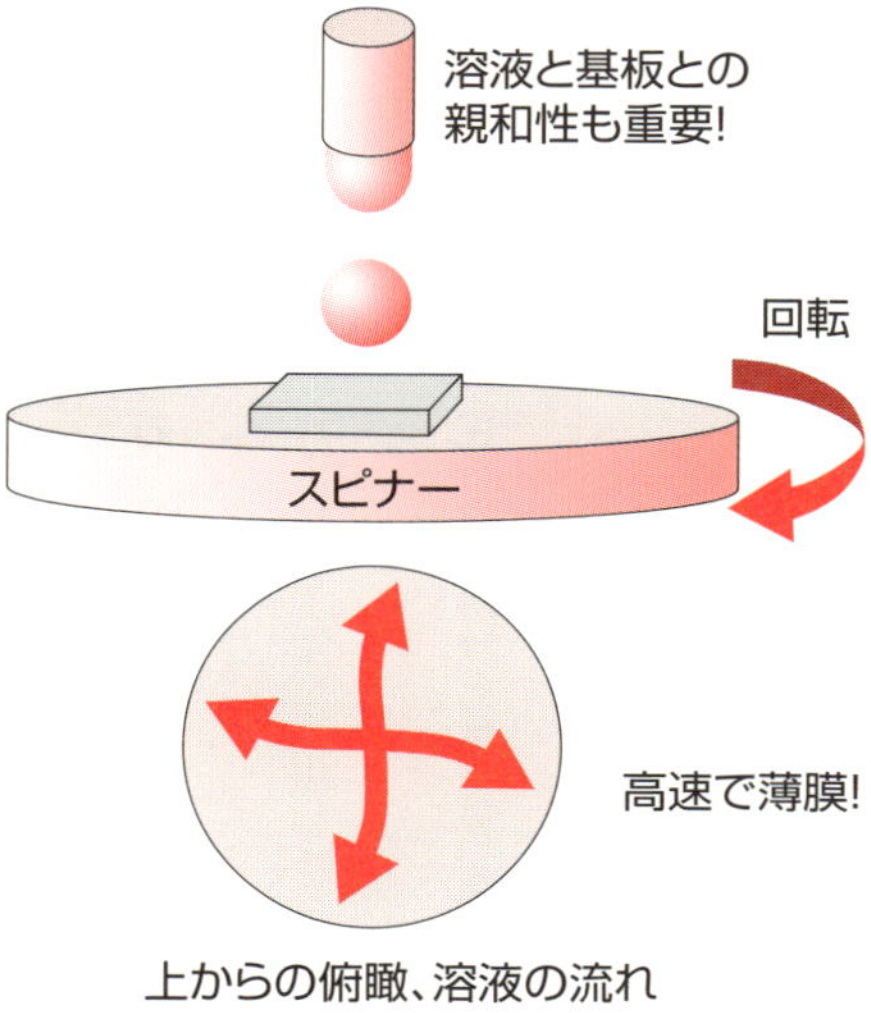

2. ディッピング法

基板を溶液に浸した後、一定速度で引き上げる。

パラメータ

- 溶液濃度
- 引き上げ速度[m/s]
- 蒸発速度（基板温度、雰囲気濃度など）

有機分子は引き上げ方向に分子の長軸方向を向けやすい（配向する）。

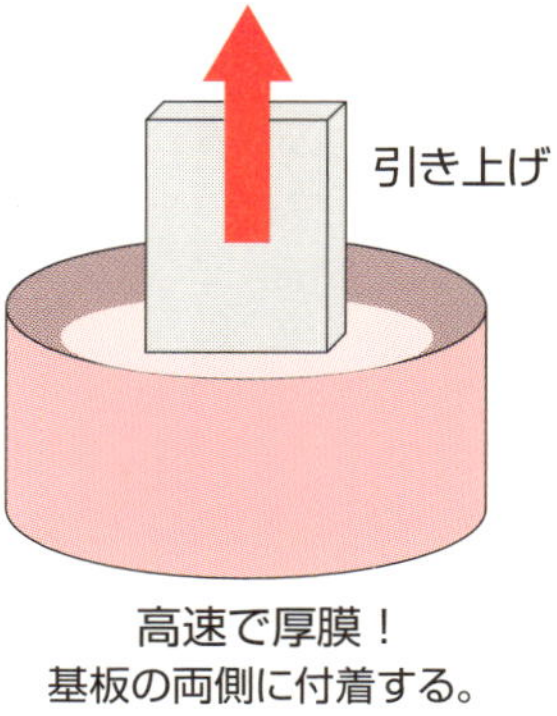

キャスト法共通の課題

キャスト法のポイントは、溶媒に溶質が溶けるかどうかにかかっています。真空蒸着には利用できない高分子材料は可溶基を付与することにより、溶解性を高めました。低分子材料ももちろん溶解性を高めれば利用可能です。ただし、何層も作成する場合には、下部層を再溶解させないように材料ごとに溶媒を特化させることが必要になります。

用語解説

スピナー：基板を回転させる装置。現在のシリコン技術でも必要不可欠なもの。

45 インクジェット法による有機EL素子作成

材料にむだがない

巻にあるインクジェットプリンタには2種類の方式があり、キヤノンのバブルジェットとエプソンの圧電方式があります。バブルジェット方式はタンク中のインクの一部を気化させて、その圧力でインクを吐出します。圧電方式では、逆圧電特性を利用してタンクを伸縮させてインクを吐出します。有機材料にとっては圧電式インクジェットが利用しやすいようです。

有機ＥＬ素子の作製も通常のプリンタと同じですが、少し違う点があります。まずＲＧＢそれぞれの発光色を独立させるために、バンクによって分離した基板を用います。ねらいはバンクで囲まれた領域（ピクセル）の中心部となりますが、ピクセル形状は長方形が多いようです。

プリンタヘッドから吐出された液滴（数ピコリットル）は展着するまでに、少しずつ溶媒を蒸発させ濃度を濃縮させていきます。展着時に濃度が高すぎると山形の膜厚形状になり（材料成分が固くなり慣性によって広がらない）、濃度が薄すぎると外輪山形状になります（材料成分が軟らかいので慣性によって叩きつけられ端部のバンク前面が厚くなります）。ほぼ均質な膜を作るためには、①吐出量、②粘度（溶解量、溶媒種）、③吐出速度、④吐出雰囲気（溶媒の飽和蒸気圧、温度）、⑤バンクの表面処理などがポイントとして考えられます。

①から④は最適な液滴をいかに均一に展着させるかという点で複雑に絡み合っており、最適値を求めるのは簡単ではありません。実際に有機エレクトロニクス用インクジェット機は販売されていますが、あくまでも器《うつわ》だけで諸条件については各ユーザーの判断に任されています。⑤のバンクの表面処理は、基本的にはＩＴＯ表面は親水性を高め、バンク表面は疎水性を高めるように指摘されています。溶液がバンクにかかっても、ピクセル内に流れ込むようにすることが重要なためです。

要点BOX

- ●原理はインクジェットプリンタと同じ
- ●バンクの表面処理などが重要
- ●材料効率が高く、期待される手法

インクジェット法

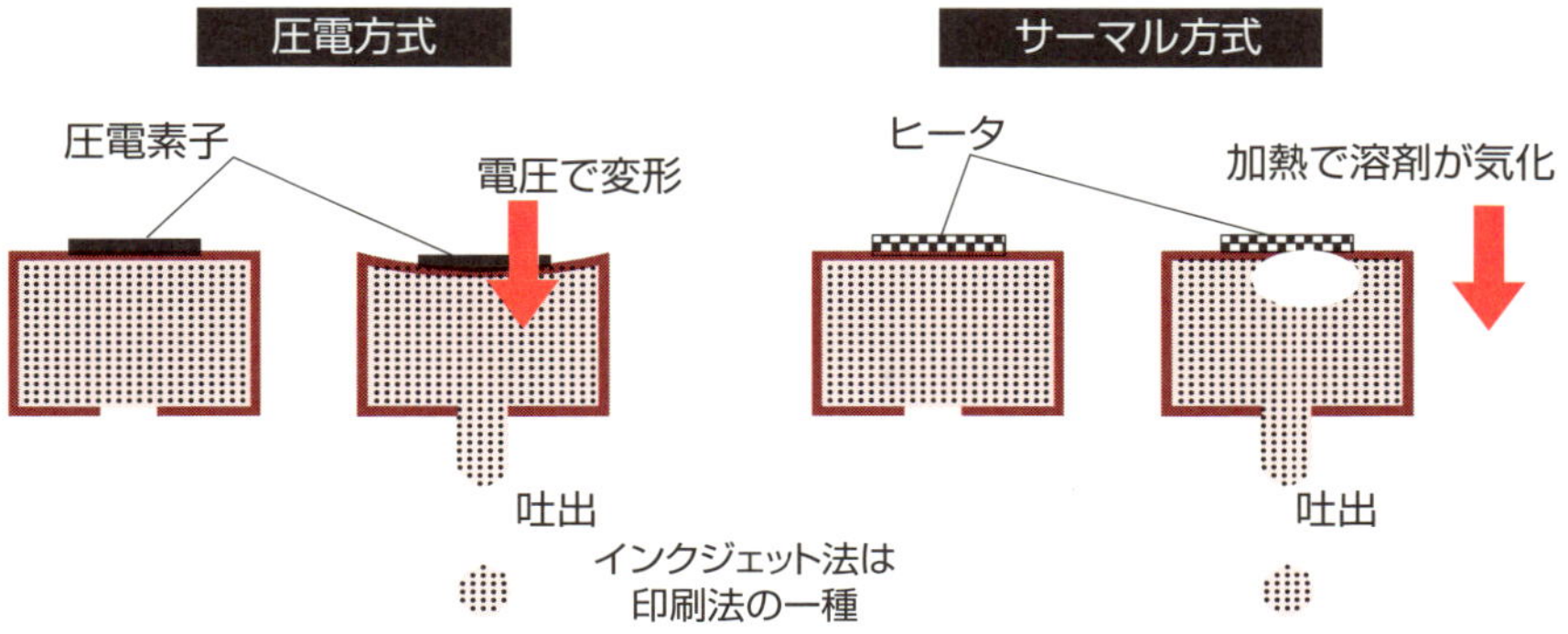

圧電素子でインクタンクを
圧縮して、インクを吐出

ヒータで局所的に加熱して、
ガスの圧力で、インクを吐出

インクジェット法で整然と作成できれば、大部分の材料はむだになることはありません。非常に期待される手法であり、現在精力的に研究されています。

- 一度に吐出する量は数pl（リットル）（p：ピコは10^{-12}）
- 均一な膜を利用するには最適な条件（溶媒の種類、粘度、雰囲気など）を出す必要あり。

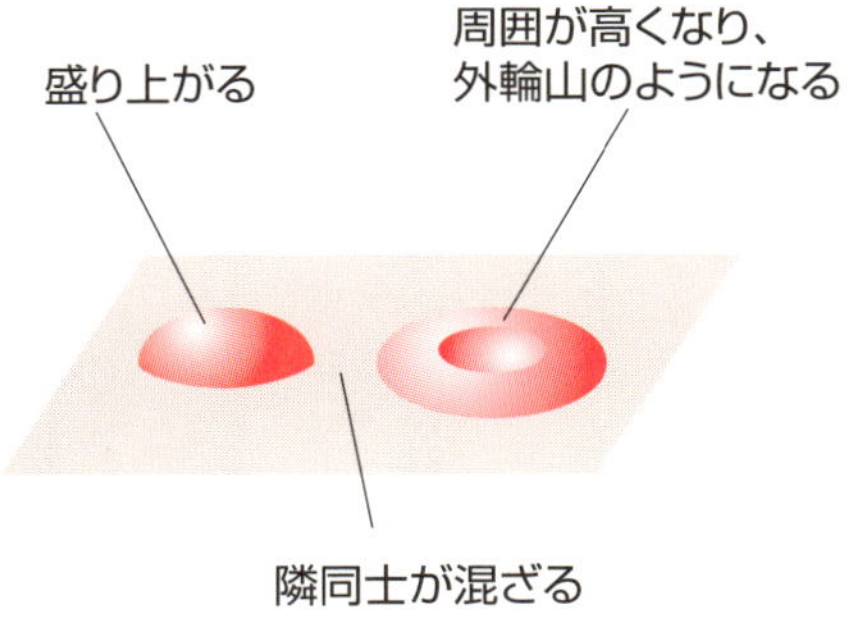

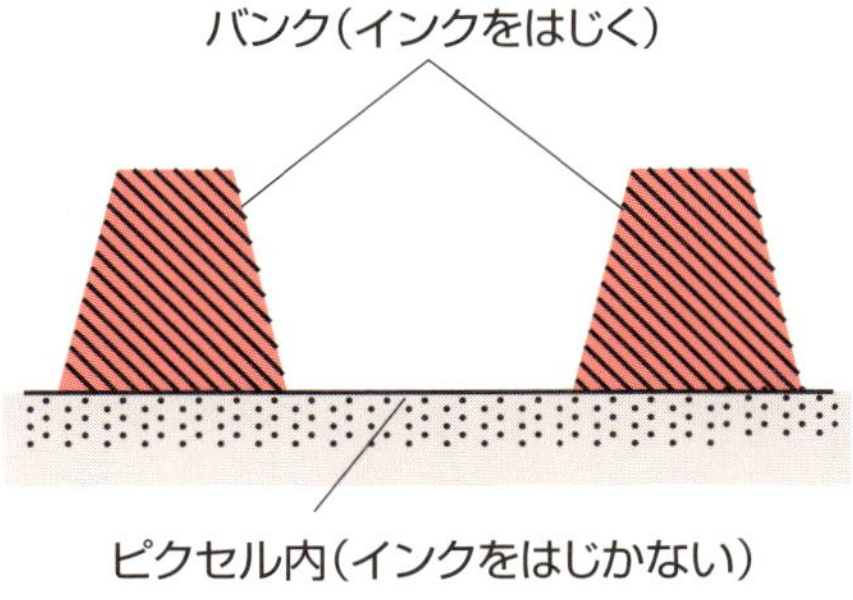

RGBのインクが混ざらないようにバンクを形成します。バンクにインクが付着しても、流れ落ちてピクセル内に膜を形成します。

用語解説

バンク：土手の意味で、ここでは滴下したインクが広がらないようにするのが目的。
ピクセル：ここでは微小発光面（セル）のこと。

46 印刷法による有機EL素子作成

凸版印刷、グラビア印刷、スクリーン印刷で成功

45項でインクジェット法の説明をしましたが、インクジェット法は印刷法の1つ（無版印刷）になります。印刷の種類はインクを対象物にどのような原板を使用して塗るのかによって分類できます。

①凸版印刷（Relief printing）は、活版印刷とかフレキソ印刷とも呼ばれます。凸版印刷は原版の凸部にインクを塗って圧力をかけて対象物に転写します。版画の原理ですね。圧力をかけるので、紙などにしわがよりやすいですが、エッジがきれいな印刷ができます。コストが安いのも特徴として挙げられます。以前は版組を組んで印刷をしていた際に新聞の印刷に利用されました。

②凹版印刷（intaglio printing）は、グラビア印刷とも呼ばれます。凸部ではなく、凹部にインクを流し込んで、圧力をかけて対象物に転写します。これは凸版印刷とは全く逆です。凸版印刷では凸部にインクが載りますが、凹版印刷ではベースの部分にもインクが残っているとそれも転写してしまいますので、それを削ぎとらなくてはなりません。写真を表現するのに適した印刷方式ですが、原版を作成するコストが高いのと他の方式でも写真印刷がきれいにできるようになってきたので、以前ほどメリットとは小さくなってきています。

③平版印刷（lithographic printing）は、別名オフセット印刷と呼ばれ、現在非常に広く用いられている方式です。真っ平らな原版に印字したい部分を親油性にし、印字したくない部分を親水性にします。水で湿らせた後で油性のインクを塗ると、きれいに分離してインクが塗れますので、それを転写します。新聞など広く利用されています。

④孔版印刷（screen printing）は、スクリーン印刷とも呼ばれます。原版を作る際にインクを塗りたい部分に穴を開け、インクを塗って転写させます。一昔前のガリ版印刷や今の簡易年賀状印刷器などです。

要点BOX

- ●インクの塗り方で分類
- ●インクジェットは印刷法の1つ
- ●コストが安いのが特徴

印刷法

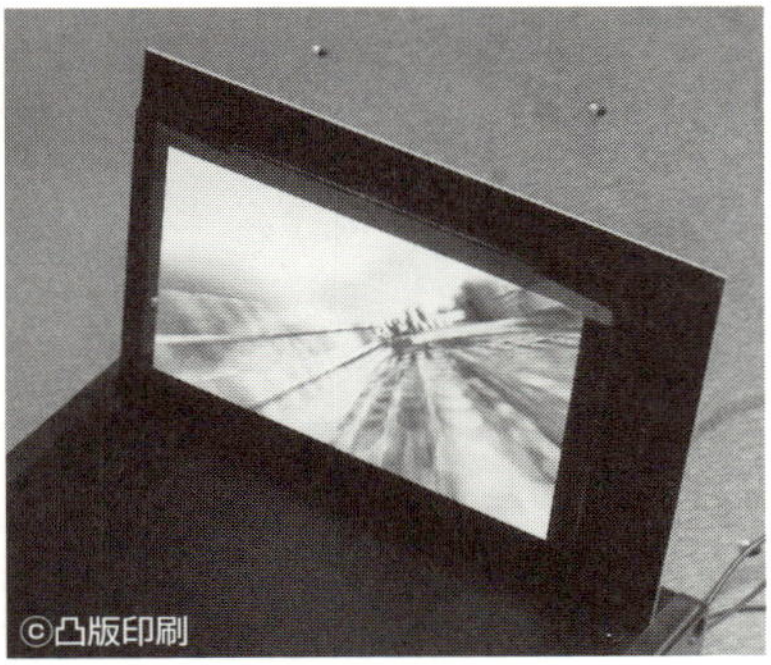

印刷法では、どの手法を用いてもインクの粘度、印刷速度、乾燥時間が重要になってきます。有機EL素子はオフセット印刷以外で実現されています。左の写真は凸版印刷㈱が開発した有機ELディスプレイです。（凸版印刷㈱の提供による）

1.凸版印刷（活版印刷）

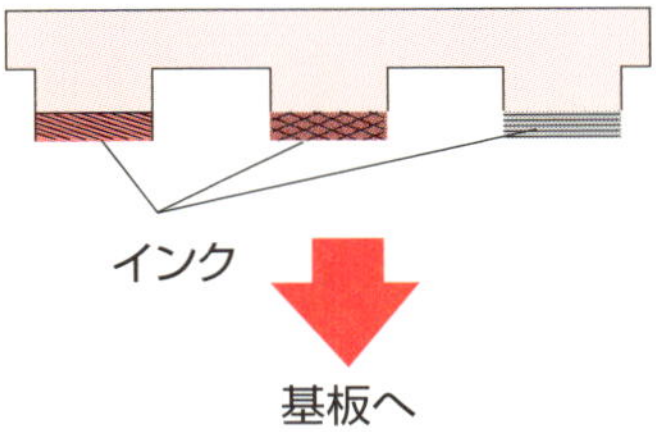

凸部にインクを塗って基板に押しつけます。

2.凹版印刷（グラビア印刷）

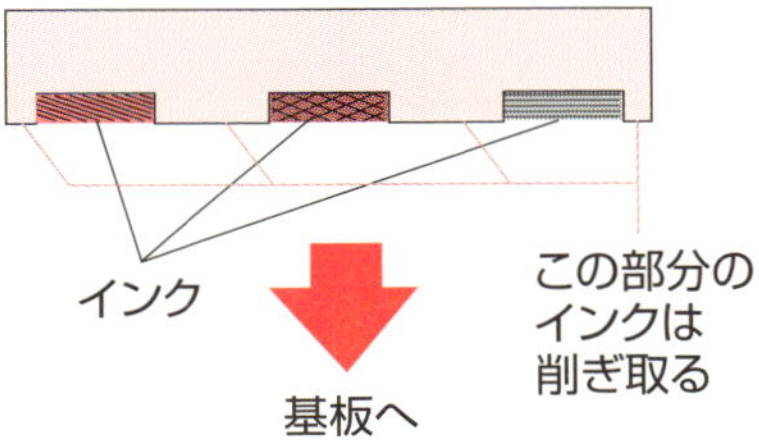

凹部にインクを流し込んで基板に押しつけます。凸部のインクを削ぎ取る必要があります。

3.平版印刷（オフセット印刷）

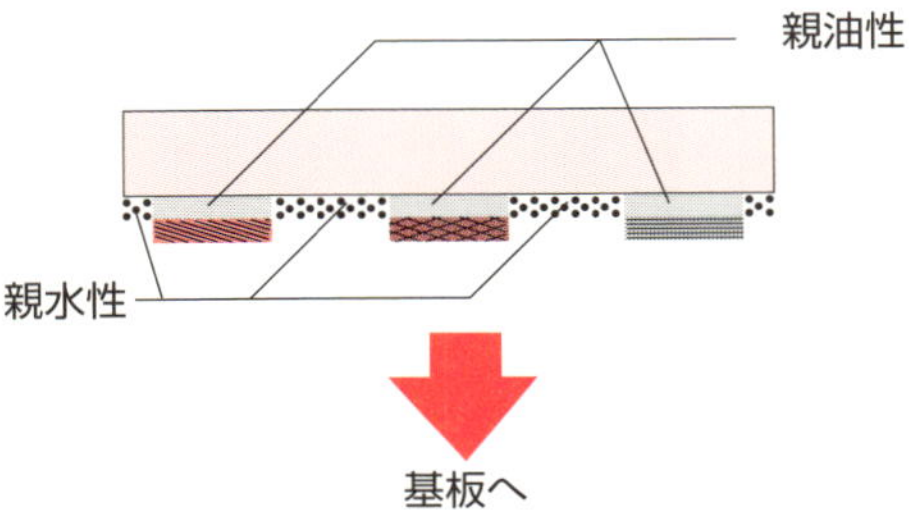

平板な基板に親油性･親水性の領域を作って、油性インクの付着をコントロールします。有機EL素子作成には使えません。

4.孔版印刷（スクリーン印刷）

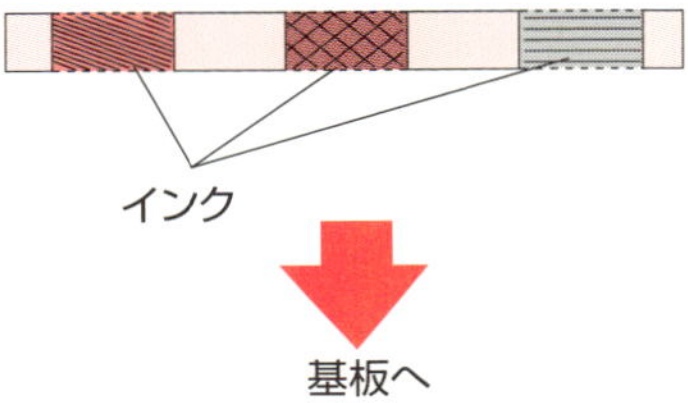

穴を開けたところにインクを流して、転写させます。

47 大面積作成にレーザ転写法

大面積、低コストが要求される微細加工に

低コストというのは、製造装置の導入コスト、材料のコスト、製品の歩留まりが大きく関係してきます。機能、安定性から見ても真空蒸着法が望ましいです。大きなディスプレイを切り取ったり小型でも1回の製作効率などを考えると使用するガラス基板は大きいにこしたことはありません。ちなみに液晶における第10世代のマザーガラスは2850×3050㎜もあります。例えば、この大きさのガラスが入る真空蒸着装置を考えると、とんでもない大きさと重量になります。そういう意味で大気圧下で作成できるインクジェット法や印刷法は非常に魅力があります。しかしながら、実際に製品として目につくものの大半は真空蒸着法を利用しています。

さて困りました。その解決法の1つがレーザ転写法です。レーザ転写法は、真空蒸着法の一種と見なせます。真空蒸着法の大面積試料の問題点はマスクの位置合わせと密着性でしたね。

レーザ転写法では、レーザ吸収層上に形成された有機膜を利用します。パターンは事前にリソグラフィーで作成しておきます。ピクセルの大きさ自体はサブミリの大きさで、半導体技術レベルで言えばこのリソグラフィーの解像度は粗いので、全く問題ありません。

パターンを切った基板を利用して、共通部分の有機膜はベタで作成します。その後、このパターン基板と有機形成層を重ね合わせます。両者には非常に狭い隙間ができますが、パターンに合わせてレーザを照射します。レーザが照射されたところでは、レーザ吸収層がその光エネルギーを熱エネルギーに変換しますので、その部分が加熱されます。そしてその熱により有機膜が再蒸発して下部層に移動する（転写する）ことになります。これがレーザ転写法の原理です。

パターンを事前に作り込むことと、接近させた状態で有機層を蒸発させることがポイントです。

要点BOX

- ●インクジェット法や印刷法は魅力的
- ●高機能を維持できる、レーザ転写法
- ●パターンは事前にリソグラフィで作成

大面積だけどパターンはミクロに

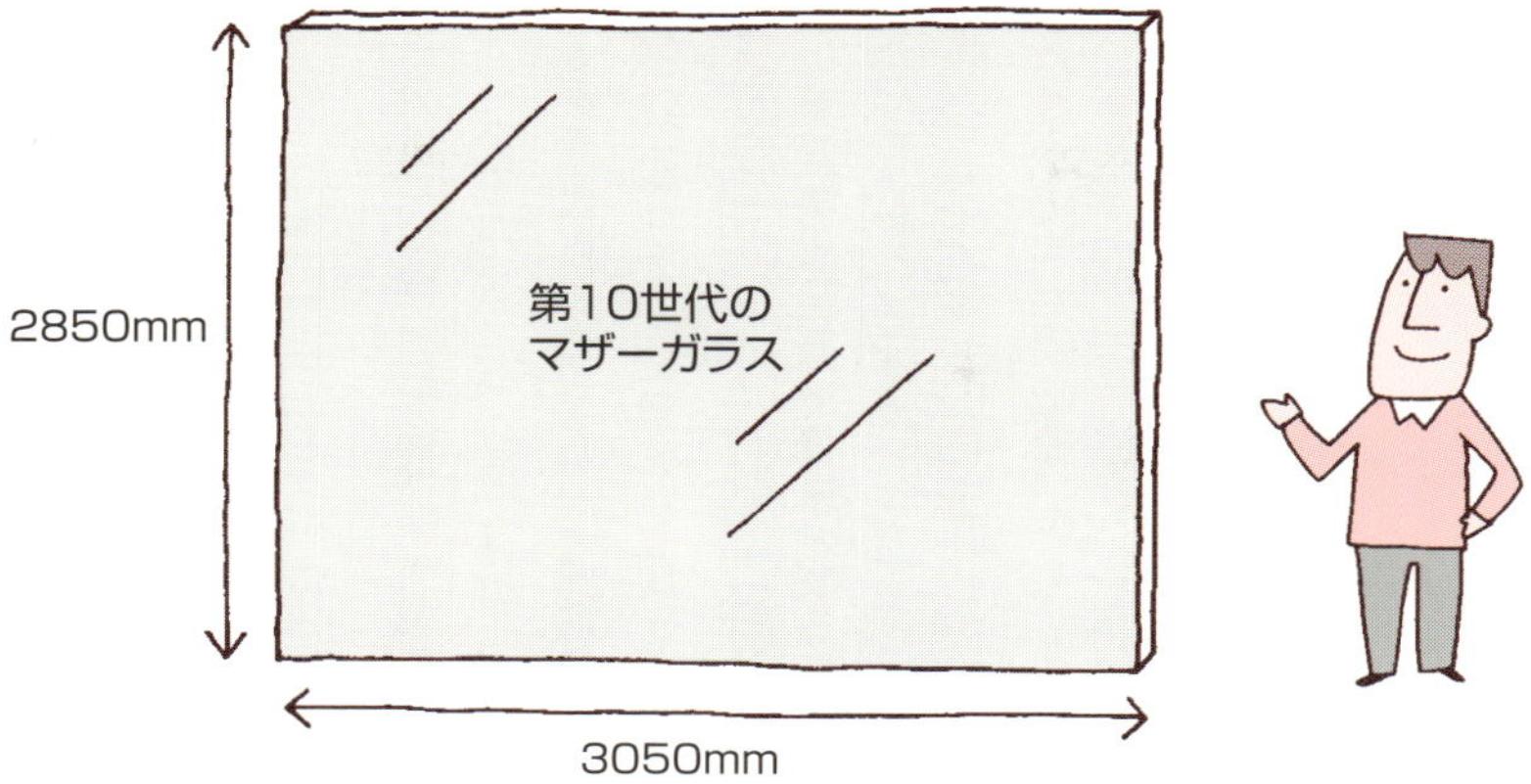

液晶では第10世代のマザーガラスは2850×3050mmもあります。大きな基板を利用するメリットは、制作にかかる時間が同じなら一度に多くの素子がとれるからです。

レーザ転写法

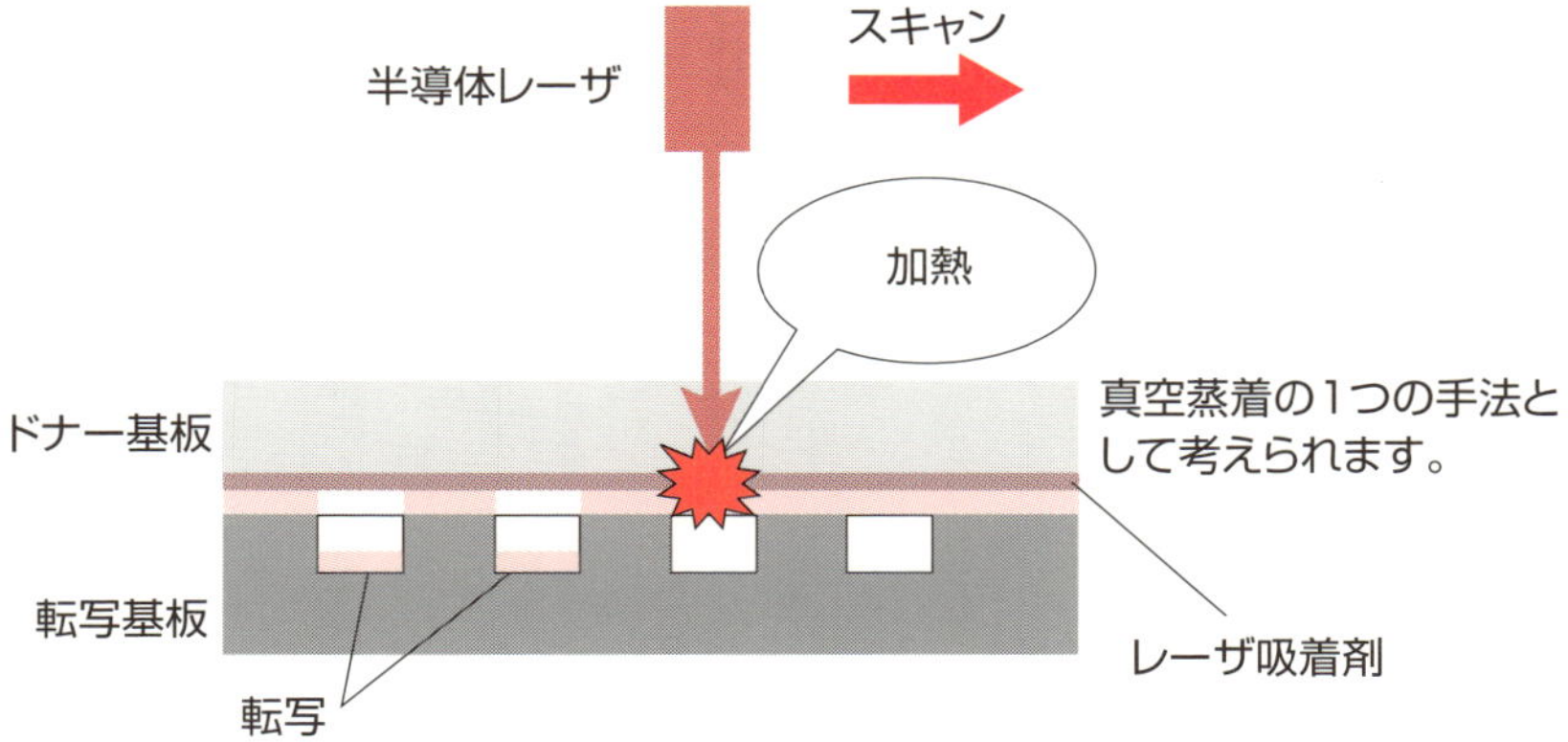

基板が大型化するとマスク蒸着は利用できません。微細化は転写基板で事前に準備し、有機層はドナー基板に蒸着しておきます。レーザにより加熱して、有機層を蒸発させた後、転写基板に転写します。

用語解説

リソグラフィー：正しくはフォト(光)リソグラフィーで、感光体に露光することにより、パターンを形成させる技術。パターンを細かくするためには波長の短い光を利用する。

48 素子の劣化を防ぐ封止と乾燥剤

有機ELは水と酸素が苦手

　有機ELでは、陰極金属に低仕事関数の活性な金属を用いていますので、水・酸素は厳禁です。活性な金属は水・酸素と反応して、金属酸化物になりますが、一般に絶縁体です。導体（金属）が絶縁体になるので、だんだん電流が流れなくなります。そのため、有機ELは真空蒸着装置で作成される以外はグローブボックスのような不活性ガス雰囲気に置かれます。しかしながら、デバイスとして利用するためには通常の大気中に取り出す必要があります。そこで素子を大気から遮断するように封止をします。封止には、金属缶やガラスキャップが封止材として利用されます。基板と封止材の接着には、接着剤が利用されます。一般的に素子に熱を加えたくないので、光架橋高分子がよく利用されます。ところがただ封止材と接着剤を利用してグローブボックス中で封止をして取り出しても、比較的早く素子は劣化してしまいます。有機EL用ではない接着剤を利用すると、高分子化（重合）するときにガスが発生します。発生するガスには、水やアルコールなどがあるため、有機ELにとって良いものではありません。さらに接着剤と言っても、多くは高分子系の材料であることが多いです。実は高分子フィルムは気体にとってはスカスカと言っても良いほど隙間だらけです。でも包装材として高分子フィルムはよく利用されています。しかし、もう一度よく見てみましょう。例えば、あられの包装には何が入っていますか？　気密性が高いフィルムはどうなっていますか？

　あられの袋には乾燥剤や脱酸素剤が入っています。気密性が高いものは透明ではなく、メタリックです。有機ELにもうひと工夫が必要となります。実際には、接着剤にフィラーを入れたりすることもありますし、乾燥剤を封止内部に入れておくわけです。そして、実際の接着面には欠陥が結構多いので、そこからの侵入が素子劣化の最大の要因となるのです。

要点BOX

- ●素子を大気から遮断
- ●接着剤から発生するガスをどうするか
- ●高気密性の材料の開発

封止は有機ELの生命線

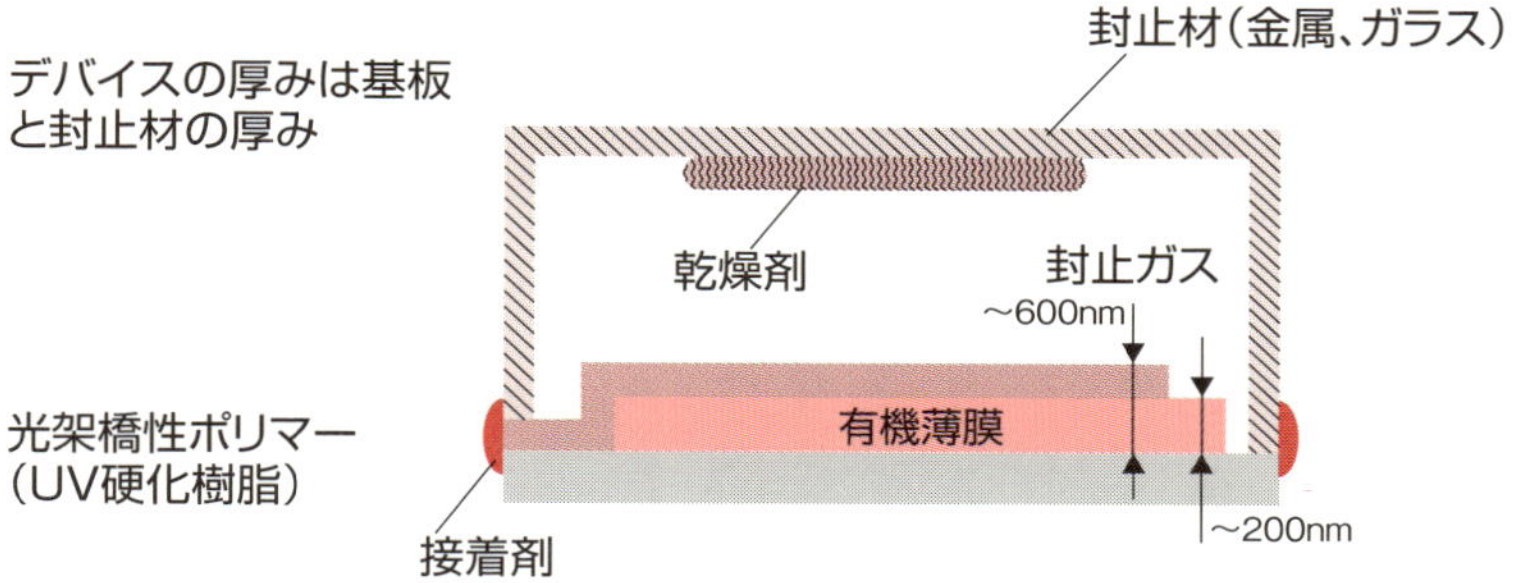

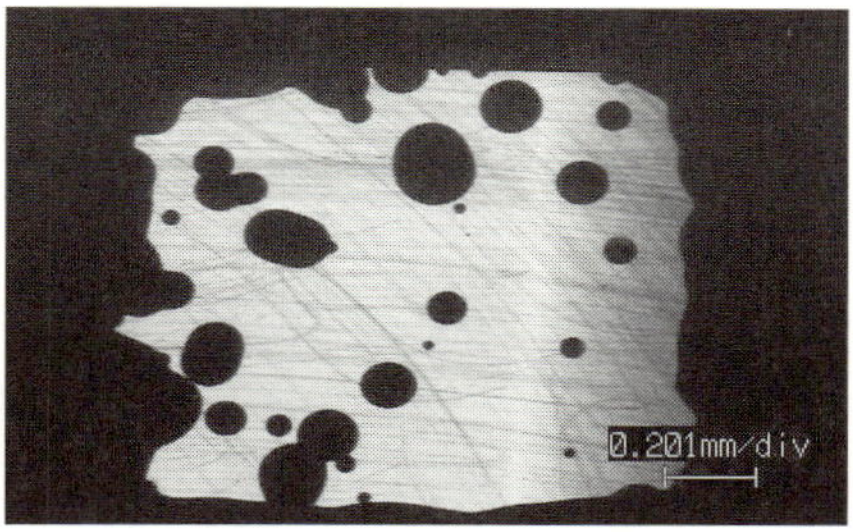

ダークスポットの成長

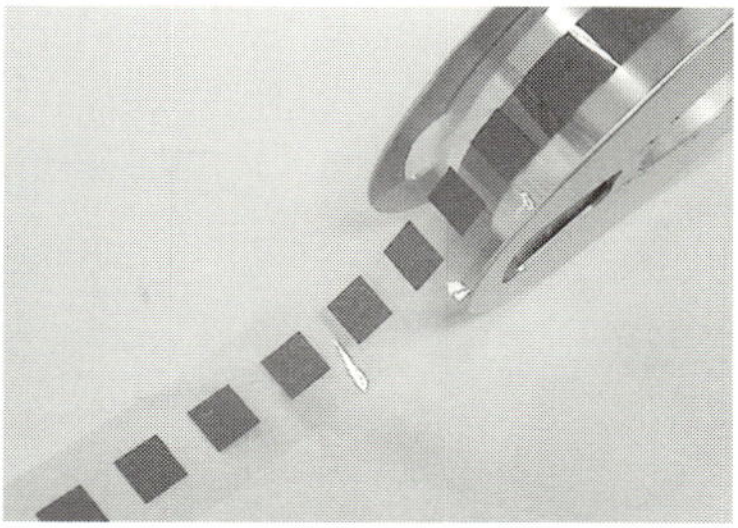

シート状乾燥剤
（ジャパンゴアテックス㈱の提供による）

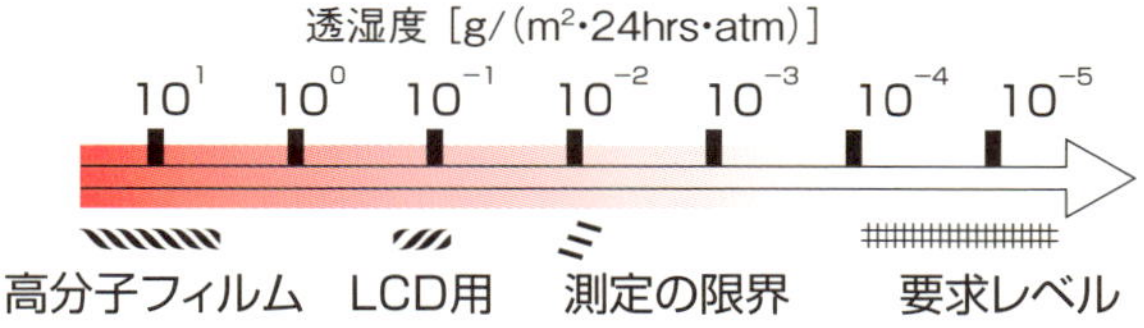

透湿度の要求はかなり厳しい

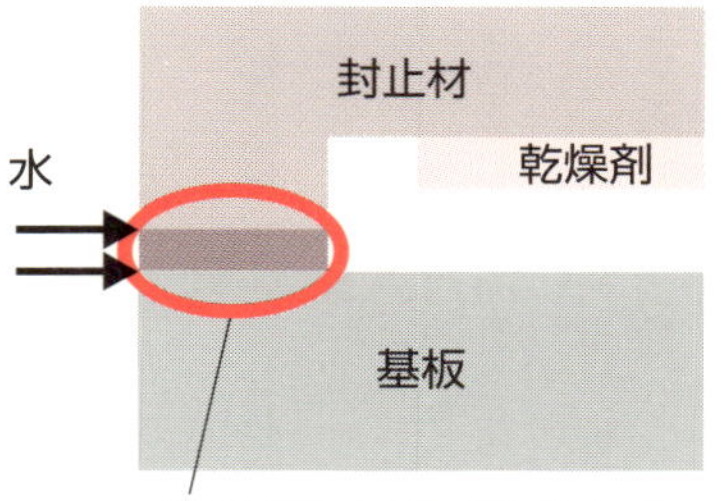

接着剤との界面がポイント

乾燥剤（ゲッター剤）は
以下をを補足する。

- 浸入する水
- 接着剤からのガス

用語解説

グローブボックス：外気を遮断して特殊な雰囲気ガスで満たされた装置。グローブを利用して内部の作業を行う。正圧（内部の圧力が高い）ので、グローブはひっくり返って外に飛び出しているのはユーモラス。

49 ディスプレイにはRGBが必要

4つあるRGBの表現方式

ここではディスプレイに絞って、話をしましょう。身近なカラーテレビの画面をルーペで拡大してみてください。おそらく、赤(Red)、緑(Green)、青(Blue)の小さな発光面が見えると思います。このRGBの発光をどのように得るのかというと大きく分けて4種類あります。1つはRGBそれぞれの発光色を示す有機ELを並べる(並置)というものです。真空蒸着の場合にはマスクを利用して少なくとも3回は発光層を形成する必要があります。インクジェット法でも、やはり個別に発光層を形成しなければなりません。

次にRGBの発光素子を横に並べるのではなく、縦に積み上げるタンデム方式があります。透明電極を接続して、積み上げていきますが、1画素の作成は透明電極形成(スパッタ法)、金属蒸着などもすべて別々なので、工程数が増え面倒になるのが欠点です。

残りの2つは面倒な発光層の形成を1回で済ませようというものです。1つは光源に白色光を用いて、RGB光をフィルタにより取り出します。この場合には、RGBそれぞれの画素で残り2つの発光成分を捨ててしまうので、発光効率が低下します。仮にRGB3成分が同程度の割合で含まれていれば、個々の画素の効率は3分の1以下ですので、20%の外部量子効率を持っていても、7%未満になってしまいます。でも白を出すときは結局RGBを光らせます。それでは光がむだになるので、これを防ぐためにWのエリア残したWRGB方式が利用されます。

最後の1つは、RGBの中で最もエネルギーが高いのは青色なので、その青色を発光層として用いて、赤と緑は再吸収による発光を利用しようというものです。これは出光興産から提案された、色変換(CCM:Color Changing Media)方式です。CCMの形成はフィルタと同様に簡単に作成できます。発光層は青色のみ作成すれば良いので、工程が簡単になります。

要点BOX

- ●ベーシックなRGB並置方式
- ●フィルタを利用する白色光方式
- ●色変換を利用するCCM方式

ディスプレイにはRGBが必要

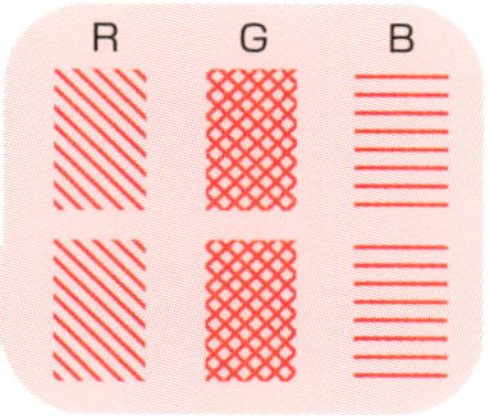

R(赤)G(緑)B(青)を
組み合わせて色が再現されます。

1.RGB並置方式

マスク蒸着によりRGB素子を作り分けるので、RGBそれぞれの素子の発光を効率よく取り出すことができます。(パイオニアが実現)

2.RGBタンデム方式

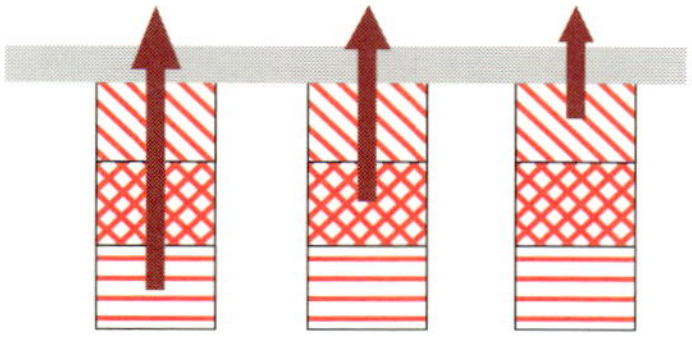

RGB素子を透明電極を利用して作り込む。デバイス構造の複雑化に伴いプロセス工程が複雑で、中間電極の問題もあります。

3.白色光+フィルタ方式

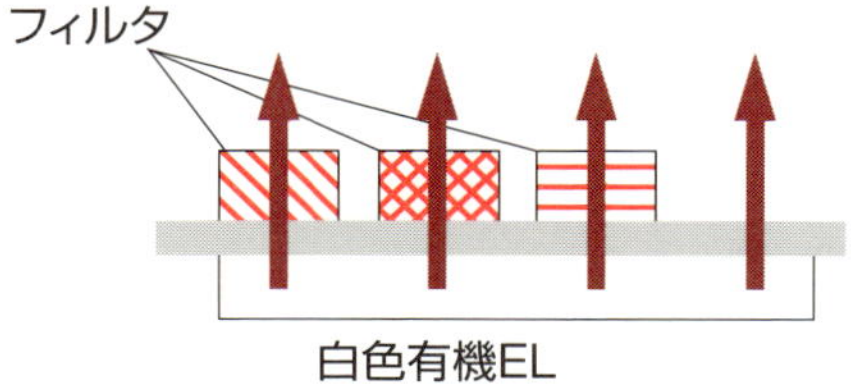

液晶ディスプレイのバックライトを有機ELで行っているようなもので、フィルタ形成が別行程なので、作製が簡便(TDKが実現し、三洋電機も商品化で採用)。

4.青色光+色変換方式

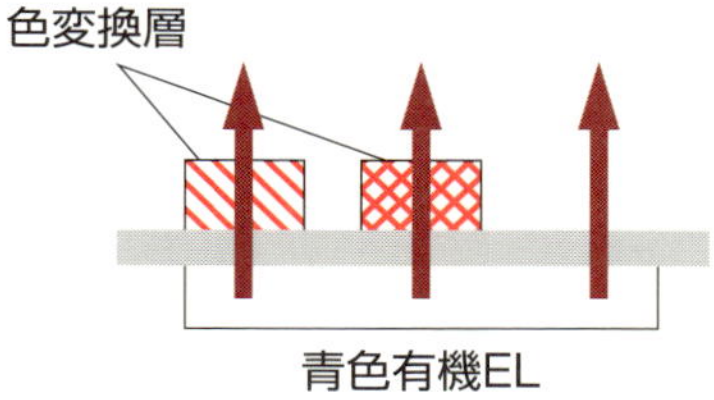

白色の代わりにエネルギーの高い青色を用います。色変換層形成が別工程なので、作製が簡便(出光興産が実現し、富士電機も採用)。

50 光の取り出し方向と素子構造

画期的なトップエミッション

多くのデバイスは何らかの基板を元にして構造を構築していきます。有機ELも例外でなく、それだけでは自立していませんので、基板を利用するわけです。最もポピュラーなのはガラス基板ですが、フレキシブルを念頭に置いた場合にはプラスチック基板です。この形成した基板を通して、光を取り出すのが、ボトムエミッション方式となります（図1）。ボトム＝底、最下方部からエミッション＝発光を取り出すという意味です。ですから基板は可視光の透明性の高い材料を利用する必要があります。

それに対して、ソニーから提案されたトップエミッション方式というのは、トップ＝上部から発光を取り出すことを意味しています。それゆえ、基板に制限がなくなり、不透明なもの、例えば金属シートなども利用できるようになります。ただし、ボトムエミッションでは陰極側の封止材料としては金属などの不透明な材質のものを利用できていたわけですが、トップエミッションではこちらの封止材料を透明性のある材料にしなければなりません。発光素子ですから、どちらかは光が取り出せる透明性が必要です。

でも図2をよく見てください。一般的にトップエミッション構造と呼ばれるのは、ボトムエミッション構造と同様に基板側から、ITO電極、有機層、極薄陰極金属層、透明電極という構造になっています。注入特性・安定性ともに優れているITOをそのまま使用して、極薄の陰極金属材料には、Mg：Agなどを用います。極薄の金属を利用しない場合には、透明電極に接する有機層に化学ドーピングしてキャリア注入特性を向上させるという手法もあります。

もう1つは、初めから上部をITO陽極として形成すれば良いという考えがあります。それは図4のように、下部陰極、有機層、ITO透明電極の順に積層するもので、一例としては富山大学がAl：Nd陰極を利用した素子が報告されています。

要点BOX
- ●下部基板側からの取り出しはボトムエミッション
- ●上部電極側からの取り出しはトップエミッション
- ●上部をITO陽極とする逆構造型有機EL

デバイス構造と光の取出

図1　ボトムエミッション方式

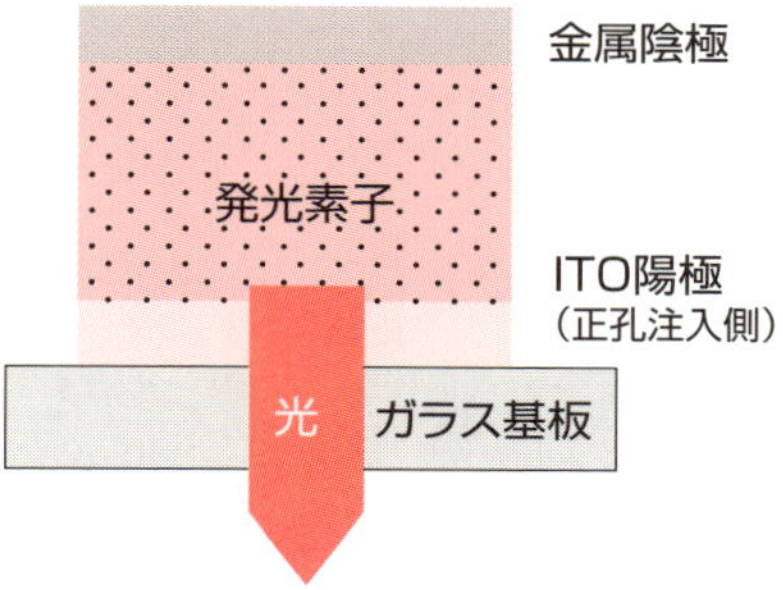

陰極金属を厚くつけるので、光は透過できません。透明基板側から光を取り出します。

図2　トップエミッション方式

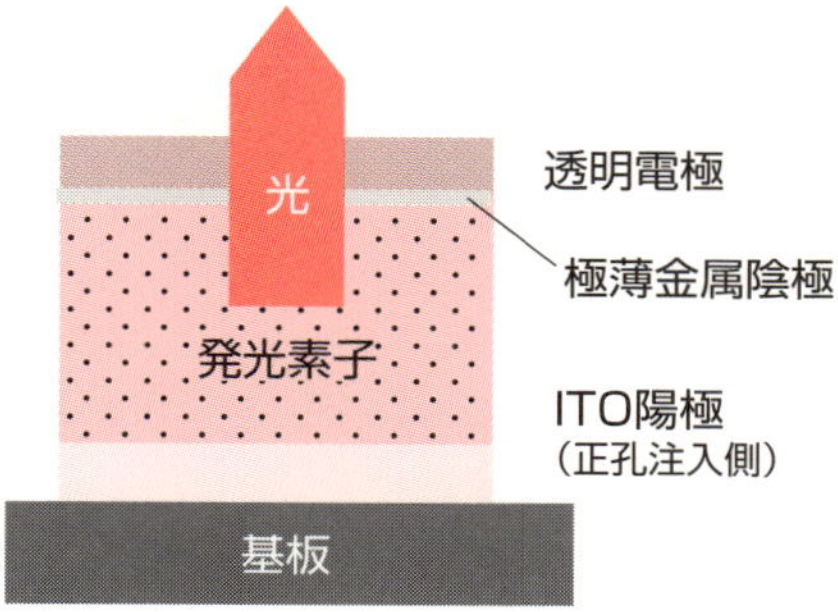

陰極金属は極薄く透明電極により、光は上部より透過できます。基板には不透明なものも利用できます。

図3　駆動回路と発光領域

は駆動回路の領域となり、発光部以外の領域が少なくない。表示領域に対する発光領域の比を開口率と呼びます。ボトムエミッション方式では、50%を切ります。

図4　逆構造型有機EL

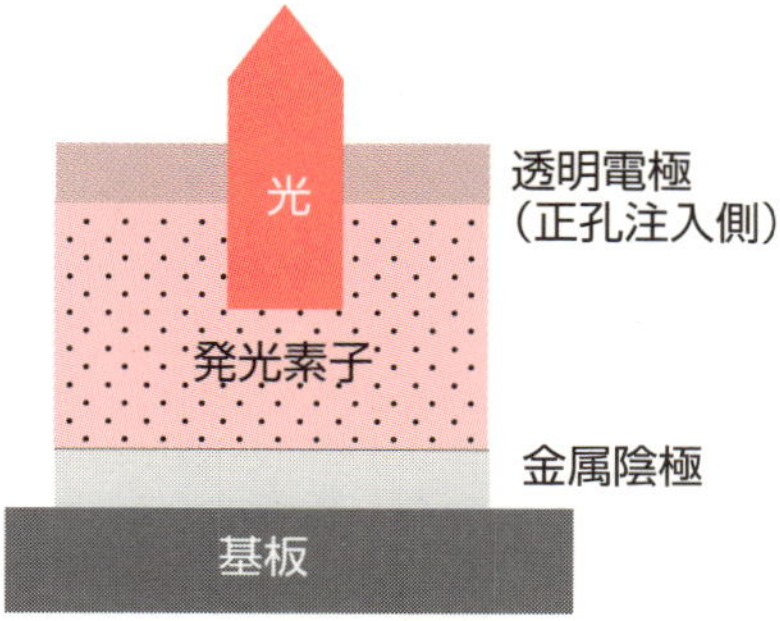

陰極金属の活性を保ちたいので、有機膜に対して金属蒸着するのが通常のやり方ですが、逆構造ではAl:Ndを用いて、上部を陽極にします。（富山大学の提案）

有機ELデバイスの作成ポイント

良い有機デバイスの作製は、良いワインを作るのとよく似ています(特に大学では)。良いワインは、人が良いテロワール(畑)で良い葡萄を育て良いワインに変えることによってできあがります。

テロワールは試料の作成環境・装置にあたります。葡萄の木は用いる有機材料です。ワインの醸造はデバイスとして作り込むことにあたります。テロワールが良ければ良いほど、すなわち環境や装置が良ければ、質の良いデバイスを作ることができます。良い葡萄ができれば、すなわち優れた有機材料を用いれば、高効率なデバイスを作れます。

もちろん、テロワールも葡萄も良いワインに変えるためには、最後は人の技量が決め手です。ただし、そこにはマジックはなく愚直になすべき事を細心の注意を払って行うというのがポイントです。それはワインづくりも有機デバイスづくりも全く同じです。

さて植物というのはきちんと手をかければかけるほど、その出来(生育)が目に見えてきます。逆に手が「欠けてしまう」とわずか一日でアウトになり、後悔先に立たずということになります。では手をかけるとは何を意味するかというと、それは観察力、集中力ということでしょうか。

私は裸眼では近視で乱視なので、全くものがはっきりとは見えません。さらに眼鏡をかけていても、レンズ重量が重くなりすぎるので、軽めに度数を調整していて、これまた実はよく見えていません。(眼鏡の私に遠くで会釈されても、実は相手の表情もよく見えていません。私が無反応でも、決して無礼を働いているわけではないので、立腹しないでください。)

でもそんなに目の悪い私も、アリマキや害虫の発生、病気の発生などを見つけることができます。基本的にはパターン認識と同じですので、日頃注意して見ていればそれほど難しいことではありません。

有機ELでも素子駆動するにつれダークスポットというものが成長してくるのですが、実はこの原因となる大部分はダストによるものです。観察力が欠けていたりすると全く気がつかないようです。私より明らかに視力があるのになぜ見えないのか全く不思議なのですが、見たくないものは見えないことにしてしまうことが多いですね。

第**5**章

照明光源としての有機EL

51 身の回りの照明光源

照明の歴史を見ていくと、最初は燃焼反応によるもので、薪、蝋燭等（固体）、動物油、菜種油等（液体）、天然ガス、アセチレン等（気体）が利用されました。この後に出てくる照明光源は、電気エネルギーを利用したものです。電気エネルギーを利用した照明光源は大きく分けると、放電型と非放電型に分けられます。非放電型は、黒体輻射型と電界発光型に分けることができます。

最初の照明光源はアーク灯でした。これはアーク放電を利用したものです。1808年に英国のデビィがボルタ電池（電堆）を2000個直列にして初めて実験を行いました。ボルタ電池がボルタによって報告されたのは1800年です。日本で初めての電気照明はアーク灯で、それが点灯したのは1878年3月25日です。日本では3月25日は電気の日です。

次の照明光源が白熱電球です。白熱電球は導線に電流を流しジュール熱で加熱させることにより、導線の（黒体）輻射を利用するものです。温度が低いと赤みを帯びた白色で、温度が高いと青みを帯びた白色になります。これは1820年頃から開発が始まり、1878年に英国のスワンによってほぼ完成されました。ただ、実用的にもっとも完成度が高い白熱電球は1879年に米国のエジソンによって実現されました。

その後は1901年に水銀灯、1919年にナトリウムランプが発明され、1926年に独のゲルマーによって蛍光灯が発明されました。1938年にGEによって蛍光灯が販売されました。これらはすべてアーク放電型になります。グロー放電を利用した照明光源としては、1902年に発明されたネオン管があります。

非放電型のうち、電界発光型の照明光源としては、半導体発光ダイオード（LED）、有機EL、無機ELが含まれます。

要点BOX

- ●燃焼から電気エネルギーの利用へ
- ●まずはアーク灯、そして白熱電球
- ●蛍光灯（ガス放電）から固体照明源（電界発光）

各種照明光源の特徴一覧

	発光原理	効率[lm/W]	Ra	ランプ価格[9][円]	寿命[1000時間]	特徴
白熱電球[1]	黒体輻射	13～15	100	100～120	1	赤外光多い
蛍光灯[2] 上:普通 下:3波長	放電	60～69 70	61～74 84～92	250～400 550～900	12	原理上UV光を含む
高圧水銀灯[3]	放電	42	40～50	1500～2300	12	原理上UV光を含む
高圧Naランプ[4]	放電	86～114	25～60	8300～14000	24	演色性悪い
メタルハライド[5]	放電	64～80	70～75	7000～7400	9～12	
LED[6]	電界発光	73～90	70～74	3800～4100	40	可視光のみ
有機EL[7]	電界発光	30	≥90	25000～	10	可視光のみ
無機EL[8]	電界発光	<20	80	7800	1	可視光のみ

1) 定格60W 2) 管長830mm, 定格32W 3)蛍光型　定格100W 4) 定格220W 5)定格250W 6)電球タイプ　60W相当 7)パナソニック出光OLED照明発表 8) A4 白色　9)実際には電源部が必要なものが多いので、あくまでも参考。

身の回りの照明光源を見ていくと、
それぞれの発見された歴史や特徴がわかりますね。
5章では有機EL照明の原理や特徴を、ライバルのLEDとも
比較して見ていきましょう。

52 白色光源にするメカニズム

加法混色と減法混色

原色とは、他の色を混ぜても得られない色のことを言います。色の3原色はシアン(C,青)、イエロー(Y,黄)、マゼンダ(M,赤紫)です。赤はイエローとマゼンダを混ぜるとできます。この3色を全部等量に混ぜると、黒に近いグレーとなります。色を混ぜると暗くなり色が消えていくので、減法混色と言われます。

一方、光の3原色は赤緑青で、英語の頭文字をとってRGBと呼ばれます。赤と緑を混ぜると色では原色であった黄ができます。それではこの3色を色の3原色同様に同じように混ぜると、何と色がなくなり、白色になります。色を混ぜると明るくなるので、加法混色と言われます。

白色を作るためにはRGB3色以上を混色するか、CIE(Commission International de l'Eclairage)座標の白色点(0.33,0.33)に対して対称の位置にある補色の2色を混色します。太陽光のようにいろんな波長の光を持った光が白色光です。照明には白色光はなぜ必要なんでしょうか?なぜ人が色を感じるのかに関わってきます。

発光体であれば、直接目に光が飛び込んでくるので、その発光色をそれぞれの色として感じます。ところが世の中のものは大部分は発光体ではありません。ですから夜に(太陽光がなく)なれば何も見えなくなってしまいます。モノの色を知覚できるということは、その反射光を見ていることに他なりません。例えば椿の葉が緑色に見えるということは、緑色の光が反射され、それ以外の光を吸収しているためなのです。ですから例えば補色で青と黄色だけでできている白色は目に感じるのは白色ですが、キュウリに当ててみると緑色がないので、本来の色として人は知覚できません。そうなると有機ELでは補色での白色は利用できないのではと思われそうですが、有機EL素子のELスペクトルは幅広なので、結果として青と黄色の補色関係でも緑色が含まれることになります。

要点BOX

- 光の3原色はRGB
- 白色はRGB3色以上混合か、補色混合
- 光源の反射光を利用する

照明に利用する

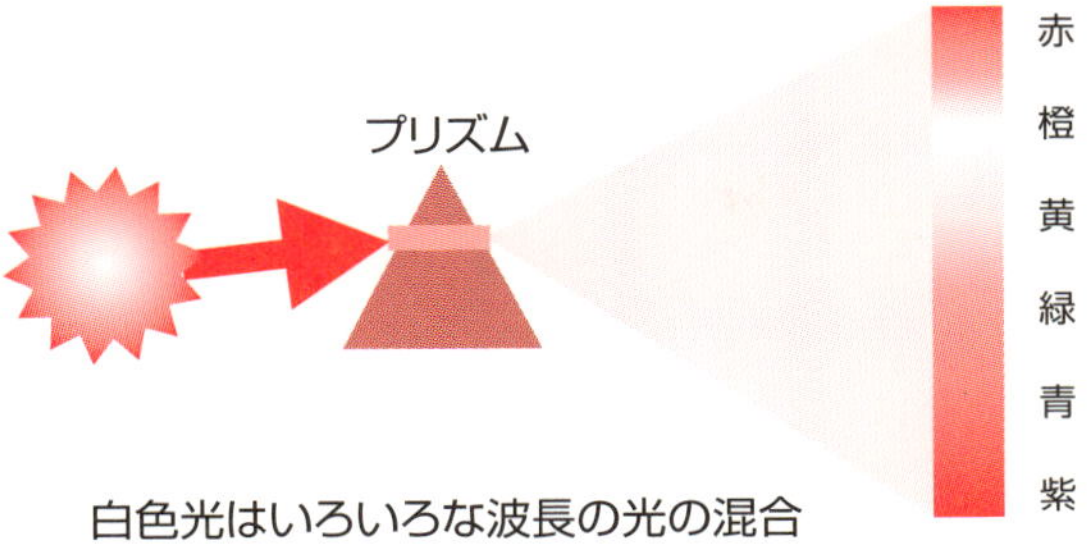

白色光はいろいろな波長の光の混合

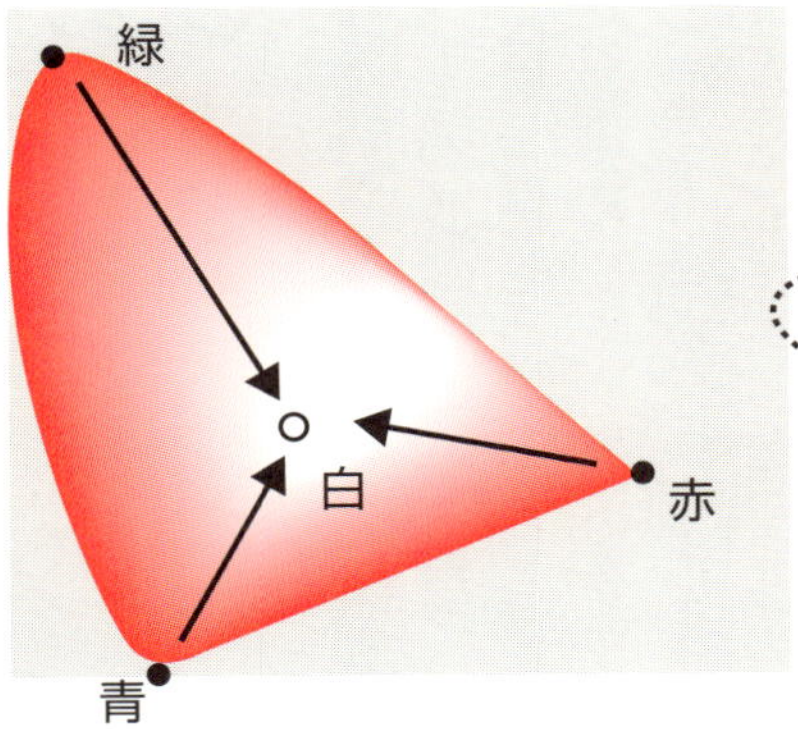

RBGなどの3色以上の光を混色する。

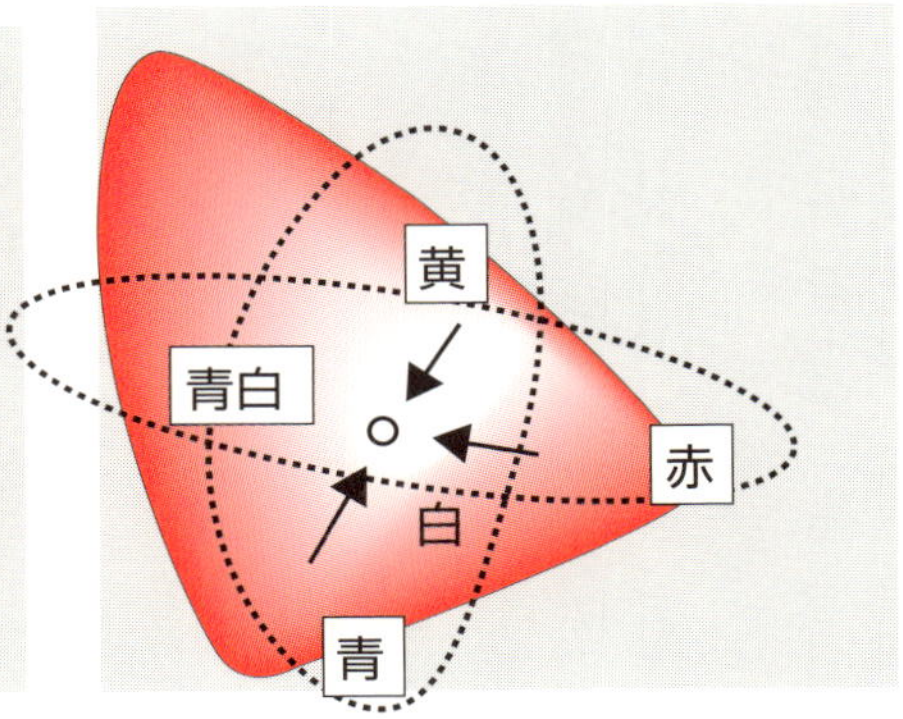

補色関係にある2色の光を混色する。

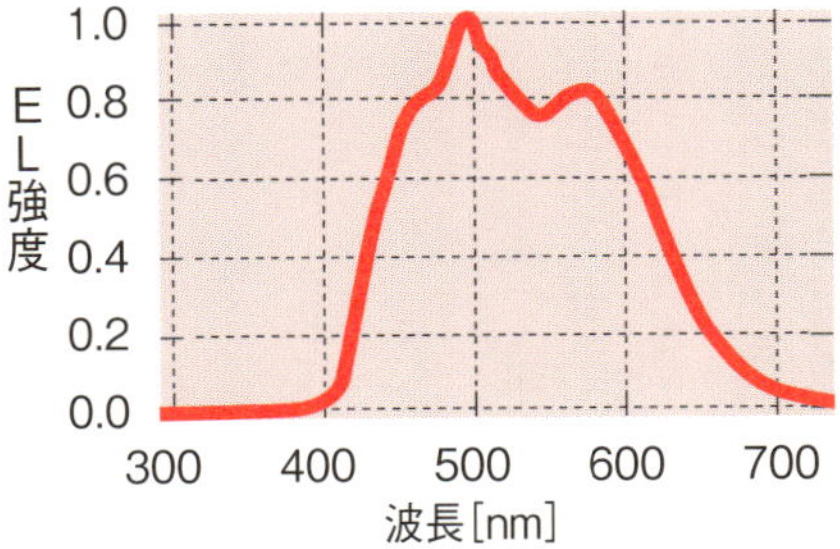

白色有機EL素子のELスペクトルの例
この図では３種類のEL材料の発光成分があります。

有機エレクトロニクス研究所が開発した有機EL照明
（有機エレクトロニクス研究所の提供による）

53 光のパラメーターと照明のパラメーター

ディスプレイと照明のちがい

光のパラメーターには、光源から出る光の量を表す「光束」、単位はlm ルーメンがあり、ランプの種類やワット数によります。当然大きなワット数の方が大きくなります。ちなみに60Wの白熱電球の全光束は810［lm］、100Wでは1520［lm］と定められています。光源からある方向への光の強さを表す「光度」、単位はcdカンデラ。ある方向から見たモノの輝きの強さを表す「輝度」、単位はcd/m^2。輝度は光源からの距離には依存しません。月の輝度は約3,000cd/m^2、太陽の輝度は2x10^9 cd/m^2、液晶テレビ画面の輝度は500 cd/m^2にも達します。直接照明に関わるのは光を受ける面の明るさを表す「照度」、単位はlx ルクスです。照度は同じ光源であれば、距離の2乗に反比例します。光源から離れれば暗くなるのは実感できます。

照明は、光の強度だけでは意味がなく、モノの色などの再現性が重要になってきます。これを表すパラメーターが演色性です。演色性には2つあり、定義されたR1からR8までの色のずれを表した平均演色評価数Raと赤(R9)、黄(R10)、緑(R11)、青(R12)、白人の肌の色(R13)、木の葉の色(R14)、日本人の肌の色(R15)の色ずれを表した特殊演色評価数Riがあります。色ずれがない場合が100で、完全に再現できないときが0になります。これらの基準は太陽光になります。太陽光はほぼ黒体輻射なので、同様な原理で発光している白熱電球タイプの光源ではすべて演色評価数は100となります。低圧ナトリウムランプは589nmの単色光なので、ほぼ0です。

また、同じ白色でも赤みが強い白色(低W数の白熱電球)から青みがかった白色(ハロゲン電球)がありますが、これを「色温度」で表現します。黒体輻射では温度が低いと赤み強く(青成分が少ない)、温度が高いと青みが強くなります。電球色(2800～3200K)、昼白色(5000K)、昼光色(6700K)などと言われます。

要点BOX

- ●ディスプレイは輝度、照明は照度ルクス
- ●色の見えかたは演色性
- ●白色表現として色温度がある

光のパラメーターの意味

パラメータ	単位	呼び方	意味
光束	lm	ルーメン	光源から出る光の量
光度	cd	カンデラ	光源からある方向への光の強さ
輝度	cd/m^2	–	ある方向から見たモノの輝きの強さ
照度	lux	ルクス	光を受ける面の明るさ

演色性

平均演色評価数 Ra R1～R9の色ずれを表す
特殊演色評価数 Ri R10～R15の色ずれを表す
} どちらも完全な再現が100、できない場合が0

白色の基準は太陽光!!

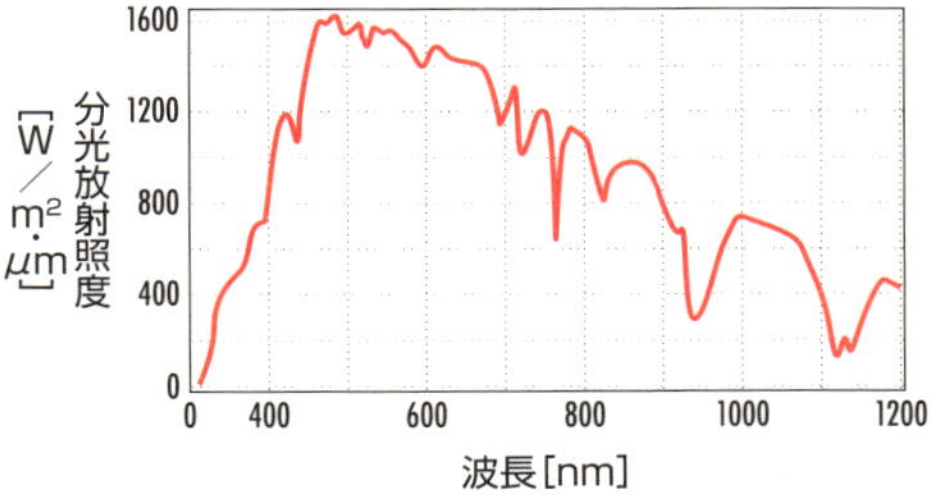

白色と色温度

色座標での白色の領域と色温度の位置

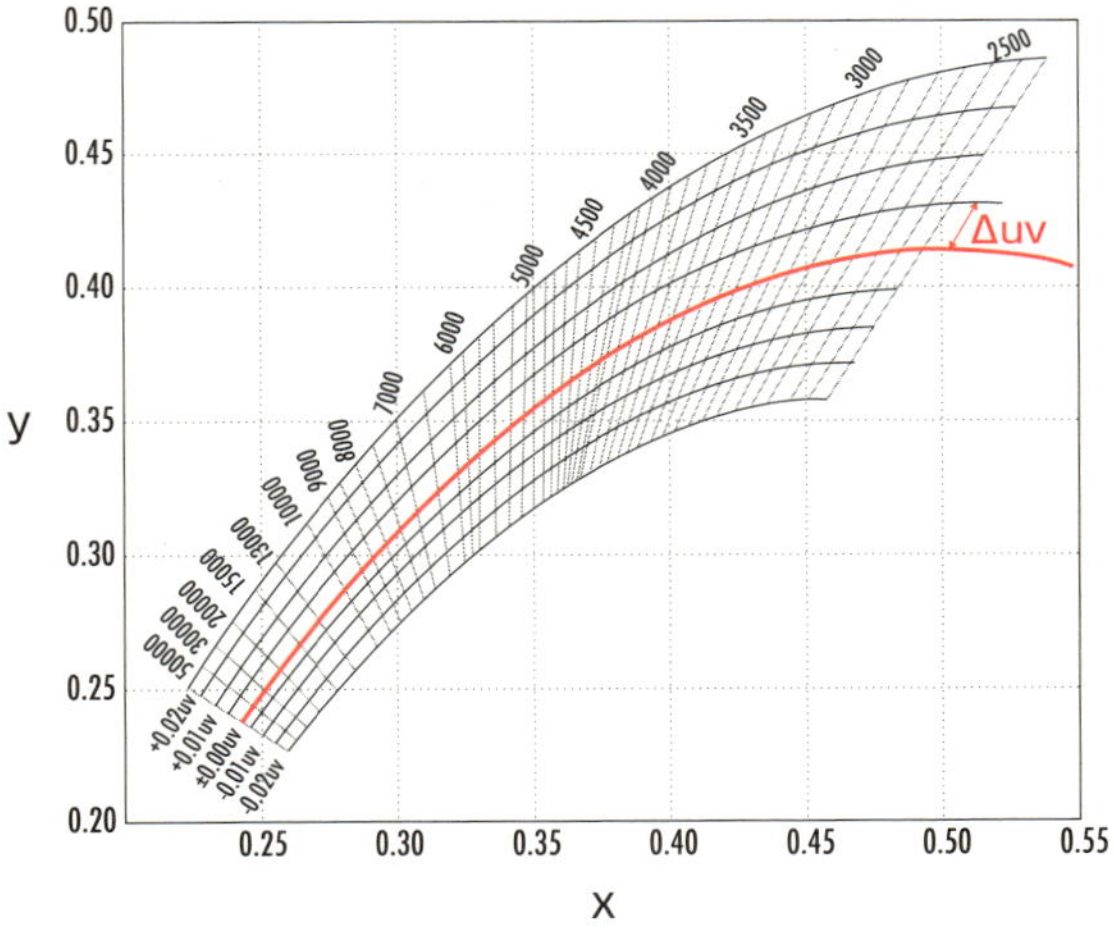

電球色 L （白熱電球）	2800K・ 3000K
温白色 WW （夕方の日光）	3500K
白色 W （日の出 2時間後の日光）	4200K
昼白色 N （晴天照合挟んだ 時間帯の日光）	5000K
昼光色 D （晴天正午の日光）	6500K

54 点でもなく、管でもなく、平面で光る

有機EL照明の長所

　照明と言えば、私たちの周りでは蛍光灯が多いと思いますが、世界的に見ると白熱電球が非常に多く使用されています。寒冷地では蛍光灯のような放電灯は不向きです。内部フィラメントを予熱するなどすればもちろん利用できますが、それでは非点灯時にも電力を消費することになります。また電力環境が非常に安定している日本とは異なり、海外、特に発展途上国などでは停電、電圧変動、周波数変動などが生じます。そうなると単に電流を流すだけである白熱電球の方が利用しやすいわけです。しかし、白熱電球の電力効率は低く、10・20lm／W程度です。そのため、世界的に白熱電球を利用しないようにということで大手の電機メーカーは生産を中止しています。なお、白熱電球は点光源としてみなすことができます。

　低圧水銀灯は紫外光を発します。蛍光灯は低圧水銀灯ですが、ガラス管内に紫外光を可視光に変換する蛍光塗料（量子効率0.7以上）が塗布されています。紫外光が可視光に変換され、照明光源として利用していますが、紫外光はゼロではありません。また、放電が低電圧で行われるように、水銀が添加されています。これが環境問題としてしばしば取り上げられ、脱蛍光灯も叫ばれています。蛍光灯の明るさは放電管の長さによるので、放電管が長くなるとパワーが必要となります。蛍光灯の電力効率は70lm／W前後です。

　点光源である白熱電球は後方に光が漏れます。管状の蛍光灯は管全体から発光するので、やはり後方への光の漏れがあり、背面に反射鏡を使用するなどして前面に光を効率良く取り出すことが考えられています。一方、有機ELのような平面発光体は後方への光の漏れはなく、前面のみに光を取り出せます。その点は非常に有利と言えます。有機発光層では前面も後面も光が進みますが、デバイス構造として後方に光が漏れることなく反射されています。

要点BOX

- 蛍光灯は低圧水銀灯で、紫外線を利用
- 蛍光灯の明るさは管の長さで決まる
- 面状発光体は有機ELと無機ELのみ

平面で光る有機EL照明

白熱電球

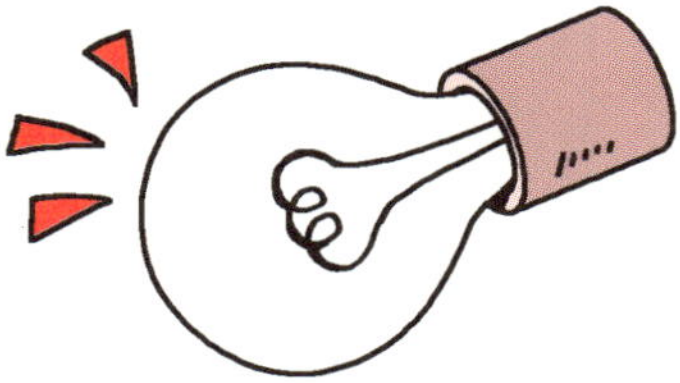

ジュール熱（I^2R）による輻射。明るくするには電流を流せば良く、可視光が増えると共に青成分が増加して、赤みが消えます。

ただし、大電流を流すとフィラメントが切れやすくなります。ハロゲンを添加したモノが、ハロゲンランプで大電流が流せます。ガラスが不透明にするのは光を拡散させるためです。価格も安く使い勝手も良く世界で広く用いられています。

蛍光灯

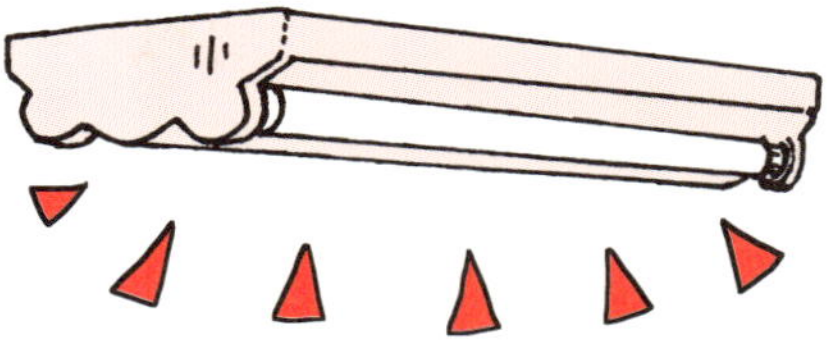

低圧水銀灯がベースの放電灯。明るくするには放電領域を広げれば良く、管を長くします。ただし、管を長くすると放電がつきにくくなるので、その分電力が必要です。

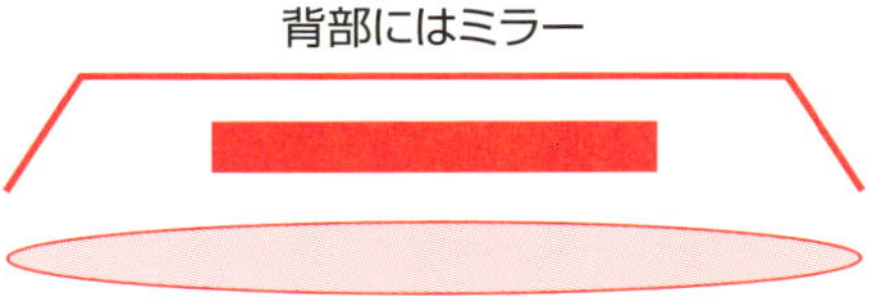
背部にはミラー

平面発光体の問題

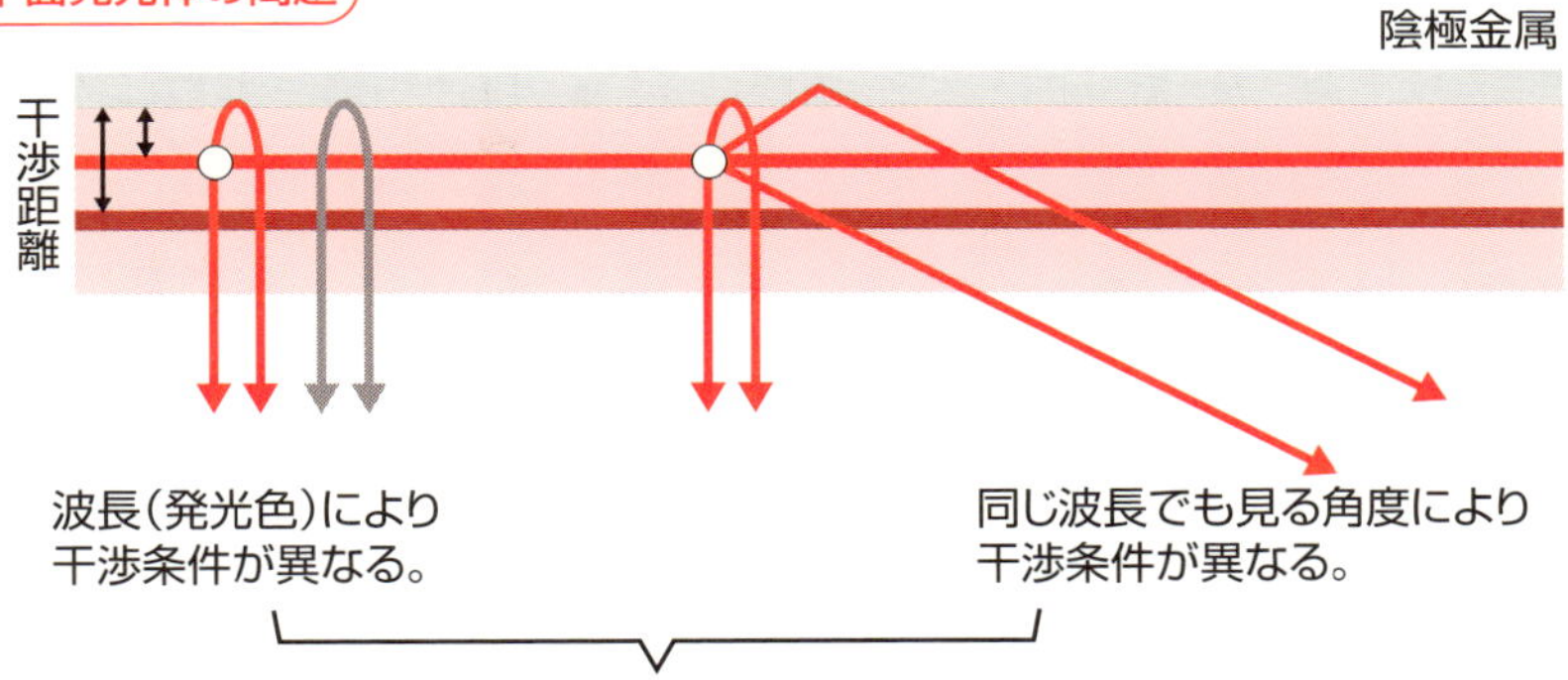
陰極金属
干渉距離
波長（発光色）により
干渉条件が異なる。
同じ波長でも見る角度により
干渉条件が異なる。

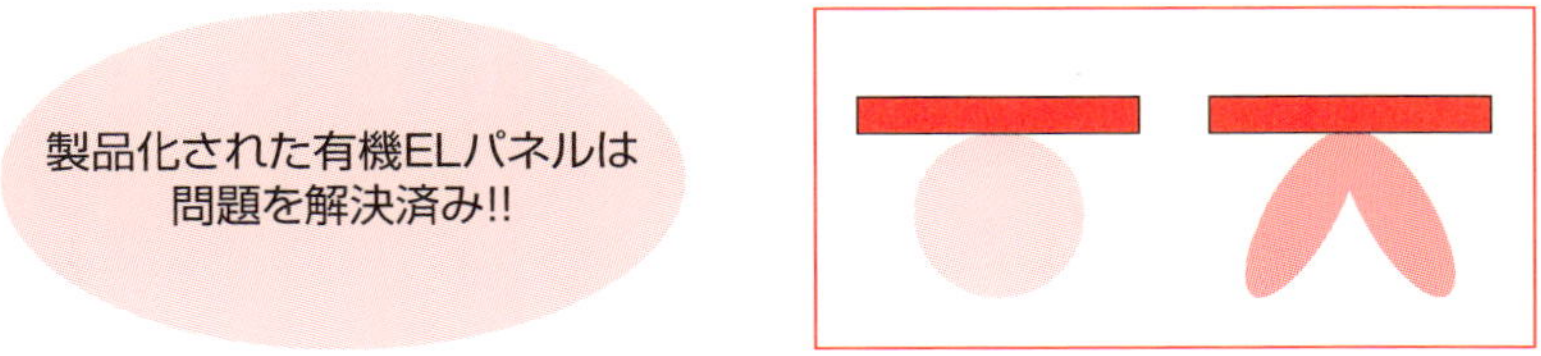
製品化された有機ELパネルは
問題を解決済み!!

55 次世代光源のライバルはLED

有機ELとの比較

　次世代照明光源として、有機ELと共に挙げられているのは半導体ダイオード（LED）です。白熱電球型のLED電球は低価格化も進み、急速に普及しつつあります。ひと昔前はクリスマスのイルミネーションは豆電球でしたが、今はLEDが利用されています。LEDは1990年代まで赤と緑色の製品は完成していましたが、青色のみ実現できていませんでした。材料としてはいろいろ候補がありましたが、その中の1つが窒化ガリウム（GaN、そのままガンと呼ばれることもあります）でした。GaNの良質な単結晶を作成する技術を開発したのが、当時名古屋大学の赤﨑勇教授と天野浩さん（現名古屋大学教授、当時は大学院生）でした。独自の研究を進めて実用レベルの青色LEDを実現したのが、当時日亜化学の中村修二さん（現カリフォルニア大学教授）でした。2014年この3人に対してノーベル物理学賞が授与されました。LEDは単結晶の上面に透明電極をつけて有機ELと同様に膜構造と垂直に光を取り出します。目にするLEDは前方に光を効率良く取り出すことができるように、砲弾型のレンズ（保護キャップを兼ねる）が被せられています。ですからそのままの形状で利用する場合には、局所照明に適しています。

　有機ELは平面光源だから棲み分けができると思っているのは大変甘い状況になっています。液晶テレビでは、ひと昔前は極細の蛍光管を端に配置し、導光板を利用して平面上に光を取り出せるようにしていました。同様にLEDを導光板端に配置して液晶テレビに白色光を供給しているわけです。液晶テレビでは、RGB光を取り出したいので、RGBのフィルタを基板に印刷してありましたが、白色光源として利用したいのなら、そのまま使用すれば良いわけです。実際にLEDと導光板を利用した平面LED照明は製品化されています。

要点BOX

- 次世代照明光源候補はLEDと有機EL
- LEDは元々点光源
- LEDは平面光源としても展開中

次世代光源のライバル、LED

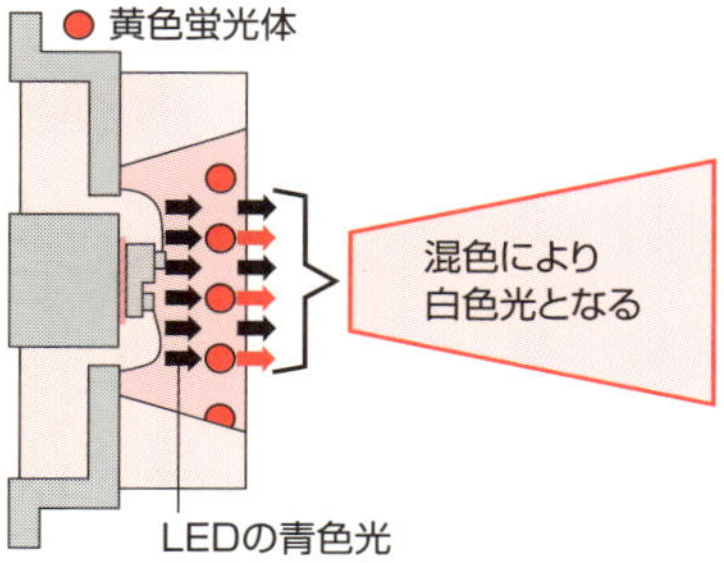

補色を利用したLEDは疑似白色化と呼ばれ、高演色性の白色LEDは緑と赤の蛍光体が使用されます。

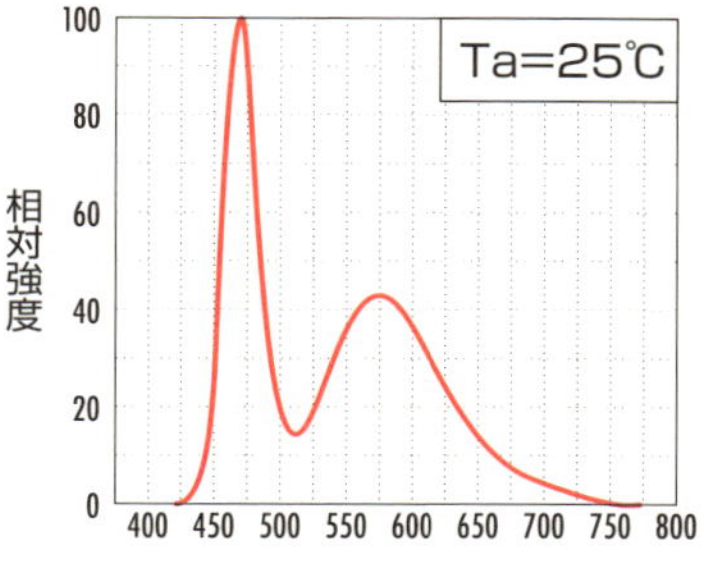

典型的な補色型白色LEDのスペクトル

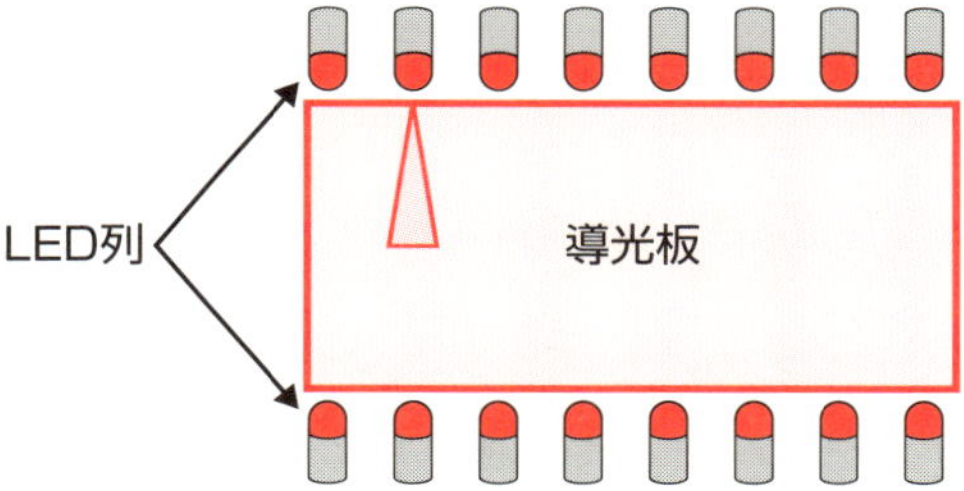

LEDの平面パネル化

LEDが片側のみでは板の大きさを半分になる

LED平面パネルの例

人の目で見てもうっすらLEDの光線の広がりが見えます。もっともディスプレイではないので、光源を眺めることが重要ではありません。モノに光がどのように当たるのかが重要になります。

56 有機ＥＬ照明パネルへの期待

広がる有機ＥＬ照明

　全世界のエネルギー消費に占める照明の割合は約15％と言われ、オフィスでは約25％に達します。大した量ではないかもしれませんが、日本では家庭で利用している全エネルギーに対して冷房の電力は２％に過ぎません。暖房に利用するものが最も多く約28％です。電力効率の良い有機ＥＬの利用は、地球的規模から見ると大幅な省エネルギーと廃熱削減につながります。有機ＥＬは環境に優しい照明光源なのです。

　蛍光灯はもちろん広く利用されていますが、会社・工場などでは蛍光管が剥き出しにして明るさを重視して使用されています。家庭やホテル・会社の応接室などでは、多くの場合にはカバーを被せて、より光が拡散できるようにした製品が活用されています。カバーをしてしまうと、照度がかなり落ちてしまい、見かけの電力効率も約半分に低下します。ＬＥＤも効率が良いのですが、導光板を利用した照明パネルは見かけの電力効率がやはり低下します。

　一方、有機ＥＬ照明はもともと拡散光源に近いので、そのまま利用します。ただし、部屋全体を明るくしたいと思えば、部屋全体に照明パネルを配置しないといけません。ＬＥＤは耐久性が高いと言われていますが、照明利用では明るさを得るために電力を投入しますので、一つだけ壊れると若干見え方が見苦しくなります。

　有機ＥＬ照明パネルは、世界的に見ても現在日本が先行しています。Lumiotec、三菱化学、コニカミノルタ、東芝ライテック、カネカから製品販売されています。Lumiotec（大型パネルに強い）、コニカミノルタ（オールリンコウが売り）、東芝ライテックの製品は、白色です。三菱化学の製品は調光（発光色が変えられる）ができます。カネカは白色もありますが、他の色（レッド、ブルーなど４色）も製品化しています。有機ＥＬ照明は特に美術品などの照明によく用いられてきていますが、身近な駅（自由が丘）やコンビニなどにも広がってきています。

要点BOX

- ●有機EL照明は環境にも優しい
- ●薄いデバイス構造は照明デザインも変える
- ●白色から調光製品まで

広がる有機EL照明

（コニカミノルタ㈱の提供による）

有機EL照明の特徴

- ・面光源
- ・薄型
- ・低電圧直流駆動
- ・紫外(UV)光を含まない
- ・低環境負荷

日本では開発が先行して、製品発表もありますが、パナソニック出光OLEDのように、先行しすぎて市場開発ができないまま製品開発を一旦ペンディングした例もあります。

有機EL製品の一例

	Lumiotec	三菱化学	コニカミノルタ	東芝ライテック
サイズ [mm]	145x145	140x140	74x74	160x160
全光束 [lm]	99	-	-	51
発光効率 [lm/W]	10.3/10.5	28	45	25.5
色温度 [K]	2800/4900	2700/3000	2800	3250
輝度 [cd/m^2]	2800/2700	1,000	1,000	-
R_a	82/81	≥80	(74)	80
定格電力 [W]	9.63/9.45	6.5	(0.26)	2
半減寿命 [hrs] @1000cd/m^2	50,000/100,000	20,000	8,000	40,000

Column

有機EL照明パネルの勝敗を占うポイント

ディスプレイと照明では、光源を直接見て利用するのと反射光を利用するという用途の違いがあります。ディスプレイでは、光らないピクセルがあるといきなり購入者からクレームが付きかねません。もっとも最近の液晶ディスプレイは、以前ほどの確率で欠陥は見当たりませんが。

ところが、照明の場合には一部影があっても照明が当たっている箇所の照度が低下しなければ、通常は問題ないと考えられます。

しかし、有機EL照明パネルではそれが通るかどうかは微妙です。実は有機EL照明ガイドライン委員会でも、「照明としてはあまり気にならない」のではと言われました。でも有機EL照明パネルの使用方法が他と違っている場合が多いことを考えるとこれは疑問です。

例えば、美術館・博物館などで下部から光を照らしてパネル自体が鑑賞者の目に入るとき、そこに黒いつぶつぶが見えたりするようでは雰囲気が半減してしまいます。

単に天井からぶら下げて利用するならばあまり気にならないかもしれません。実際、蛍光管でも端が黒ずんできたり、中央部分に影が見えることがありますが、多くは利用者の目に直接触れないので、通常は気になりません。

ただし、この仕様の照明器具では、従来品の蛍光灯、ライバルのLEDと競合することになりますので、後発としては順調な市場展開は厳しいかもしれません。

そうなるとやはり独自デザインによる魅力ある照明器具の作成が必要となるのではないでしょうか?照明デザイナーさんの想像力に期待しましょう。また、コニカミノルタが展開するフレキシブル有機EL照明は、従来にはない独特な使用形態への展開が期待されます。

後は何とか価格を下げてもらってとにかく利用してもらうことです。どんなに優れたデバイスでも、使用してもらわないと結局一旦は白紙になってしまいます。まずは中・小型ディスプレイと照明でがんばってもらいましょう。

第6章

有機ELの可能性と技術の比較

57 有機ELと電子写真（コピー）

正孔輸送材料は感光体材料から始まった

電子写真とは何だろう？と思う人がいるかもしれませんが、要はコピーのことです。電子写真の原理は1938年に米国のカールソン（C.F.Carlson）が見いだしました。このカールソンはカリフォルニア工科大学を卒業したのですが、P・R・マロニー社の特許部に就職しました。そこで山のような書類を扱い、しかも同じ書類を書き写さなければならず、苦労したわけです。そこで一念発起して速くて正確な複写機を思案しました。

コピーの原理を簡単に説明しましょう。負に帯電した（表面に電子を載せる）感光体に光を当てると、当てた部分だけこの電荷がなくなります。残った電子に正に帯電したトナーが取り付きます。電荷がたくさん残っているところは濃くなります。このトナーを紙に写し取って、動かないように固定（定着）すればコピーのでき上がりです。感光体の役割は、光を当てるとキャリアが流れますが、当たらない状態では絶縁体としてキャリアを流さないことが必要となります。これが光導電性です。

なぜ表面の電子がなくなるのでしょうか？それは光を当てたときに、光を吸収した有機材料から電子と正孔のペアができます。感光体は正孔移動度が高いので、表面電荷の作った電界に引かれて表面に正孔が移動して、電子と再結合します。そして表面電荷を打ち消すわけです。このことから感光体は正孔輸送材料ということがわかります。キャリア輸送材料の説明（33項）でTPDという材料を示しましたが、これはゼロックスのコピーに使用されている感光体材料なのです。初期のころは感光材料をベースとして正孔輸送材料が開発されました。有機ELと感光体との要求の違いは、有機ELの正孔輸送材料は移動度が高いほど良いのですが、感光体は暗状態では絶縁体であった方が良いので、高すぎる移動度は無意味だということです。

要点BOX

- ●コピーの原理
- ●有機感光体はアクティブデバイスの先駆け
- ●正孔輸送材料は感光体材料と同じ構造がベース

電子写真の原理

暗状態

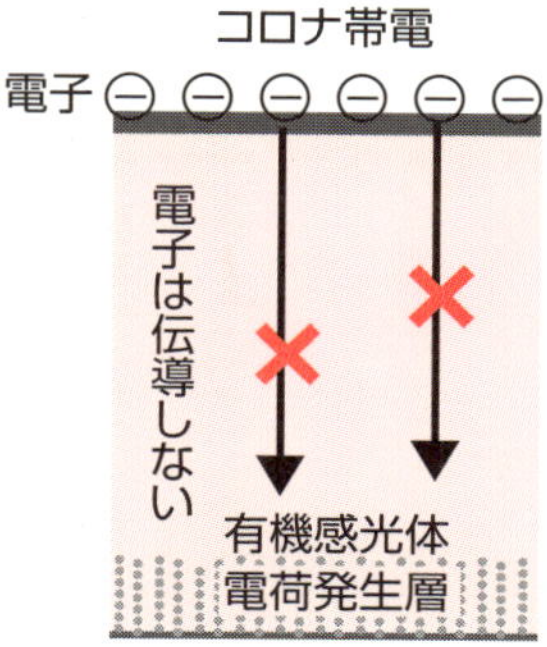

コロナ帯電により電子を感光体ドラム表面にのせる。

明状態

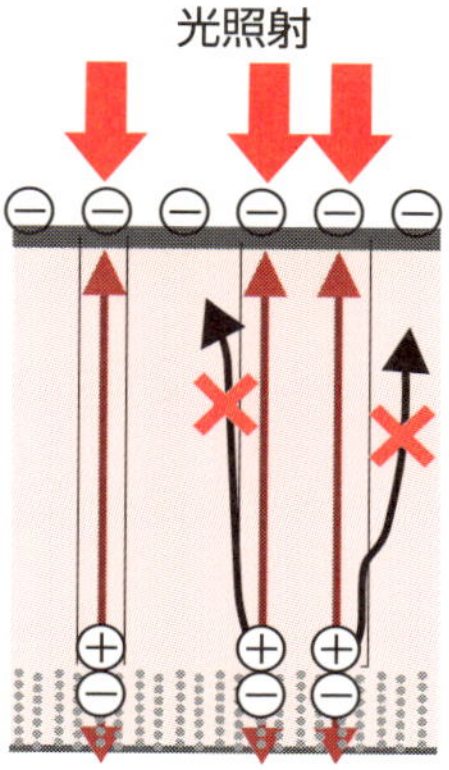

対象物から反射された光が照射されると感光体の導電性が良くなり発生した正孔と電子が再結合する。

光照射後

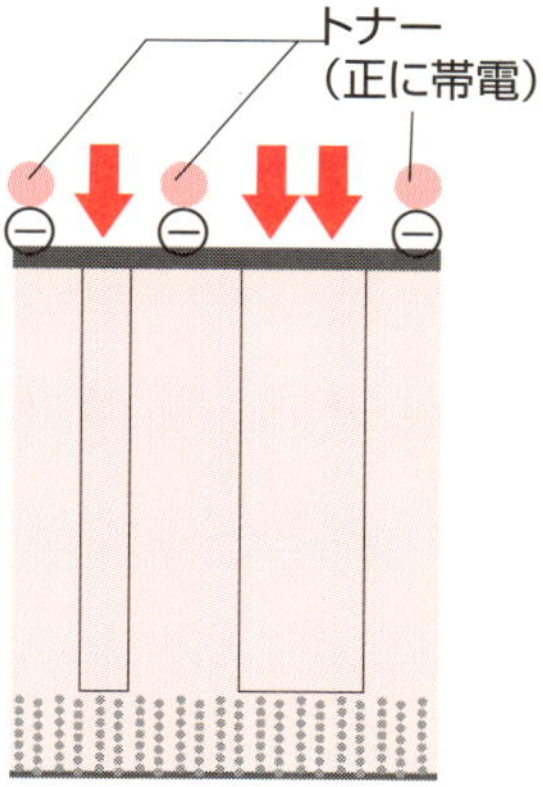

残っている電子にトナー粒子が取り付いて、これを紙に転写させる。

有機感光体は、暗状態では導電性があり、
明状態では絶縁性が高いので、感光体ドラムに最適です。

TPD

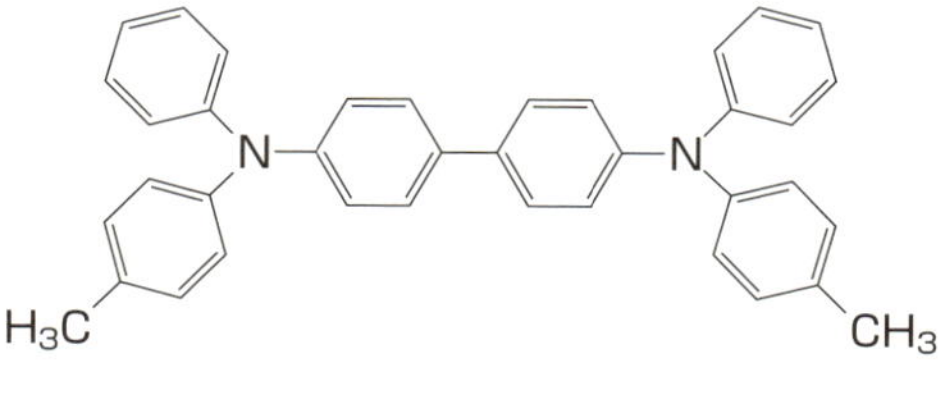

TPDはゼロックス社が開発した有機感光体

感光体ドラムの写真

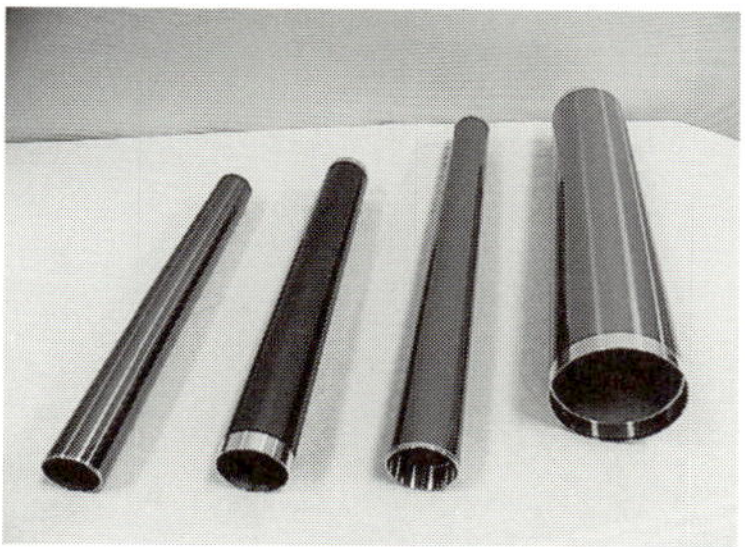

（山梨電子工業㈱の提供による）

58 有機ELと太陽電池

電気-光変換と光電変換

有機ELと太陽電池は、前者が電気-光変換、後者が光電変換です。そこで有機ELに太陽光を当てれば太陽電池になりそうですが、話はそう簡単ではありません。

有機系の太陽電池には、有機薄膜だけで構成された有機薄膜太陽電池と酸化物半導体と組み合わせた色素増感太陽電池があります（有機ELも透明電極に酸化物半導体であるITOを利用しているわけなので、有機・無機ハイブリッドであるのは同じです）。色素増感太陽電池は1991年にスイス・ローザンヌ大学のグレッツェル博士が提案した、ナノポーラスな酸化チタン電極に色素を吸着させたデバイスです。発表された当初から変換効率が10％を越えていたので非常に注目を浴びました。

一方、有機薄膜太陽電池は以前からショットキータイプの素子が研究されていましたが、効率は1％にも満たないものでした。ところが有機ELを発表した同じタン博士が1986年に二層型の有機薄膜太陽電池を提案し、ほぼ変換効率1％になることを示したのです。その後、素子構造の新提案や材料開発に伴って、効率が5％を越えるようになりました。

この原理を紹介しましょう。太陽電池では有機材料が光を吸収して、励起子を生成します。光の吸収は光の入射方向で多く生じますので、励起子の濃度は入射側が高く、反対側が低くなります。そこで励起子は濃度の高い方から低い方へ移動します。これを濃度拡散と言います。拡散してきた励起子が別の有機材料との界面に到達すると、低い方に電子が移動します。そうするとこの界面では正孔が溜まることになりますが、今度はこの正孔が正極側に向かって拡散し、電子を受け取った有機層では電子が負極側に拡散していきます。これによって外部回路に電流が流れ、電池となります。強い光に曝されるので、顔料系の耐久性ある有機材料を利用します。

要点BOX
- ●有機ELは電気エネルギーを光エネルギーに
- ●太陽電池は光エネルギーを電気エネルギーに
- ●太陽電池では拡散現象が重要

有機ELと太陽電池

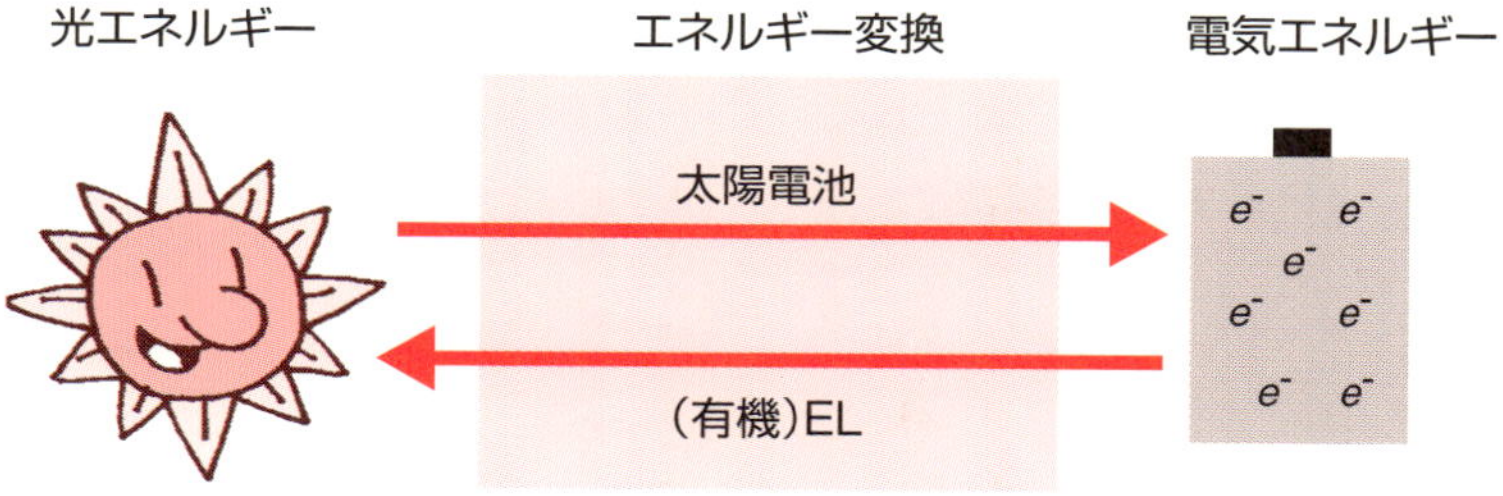

現在太陽電池の90%以上がシリコン太陽電池

有機系の太陽電池には { 色素増感太陽電池 / 薄膜有機太陽電池 } があります。

↓ 薄膜有機太陽電池

有機ELと似ているのはこっち!

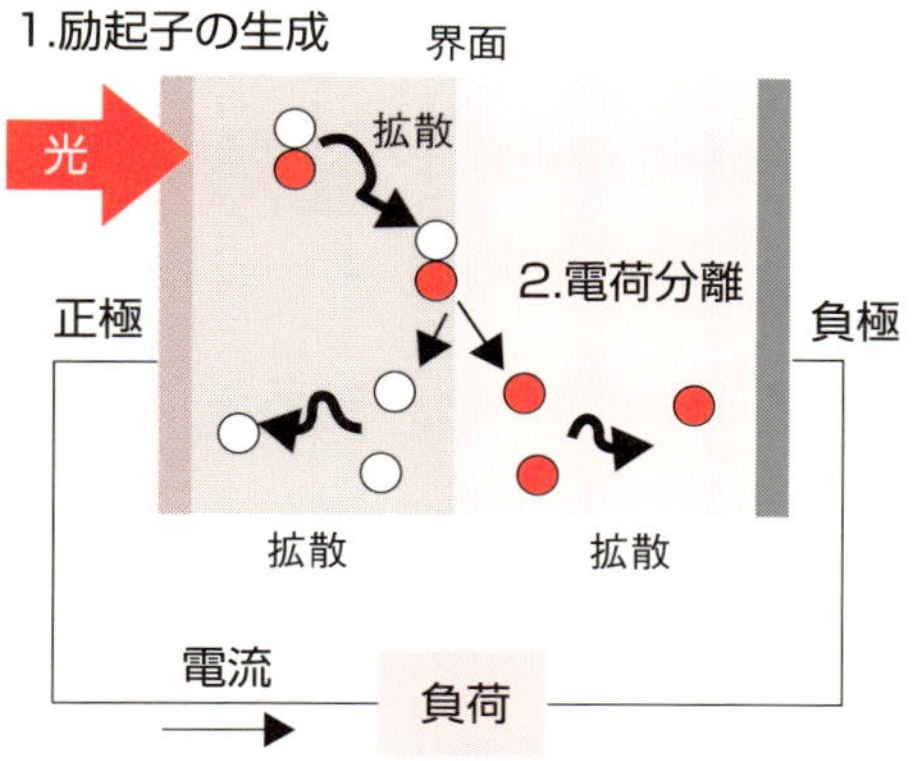

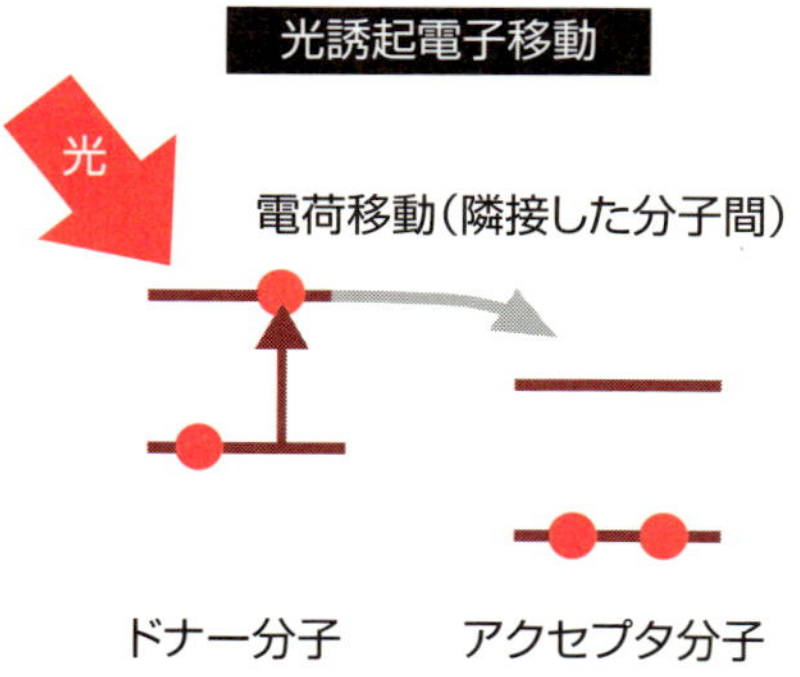

ドナー性材料
p型

励起子も電子・正孔も濃度拡散により移動する。励起子は入射側、電子はアクセプタ層の界面側、正孔はドナー層の界面側の濃度が高い。

アクセプタ性材料
n型

電子のエネルギーは低いほど安定なので、2つの分子間ではアクセプタに電子が移動する。これにより電荷分離が起きる。

励起された電子が分子間で電荷移動して、キャリアができる。

用語解説

ナノポーラス:ナノサイズの大きさの穴を多く有した構造、表面積が大きくなる。
ショットキー型太陽電池:ショットキー接触の空乏層により電荷分離をする太陽電池。

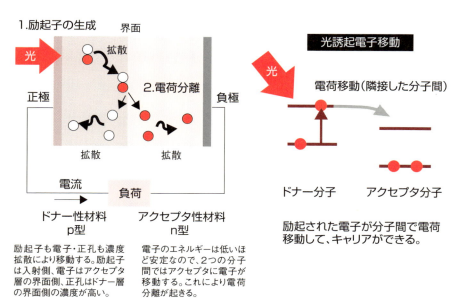

59 有機ELとトランジスタ

有機ELは有機トランジスタで駆動

AM駆動方式の有機ELディスプレイには、少なくともスイッチングのトランジスタと電流をドライブするトランジスタが使われます。液晶は電圧でドライブしますが、有機ELでは電流が流れないと発光しませんので、有機ELを流れる電流をコントロールする必要があります。

ディスプレイ用のトランジスタには、薄膜トランジスタ(TFT：Thin Film Transistor)が利用されますが、シリコン系のTFTが利用されます。FETという言い方もありますが、それは電界効果トランジスタ(Field Effect Transistor)からきており、TFTはFETです。薄膜構造により、多結晶シリコン、微結晶シリコン、アモルファスシリコンがあります。

有機ELでは電流を流すので、キャリア移動度がある程度必要になります。そのため最も移動度が大きい多結晶シリコンが有利なのですが、多結晶シリコンはアモルファスシリコンを熱アニールして作成しますので、コストもかかり、大面積基板を作成するのは容易ではありません。液晶では高い移動度は必要ないので、アモルファスシリコンを利用します。これでは有機ELではコストが余分にかかることはわかりますよね？　そこで簡単に作成ができる有機トランジスタを利用しようと考えられました。

有機トランジスタの基本構造は電流が流れるソースとドレイン電極、電流を制御するゲート電極からなっています。正孔が流れるp型TFTであればゲート電極に負の電圧を印加すると、正孔が絶縁膜側に引き寄せられ、界面の正孔密度が高まります。そしてソース・ドレイン電極間に導電性の高い領域(チャネル)が形成されます。そこでソース・ドレイン電極間に電位差があると正孔が流れます。ゲート電極に印加する電圧を増減することにより、電流をコントロールすることができます。有機ELは二端子素子ですが、有機TFTは三端子素子です。

要点BOX

- ●AM駆動方式にはTFTが必要
- ●ある程度のキャリア移動度が必要
- ●簡単に作成可能な有機トランジスタを利用

有機ELとトランジスタ

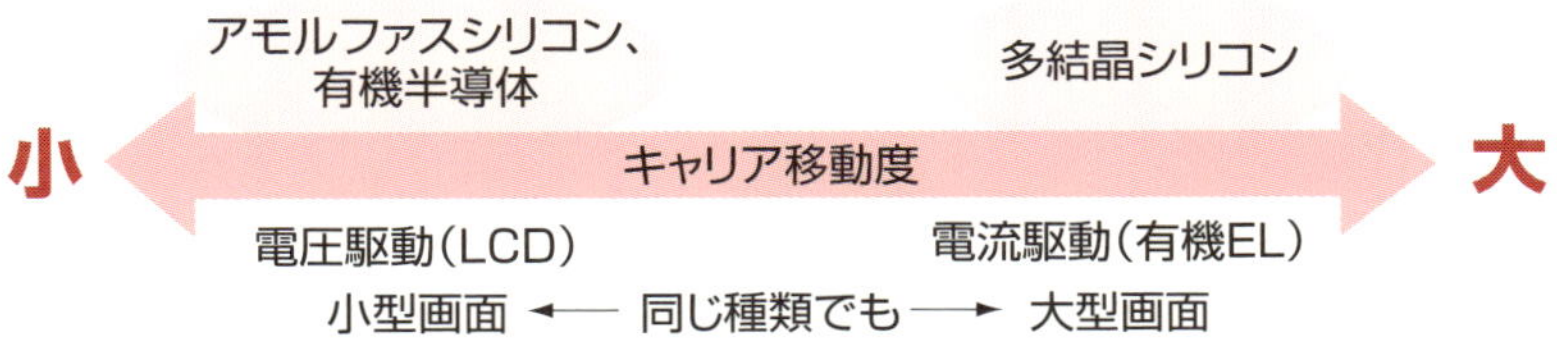

パネルと駆動

(有機EL)ディスプレイの駆動にはトランジスタ(薄膜トランジスタ(TET))が必要になります。フラットパネルには直接基板に駆動部分を組み込むもの(LCDおよび有機EL)と外部から駆動するもの(PDP)があります。

TFT材料

TFTの材料には、アモルファスシリコン(a-Si)、多結晶(ポリ)シリコン(p-Si)が一般的ですが、作成の容易さなどから有機半導体によるTFTの開発も進められています。

有機TFTの構造

横型TFT構造

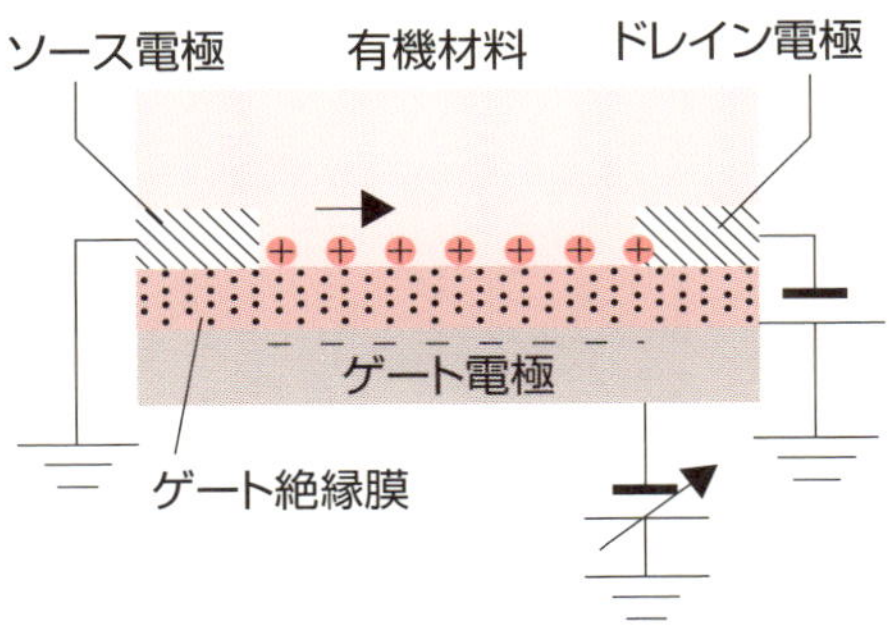

有機層に対して、ソース-ドレイン電極が上にあるものをトップコンタクト型、下にあるものをボトムコンタクト型(上記の例)といいます。ゲート電極に負電圧を印加すると有機材料と絶縁膜の界面に正孔が蓄積されます。電極間に蓄積層(チャンネル)が形成されたとき、電流が流れます。

縦型TFT構造(静電誘導型TFT)

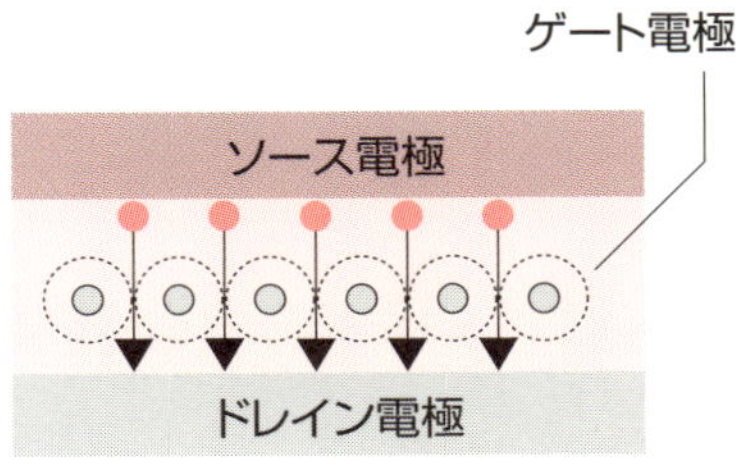

通常のサンドウィッチ型で有機薄膜中にゲート電極を埋め込んであります。ソース電極と同じ極性の電位をゲート電極に与えるとキャリアはドレイン電極に到達しづらくなります。横型では、ミクロンオーダのソース-ドレイン間距離が1-2桁短くなるので、低移動度の有機材料には有利です。

用語解説

熱アニール：アニールとは焼き鈍しのことですが、 おおよそ熱処理を意味する。

60 発光トランジスタ

有機ELにトランジスタを組み込む

有機ELの駆動にはトランジスタが必要であると59項で述べました。ディスプレイのどこかの領域にトランジスタを作り込まないといけません。

例えば1つの発光領域（ピクセルと言います）に必要な区画面積を100としましょう。全領域が発光面積であれば、光の取り出せる割合（開口率）は100%となりますが、実際には電流を流すための導線も必要ですし、駆動部分、すなわちトランジスタの領域も必要となります。その結果、開口率が30%程度になることも珍しくはありません。特にボトムエミッション方式では発光領域とほかの領域が並置されますので、開口率は自ずと低くなります。

一方、トップエミッション方式ではトランジスタなどを基板側に作り込んでから、その上に発光領域を作成できますので、開口率を大きくできます。この点が、トップエミッション方式が好まれる利点です。ピクセルの面積当たり効率が同じなら、総発光面積が広い方が多くの光が取り出せるからです。

ボトムエミッション方式は作りやすいのですが、開口率が低いです。ならばということで駆動するトランジスタを有機ELに組み込めば良いじゃないかという考えが出てきます。それが発光トランジスタです。

有機TFTの動作原理を良く見てみると、ソース・ドレイン間を流れるキャリア種は電子か正孔どちらかになります。それはゲート電圧によってどちらかのキャリアのチャネルを作っているからです。これは無機半導体のトランジスタも全く同様で、基本的にトランジスタはユニポーラなデバイスなのです。しかしながら、再結合のためには両方のキャリアが必要です。発光トランジスタでは、制御を兼ね備えないといけないので、図にあるようなタイプだと、高効率なデバイスは望めません。ゲート電圧を大きくしすぎると、一方のチャネルしか形成されませんし、ソース・ドレイン間の電圧を大きくしすぎると、ゲートの役割を損ないます。

要点BOX

- ●トランジスタとの一体化で開口率が問題
- ●ソースから一方を、ドレインからもう一方を。ゲートで制御

発光トランジスタ

基本的な構造は有機TFTと同じです。ただし、発光させないといけないので、発光性の材料を半導体層に利用します。

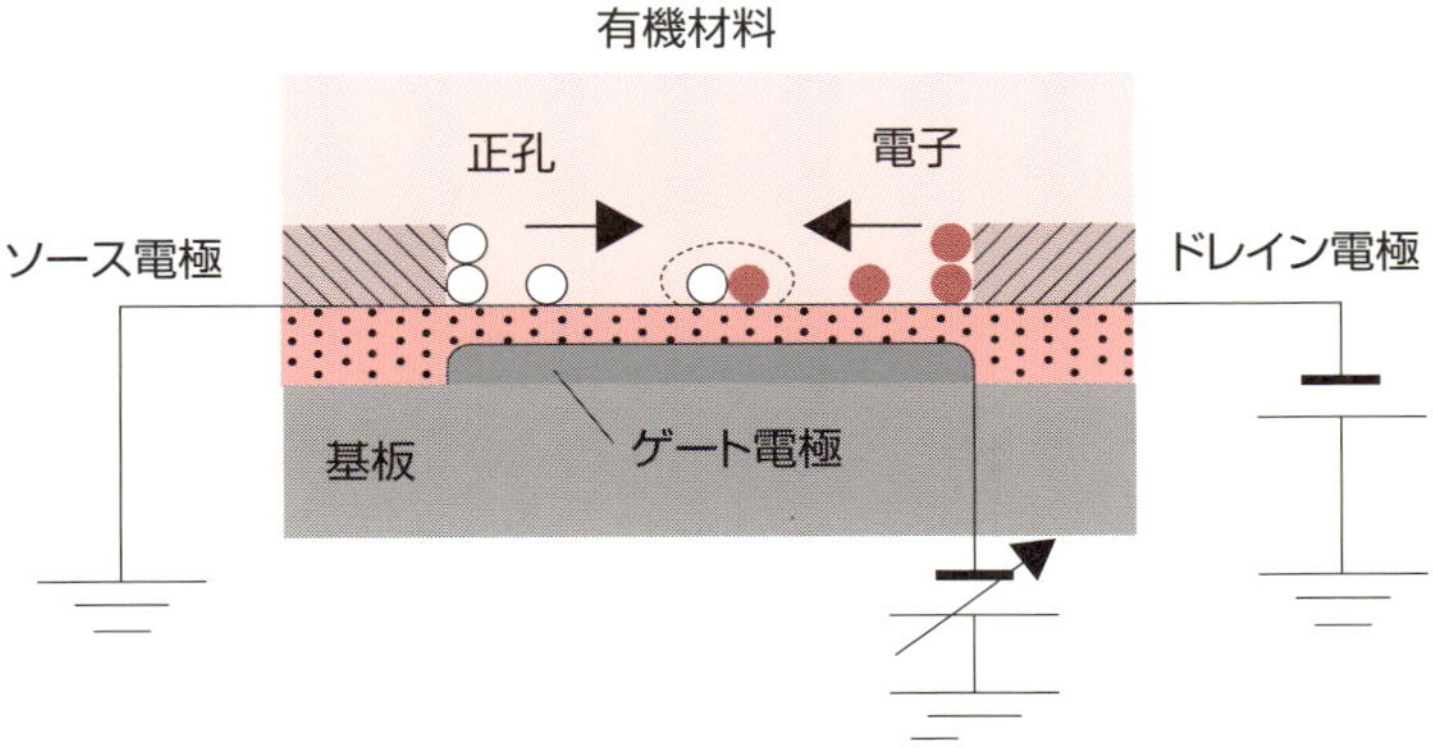

有機TFTでは、一方のキャリアのみで良かったのですが、再結合を生じさせるためには、正孔と電子を両方流さないといけません。そのためソース電極に正孔を注入しやすい金属、ドレイン電極に電子を注入しやすい電極を利用します。ゲート電圧を大きくすると一方のキャリアのみ蓄積してしまうので、ゲート電圧とソース-ドレイン間電圧のバランスが重要です。

発光トランジスタの発光状態

上記は8×8のマトリクス表示でアルファベットのAが点灯しています。（九州大学の安達千波矢教授の提供による）

61 有機レーザは実現可能？

大電流を流すことができるか？

無機の半導体ＬＥＤと半導体レーザ（ＬＤ：Laser Diode）との違いはわかりますか？　レーザ光はコヒーレントな光です。コヒーレント、和訳では可干渉性と言われます。光の位相や振幅が揃っているので、位相をずらしたとき干渉が生じやすいのです。普通の光は位相や振幅がランダム（インコヒーレントと言います）なので、干渉が生じにくいのです。半導体ＬＥＤの光は半導体ＬＤと比べると指向性はなく、やはりインコヒーレントな光です。

ではどうすればレーザになるのでしょうか？レーザを実現するためにはキャリアの反転分布とレーザ共振器が必要になります。半導体ＬＤでは、基本的には半導体ＬＥＤと同様なpn接合を利用しているわけで、キャリア注入は両電極から注入されます。ですが電流注入方向（接合を積み重ねていく方向ですね）と垂直な方向に導波路を形成し劈開面を利用したミラーを作成して共振器を作成します。大電流を供給するとキャリア反転分布が生じ、レーザ発振が生じます。この光を取り出せば良いわけです。レーザ発振はある閾《しきい》値以上の電流で生じ、発光スペクトルがだんだん狭帯化しほぼ単色なスペクトルが得られるようになります。有機半導体レーザの実現も全く同様な手順で実現できると思われます。しかしながら、そのデバイスに注入される電流は数$\mathrm{kA/cm^2}$を越えますので、かなり厳しい条件です。

実は色素でレーザ発振させること自体は難しいことではありません。色素レーザというものがありますが、これは溶媒に色素を溶かして溶液にしたセルを光で励起してポンピングを生じさせ、レーザ発振を生じさせるしくみです。実際に有機薄膜に強い励起光を照射して、端面からの発光スペクトルが狭帯化しレーザ発振が確認された報告があります。有機半導体レーザが簡単に作成できるようになれば、発振波長の選択が非常に広がるでしょう。

要点BOX

- ●レーザ光は指向性を持った光
- ●レーザ発振には大電流が必要
- ●色素レーザの開発がカギとなる？

有機レーザの実現に向けて

基本方針は半導体LEDと同じですね。

通常はエネルギーの高い
電子の数は少ないです。

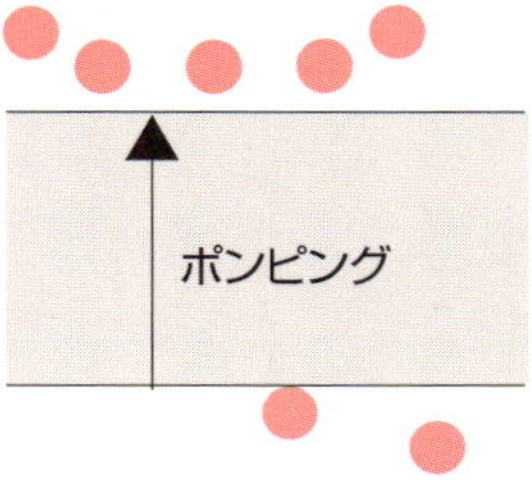

エネルギーの高い電子が多い
状態を反転分布といいます。

有機色素はもともと
色素レーザ用として
利用されてきました。

→

実現の可能性は有ります。
後は耐久性をもたせて
大電流(数kA/cm^2)を流すことが
できれば有機レーザが
実現されるかもしれません。

光ポンピングによる例

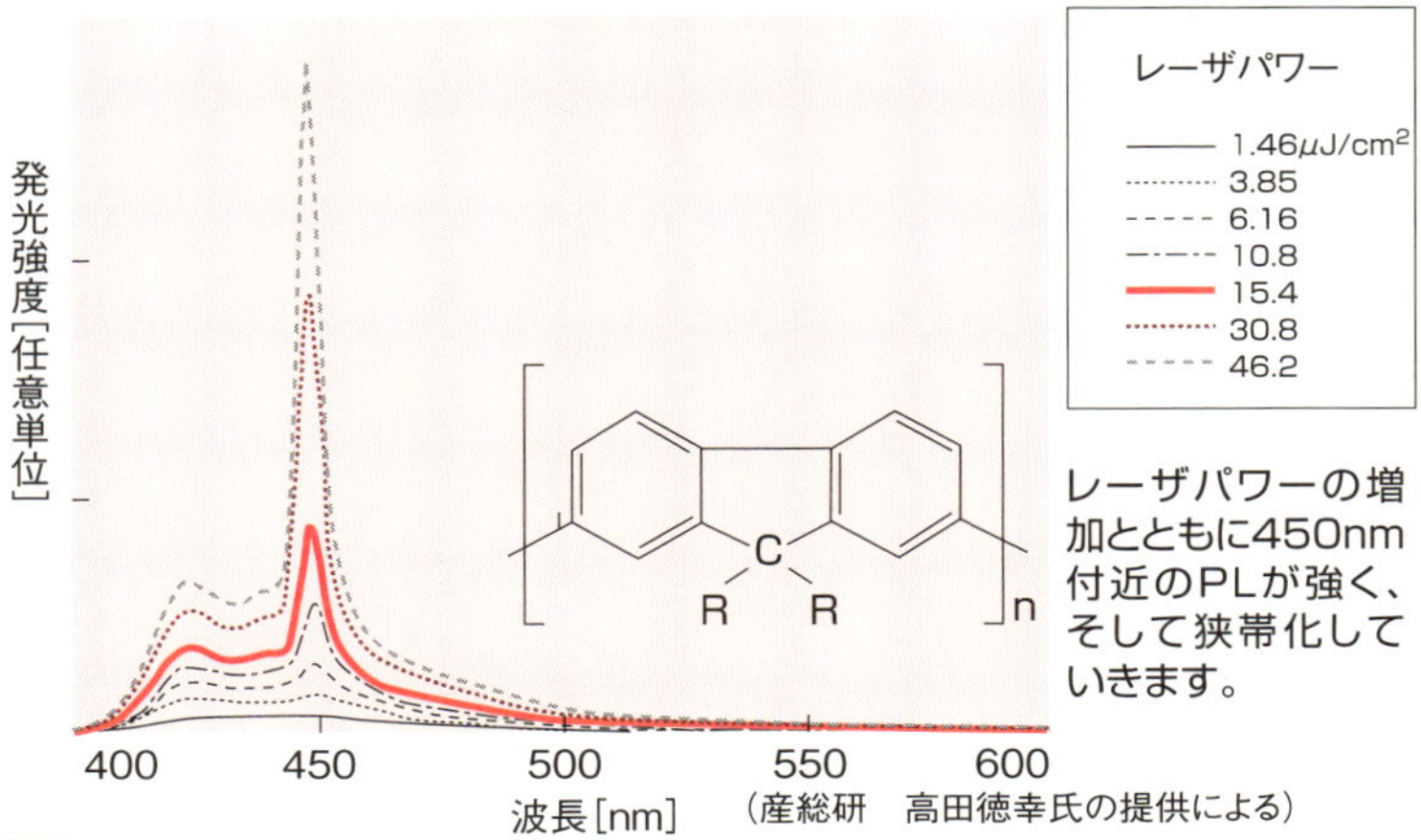

レーザパワーの増
加とともに450nm
付近のPLが強く、
そして狭帯化して
いきます。

(産総研　高田徳幸氏の提供による)

用語解説

コヒーレント：光の位相や振幅が揃っていることをいう。

62 暮らしの中の有機EL

有機ELの特長を生かし切る

今、有機ELはどのようなところで使われているでしょうか？ ディスプレイとして目に付くのは、スマートフォンやタブレットでしょうか。現在はサムスンの製品Galaxyシリーズが素晴らしいです。とはいうもののこの分野はほぼサムスンに独占されている状態です。

ソニーには、ヘッドマウントディスプレイがあります。小さな有機ELディスプレイ（65項）を眼前に見せることで、大画面を見るかのような画像が体感できるものです。特にスピード感あふれるアクション系の画像に有機ELならではの高速性が活かされています。

大画面テレビはサムスンやLG電子より販売されているようですが、韓国と日本とではテレビ放送の周波数帯が異なるので、日本に持ってきてもテレビとして利用できません。世界初の有機ELテレビを販売したソニーからは、現在は有機ELテレビは発売されていません。しかし、プロ用の30インチ高性能モニタが販売されています。ある程度の台数が販売されていますが、プロ用なのでお値段は高いようです。

有機EL照明を見たい方はやはり山形県の米沢に行かれるべきでしょう。まずは米沢駅に白色有機ELパネルを使ったモニュメント「EL-Tower」が設置されています。米沢には山形大学の有機エレクトロニクス研究センターがあり、白色有機ELパネルに縁のある土地です。そのため、米沢市内には有機EL照明を導入したショップなどもあります。山形県や米沢市は、有機EL照明の導入や、有機EL産業の育成のために助成金を出し、普及に力を入れています。

また、有機EL照明を東京地区で見るのなら、東急自由が丘駅、丸の内の出光美術館などでも見られるようです。東京地区であれば照明に関する展示会で、様々な有機EL照明が展示されていますので、まとめて見ることができます。

有機EL照明は、LEDとは異なる目を差すような光ではなく、柔らかな光が楽しめるのが特長です。

要点BOX

●スマホやタブレットで活躍
●有機ELの高速性を活かしたヘッドマウントディスプレイに

有機ELを搭載した製品のいろいろ

有機ELディスプレイを搭載したヘッドマウントディスプレイ
(ソニー㈱の提供による)

動きの速い映像をなめらかに再現

省エネや画質を求められる製品に有機ELは利用されている。

Galaxy Note Edge
(Samsung社の提供による)

Galaxy Tab S 10.5"

63 軽量とフレキシブル

「軽い」と「曲がる」は用途が違う!?

　携帯電話はとにかく、軽くて、薄くて、小さくて、を目指してきました（もっとも「小さくて」は若干方向性が多様化しているようですが）。これを実現するために、ディスプレイという構成材は面積は大きくしたいので、利用するガラス基板を薄くして重量は減らそうとしました。また筐体もできる限り薄くしたから、悲劇が起こったのです。落として割れる、お尻を乗せて割れる、振り回して割れる？　有機ELも今はガラス基板ベースなので、同様なことが起きます。もしこれがプラスチックフィルム基材であればどうでしょうか？　軽いのはもちろんですが、衝撃を吸収（とはいっても尖状な衝撃には弱いですが）できるので、機械的耐久性が向上して多少のことでは落としても割れなくなります。

　曲がるという要素はその程度によって利用の範囲が格段に広がります。ゆるやかに曲げることができれば、大きな柱へのポスターや電光掲示板に利用できるでしょう。ポスターのように丸めることができれば、現在あるスクリーンのようなディスプレイができますので、収納性に優れたものができます。利用範囲は急速に拡大するでしょう。さらにたたむことができるなら、何も言うことはないですね。ただし、折り曲げても大丈夫ということは、機械的な耐久性の問題が生じます。柔軟性のある金属ですと、繰り返し折り曲げることにより金属疲労を生じて破断してしまいます。プラスチックフィルムでも完全に折りたたんでも元の状態に戻るものは皆無といっても良いでしょう。これを実現するためには低分子では機械的耐久性はもたないので、高分子ELに期待するしかありません。

　有機ELでは、フィルム基材をプラスチックにして、なおかつ封止材も柔軟性のあるものにする必要があります。金属缶やガラスキャップでは困難です。そうした薄膜封止に関する研究も進んでいますが、まだそこまでの性能を持ったものは少ないです。

要点BOX

- ●落としても割れない携帯電話も可能
- ●曲面をデザインする
- ●究極は折りたたむか、丸めるか

有機ELフレキシブルディスプレイ

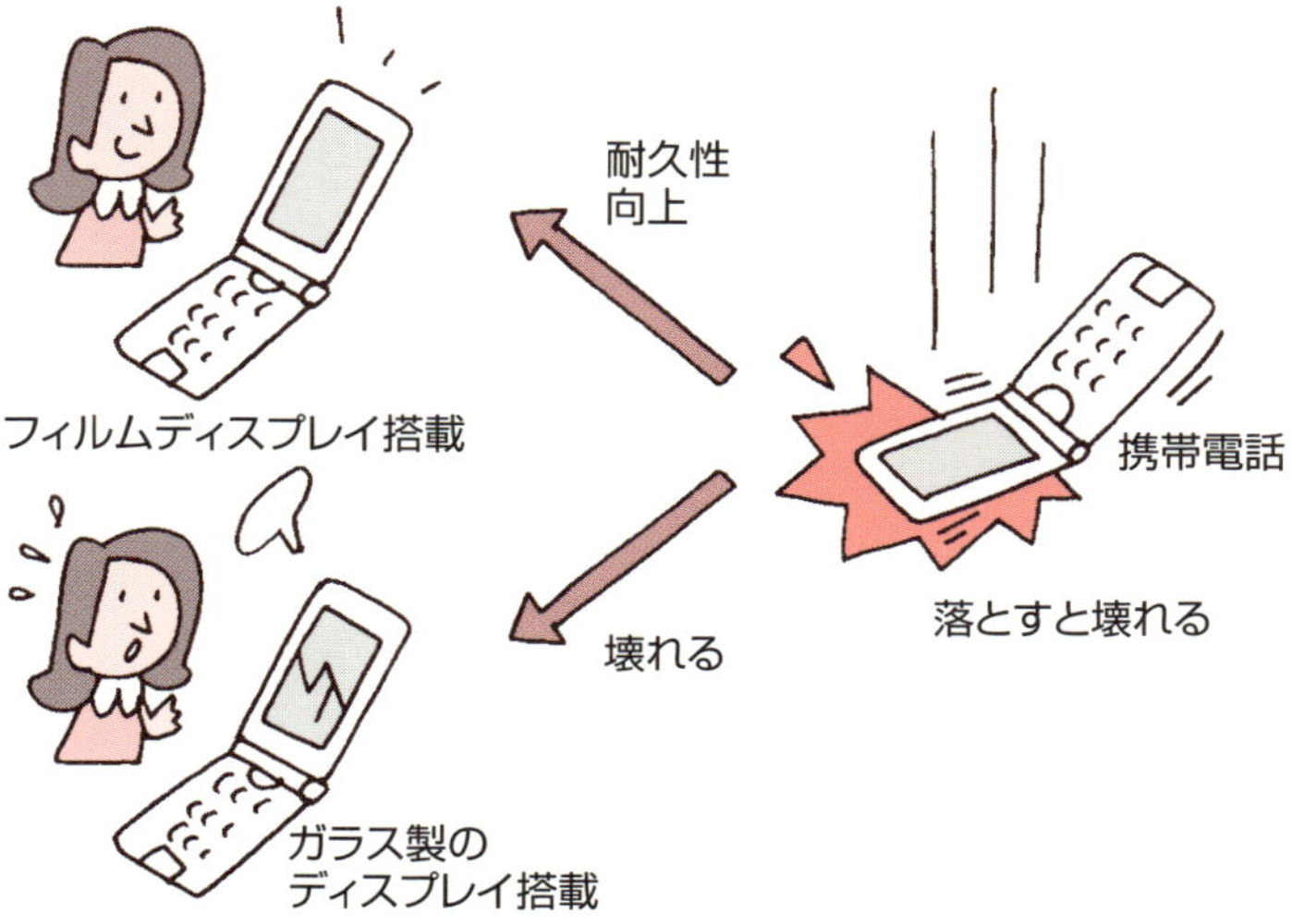

光ポスター

世界で初めて実現されたフレキシブル有機ELカラーディスプレイ

（パイオニア㈱提供による）

64 極薄の壁掛けTVが可能になる

狭い部屋を広く利用

ソニー㈱が発売した有機ELテレビの厚さは最薄部でなんと約3㎜です。CRTでは電子ビームを振らないといけないので、大きく曲げるためには距離が必要です。プラズマディスプレイではガス放電をつけないといけませんので、空間をすごく小さくすることは困難です。

ところがフラットパネルの代名詞である液晶ディスプレイでは、2007年にはシャープから20㎜ものが製作されましたし、モバイルでは2・2型ですが、0・68㎜という薄いものも発表されました。ここまでくると本当に液晶は有機ELの前に立ちはだかる壁と呼べる存在と言えます。

有機ELでなぜこんなに薄くできるのかというと、基本的な活性層というのは1ミクロン未満ですので、大部分は基板と封止材の厚みということになります。ですから液晶ディスプレイからいうと、有機ELをバックライトとして利用すれば導光板などがなくなりますので、これまた薄くなります。実は有機ELは液晶の薄型化にも一役買えるというわけです。

ところでディスプレイが薄ければ良いというものではないですね。液晶テレビの家庭での事故に表面のプラスチックフィルムの切り裂きがあります。何かぶつかってもある程度の強度は必要です。また、あんまり薄すぎると自立できなくなってしまいます。ただ、自立できないなら、壁にポスターのように貼って利用すれば良いわけです。足下にチューナーなりDVDなりが必要ですが、部屋が広くなります。特に大型の液晶やプラズマディスプレイを壁掛けにすると重量があり、壁の補強が必要になることがあります。もっともあんまり大きくなりますと、アメリカ並みのリビングが必要ですが。

そのうち映画館では映写機がなくなり、するすると降りてきたスクリーンからいきなり映像がでるということも夢ではないですね。

要点BOX

- ●有機ELディスプレイは薄い
- ●ペーパーライクなら壁紙がテレビ!?
- ●映画館もスクリーンだけになる?

薄いことは良いことだ

世界初の有機ELテレビXEL-1の最薄部は約3 mm　（ソニー㈱の提供による）

スクリーンのような大きなディスプレイが実現できれば部屋が広くなります。特に壁の補強無しでできるメリットは大きいでしょう。

大きなディスプレイを作成するには、駆動回路も含めた作製技術が必要となります。

大画面化の救世主?
有機TFTとの組み合わせ。

2007年に発表された有機TFTを用いて駆動させたAM方式有機ELカラーディスプレイ　（ソニー㈱の提供による）

65 ユビキタスディスプレイ

ウェラブルディスプレイの実現

以前の携帯電話は本体を肩掛けして運ぶほどのものでしたが、それがトランシーバ程度になり、鞄に入れることができるようになり、とうとう人のポケットに入るまでになりました。ポケットに入るぐらいであれば、十分ウェラブルだと思うのですが、どうでしょうか？

コンピュータはかつて1部屋を占拠するほどの大型でしたが（もちろん今でも最先端の大型コンピュータは冷房がバンバン効いた1部屋以上に鎮座しています）、同程度の能力を持ったコンピュータがパソコンどころか携帯できるほどの大きさになっています。コンピュータは0と1のデジタル信号を扱っているわけですが、人とのコミュニケーションはディスプレイに頼らざるをえません。「ユビキタス」とは、いつでも、どこでも、だれでもをキーとした、存在を意識させない環境を指すものです。ユビキタスコンピューティングとかユビキタス社会とかユビキタス環境を目指した提案がされています。自由に活用できるディスプレイは用途が多いと思います。

有機ELディスプレイは左ページの図にもあるように、衣服にも載せることができます。ユビキタスというのは環境が整わなければ実現しません。そうした環境を整えることができるポテンシャルを持ったディスプレイであると言えます。

昨今はガラスベースのビルが多くなってきましたが、有機ＥＬで陰極金属側に透明電極を利用すると透明有機ＥＬディスプレイを作成することができます。それはお店のショーケースにも商品の説明のためのディスプレイとしても利用することができます。

また有機ＥＬは解像度も高くできますので、グラスに取り付けたマイクロディスプレイも実現可能です。どこにでも使える、それがユビキタスディスプレイでしょうか。

要点BOX

- ●持ち運ぶのではなく、身につける
- ●ディスプレイの存在を感じさせないユビキタス環境

ユビキタスディスプレイ

ユビキタス（ubiquitous）＝同時にどこにでもあるという形容詞とディスプレイが一緒になった言葉です。

そうなると、いつでも、どこでも、誰でも見ることができるようなディスプレイということです。

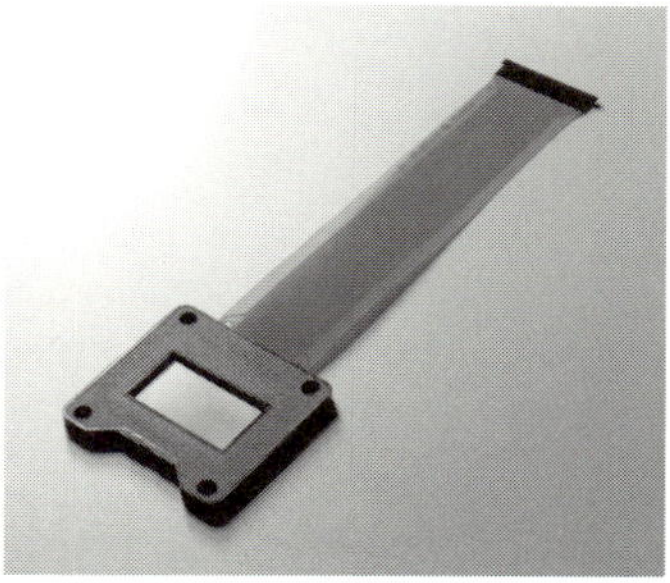

ヘッドマウントディスプレイを実現する小型有機ディスプレイ
(ソニー㈱の提供による)

透明有機EL素子

左：非発光時　右：発光時
（東京工芸大学内田先生の提供による）

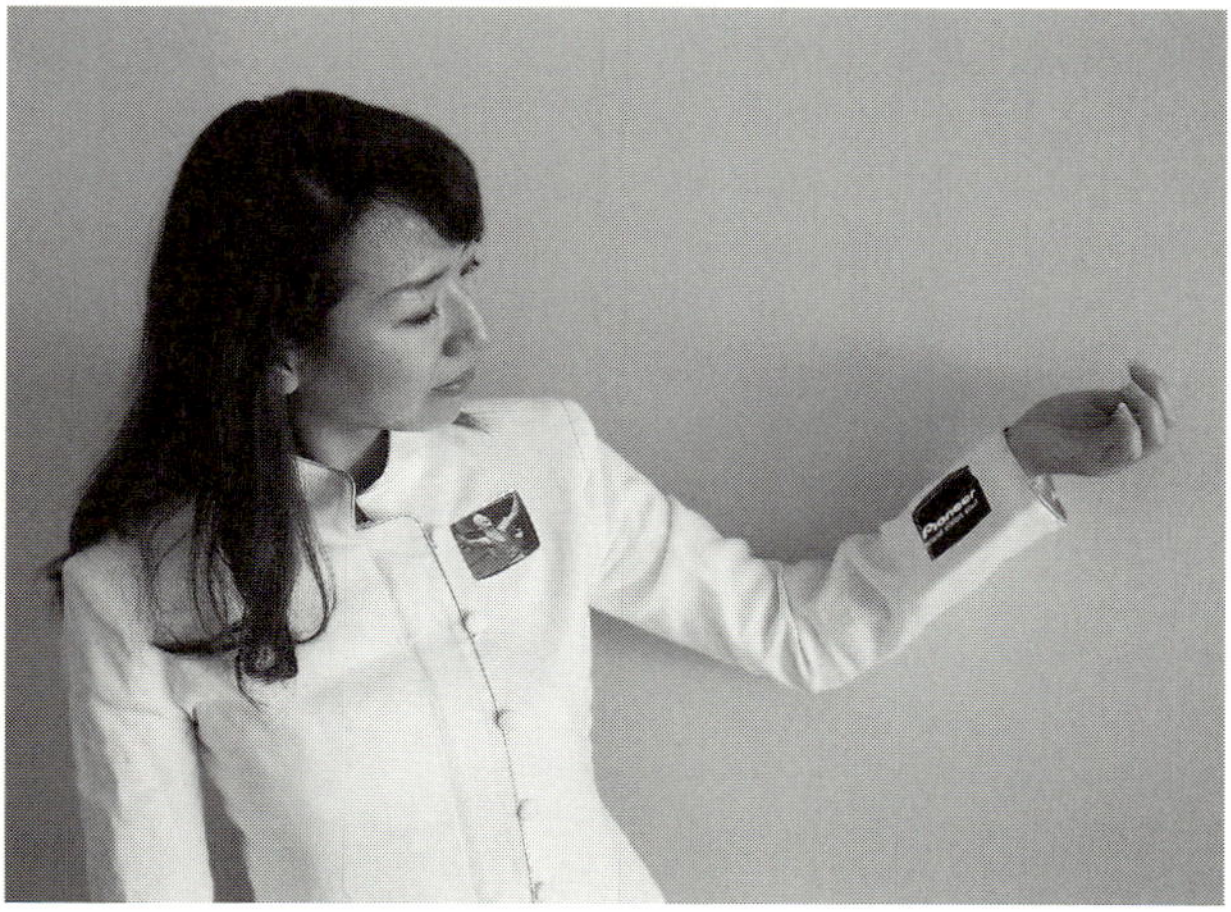

服にもディスプレイ！　（パイオニア㈱の提供による）

ユビキタスディスプレイの実現には、ディスプレイを自然に携帯できるような形にするか、身の回りのものにディスプレイを載せるかです。

66 高効率への挑戦

素子の長寿命化が鍵

ディスプレイに利用する場合には単に効率だけでなく、ある色度に対してどれだけ効率を高めるかが重要になります。よくある話ですが、青色ホスト材料に緑色のゲスト材料をドーピングしたら格段に電流-輝度効率（cd/A）が向上したなどと書いてあると、疑問に思ってしまいます。青の1000cd/m²は緑の1000cd/m²とは視感度効率が違いますので、かなり高効率だと言えます。もし外部量子効率が上がったと記載してあれば、なるほどと思いますが、目的の効率上昇が青色でなければあまり意味のないことです。

左ページの上の表は、2008年当時のI社の有機EL材料の種類と効率、寿命を表したものです。この当時でも1万時間程度の効率がどの発光色でもありましたが、各色での比較では初期輝度もバラバラなので、必ずしも本当に使える寿命に達しているかどうかは判断できないところがあります。

ところが下の表を見てください。8年を経た2014年になると、効率が格段に良くなっています、純青以外はすべて10cd/A以上です。色度も良くなってきています。なにより半減寿命は数倍に伸びていますし、測定している初期輝度はすべて1000cd/m²となっています。輝度を大きな値で測定するということは過酷な条件を利用しているということです。一般に初期輝度L_0と寿命τには加速度係数nを利用して、次の関係があると言われています。

$L_0^n \times \tau^1$ ＝定数

nというのは、測定条件などに依存するので、素子を作成した環境で一度は測定して検討しなければなりませんが、1・5から2の値が用いられています。数値が大きくなるほど、低輝度での寿命を長く見積もることになります。

今後も材料開発は進められると思いますので、化学メーカーさんに期待しましょう。

要点BOX

- ●材料開発が大きなブレークスルーに
- ●効率も良く、色度も良く
- ●半減寿命は7年間で数倍の伸び

高効率化への道

I社の有機EL材料の効率(2008年春)

色	色度CIE	効率[cd/A] @10mA/cm^2	半減寿命[hrs] @1,000cd/m^2
純青	(0.14、0.17)	7	18,000
純青	(0.13、0.20)	9	22,000
青	(0.17、0.32)	12	21,000
緑	(0.33、0.63)	30	60,000
緑	(0.29、0.64)	21	280,000
黄	(0.51、0.48)	11	32,000
橙	(0.57、0.42)	13	34,000
赤	(0.67、0.33)	11	160,000
白	(0.33、0.39)	16	70,000

高効率化は素子の長寿命化につながる。

▼

発光材料の効率は年々上昇している。

やはりブレークスルーは材料がキー

I社の有機EL材料の効率(2014年)

色	色度CIE	効率[cd/A] @10mA/cm^2	半減寿命[hrs] @1,000cd/m^2
純青(蛍光)	(0.14、0.12)	9.9	11,000
緑(蛍光)	(0.29、0.64)	37	200,000
赤(蛍光)	(0.67、0.33)	11	160,000
緑(りん光)	(0.33、0.63)	64	200,000
赤(りん光)	(0.67、0.33)	22	200,000

67 長寿命化への挑戦

安定性は材料がキーに

もし用いる材料が蛍光材料かりん光材料かが決まり、用いる素子構造も同じなら、基本的に効率の良い材料が長寿命な材料となります。なぜでしょう?

いろいろな劣化のメカニズムがありますが、大きく分けると電流の2乗に比例する劣化と、電流に比例する劣化に分けられると思います。もちろんそれ以前に封止の問題などの影響はあるかもしれませんが、それは材料の違いから生じる劣化ではありません。

では電流の2乗に比例する劣化は何かと言いますと、それはジュール熱です。ジュール熱は試料に印加される電圧(V)と流れる電流(I)の積、電力$P=V\times I$に依存します。厳密にはこの電力を比熱で割ると単位時間当たり上昇する温度が計算されます。試料に印加される電圧は試料の抵抗Rと電流Iを用いると、$V=R\times I$となりますので、$P=RI^2$となります。再結合にキャリアがすべて利用されても電流が流れることには変わりませんので、試料を流れる電流を少なくして同じ発光量を得ることができれば、ジュール熱の影響は少ないです。実際にジュール熱の影響を山形県の有機エレクトロニクス研究所では測定していますが、条件によっては100℃近い温度まで上昇することが報告されています。

電流に比例する劣化は電荷量が絡んだ劣化が考えられます。よくあるのが電気化学的な劣化というものです。特にキレート構造をもっている材料(例えばアルミキノリノール錯体)は電気分解などを生じやすいです。電気分解などは電荷量に応じて反応が進みます。

同じだけ電流を流して、発光効率が高くて、電圧が低くなることがすべての劣化を抑制する方向にもっていけます。中には電流に対する効率は高くなるのですが、駆動電圧が上昇してしまうというものがあります。その場合には、キャリア輸送層やキャリア注入層を工夫して駆動電圧を下げることができれば良いのですが、そうでない場合には使えないです。

要点BOX

- ●高効率な材料は長寿命
- ●電流の2乗に比例する劣化と電流に比例する劣化
- ●発光効率は高く、電圧は低く

長寿命化の道程

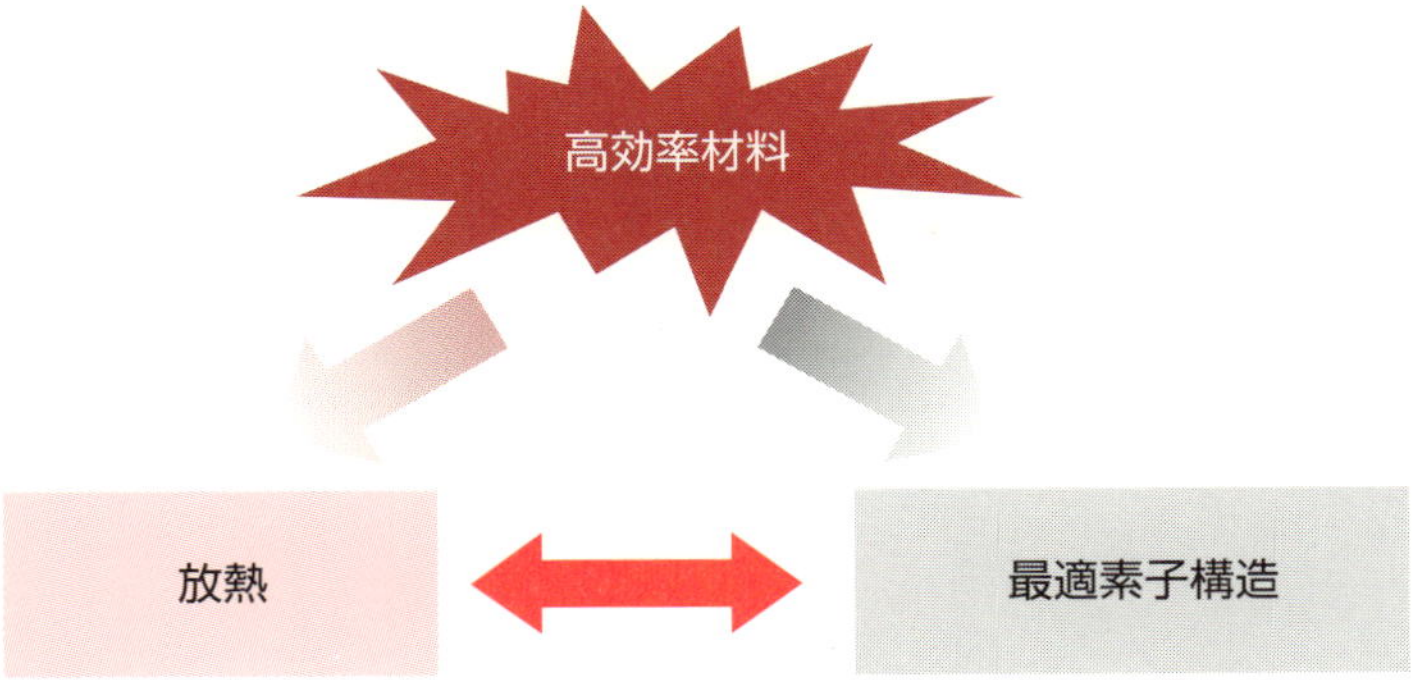

電流による劣化要因

電流に比例する劣化　ー(通過)電荷量に依存　電気分解など

例　$AB+e^{-} \rightarrow A\cdot^{-}+B\cdot$

中性分子が電気分解して、ラジカルをもつ2つの分子に分離

電流の2乗に比例する劣化ージュール熱に依存

ジュール熱による素子の温度上昇は照明用途では90℃にも及びます。

電子をよく流す材料=熱伝導性が高い材料ですので、キャリア密度の低い有機材料では熱放散が熱発生に追随できないので、温度が上昇します。

温度の上昇は、キャリア注入·キャリア移動度の増加を招きます。また、有機分子の運動を活性化させますので、ミクロには膜の再構成、マクロには結晶化を促進します。

ジュール熱=抵抗が消費する電力により発生する熱
発熱量は電力(P)に依存

P=電圧（V）×電流（I）
V=試料の抵抗（R）×電流（I）ですから

$P=I^2R$となり、電流の2乗に比例します。試料の比熱質量がわかれば温度上昇分を見積もることができます。

68 自動車と有機EL

表示と照明での有用性

　有機ELが最初に実用化されたのは車載用のFMレシーバでした。現在はメータや一般的な車載用のAV機器に利用されています。自動車の車内を見てみると、表示装置がいっぱいあります。速度メータ、トルクメータ、ガス残量メータ、油温メータなどのインジケータ類、車載音響機器では選曲メータなどなどです。

　最近はカーナビなどもそうです。中には運転席に向けたTVがありますが、今まで見た車の中でもっとも驚いたのは前部座席背部にそれぞれ1台、助手席前に1台、前部中央に上下2台、前部ウインドウの助手席前と運転席前に各1台、合計7台もディスプレイをつけた車です。思わずしばらく後ろをついて行ってしまいました。それぞれ違うテレビ（表示）画面だったので驚かされました。

　また、車は屋根部分がありますので、宙に浮かすわけにはいかず必ず屋根を支えるものが必要です。そうなると死角となる部分ができてしまいます。こうしたところにも外部カメラと組み合わせてディスプレイがあると良いのではないでしょうか？暗くなればドアウインドウの駆動ボタンも光っていますよね。

　照明は天井についていますが、出っぱっていてじゃまですよね。これがシート状の照明になればすっきりします。後部座席の下方を照らす照明も欲しいと思いませんか？天井についていると意外に座席が影になっていて、見にくいですよね。後部座席の前部か、前部座席の後部にシート状の照明が欲しいと思いませんか？また、車に乗り込む際に足下が見えにくくはありませんか？そうなると開けたドアの下部や乗り込み口のラインにシート状の照明があれば良いのではないでしょうか。では、こういった箇所は平面でしょうか？おそらく緩やかな曲線を描いていると思います。

　今日の車には曲線部分が多いので、フレキシブルな有機ELの出番です。

要点BOX

- ●最近の車は外も内も丸い
- ●メータも照明も
- ●有機ELの出番は無限

自動車の中の表示装置

ヘッドライトに有機ELを取り付けたNOVALEDのデモ

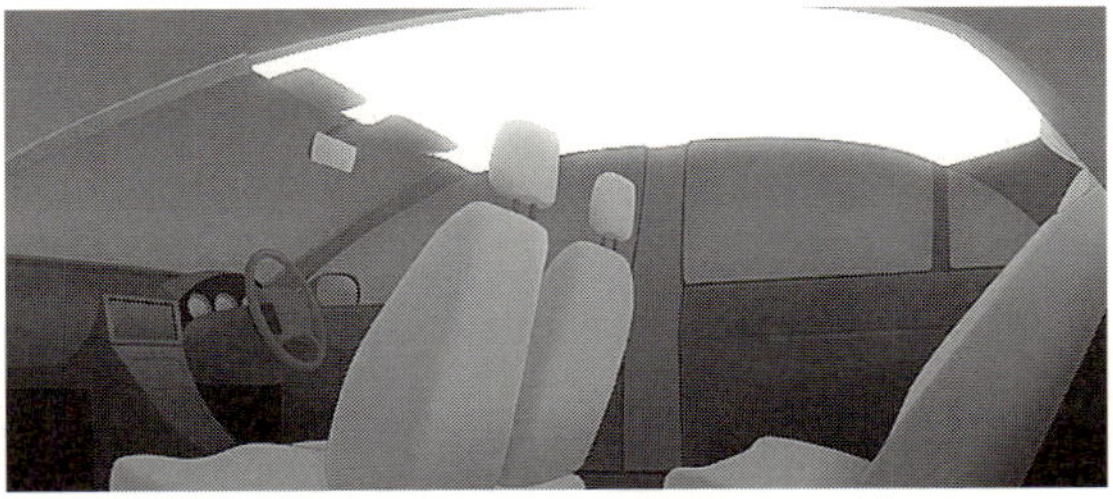

自動車の天井部に有機ELシート照明を取り付けたイメージ

（コニカミノルタ㈱のホームページより）

Column

有機EL技術の明日

有機ＥＬ素子は２０１５年でタン博士の発表からおよそ30年が経とうとしています。当初は青色発光素子の発表や日進月歩の効率の改善など景気の良い話が飛び回りました。

ＮＥＣ、パイオニア、凸版印刷、三洋電機、ＴＤＫ、スタンレー電気、ソニー、豊田中研など新規参入会社も引きも切らず、急速にデバイスとしての形が見えてくるので、楽しみであり、非常に順風満帆に見えました。

バブル景気の絶頂期に研究が始まったのですが、景気後退の後もそれなりに引き続き研究開発が進められました。２０００年前後の数年間が、研究者の中で最も有機ＥＬの話題をさらった時期でしょうか。

有機ＥＬ技術に関しては、ディスプレイにしろ、照明にしろ、世界的に見ても日本の貢献度は高いと言えるでしょう。それにもかかわらず、なぜか日本では企業の有機ＥＬからの撤退が続いています。

小型ディスプレイを組み合わせて、大型ディスプレイを作るという有機ＥＬオーロラビジョンを提案した三菱電機の製品をこの改訂版で載せたかったのですが、メーカーさんがすでにこの製品を扱っていなかったため、写真を掲載することができませんでした。

しかしこの製品のような、曲面のディスプレイ化は、有機ＥＬならではの素晴らしい技術と言えるでしょう。

企業が有機ＥＬから撤退するときに、人の流出が起きます。そのとき、技術が流出してしまいます。しかし、技術の流出だけが問題ではありません。

特に重要なのは、ものづくりの「ノウハウ」が、このときに失われてしまうことでしょう。製品を作るということは、その間のいろいろなノウハウの積み重ねがあり、その技術の継承が非常に重要なのです。種々の問題やトラブルなどは、実際にその場にならないとわからないことがたくさんあるでしょう。

ものづくりは「プロセス」が重要なのです。今後の日本の有機ＥＬの復活と発展を願ってやみません。

【参考文献】

C. W. Tang, S. A. Van Slyke, Appl. Phys. Lett. 51 (1987) 913.

C. W. Tang, S. A. VanSlyke, C. H. Chen: J. Appl. Phys. 65 (1989) 3610.

N. A. Baldo, S. Lamansky, P. E. Burrows, M. E. Thompson, S. R. Forrest, Appl. Phys. Lett. 75 (1999) 4

J.-S. Kim, P. K. H. Ho, N. C. Greenham, R. H. Friend, J. Appl. Phys. 88 (2000) 1073.

C. H. Madigan, M. -H. Lu, J. C. Sturm, Appl. Phys. Lett. 76 (2000) 1650.

T. Mori, S. Oda, N. Ooishi, Y. Masumoto, Jpn. J. Appl. Phys. 46 (2007) 5954.

『月刊ディスプレイ』テクノタイムズ社

『有機薄膜形成とデバイス応用展開』大森裕監修 シー・エム・シー出版（２００７）

『有機ＥＬ素子とその工業化最前線』宮田清蔵監修 エヌ・ティー・エス（１９９８）

『有機ＥＬ材料とディスプレイ』城戸淳二監修 シー・エム・シー出版（２００１）

『有機ELディスプレイの最新技術動向』情報機構（２００３）

『有機ELディスプレイにおける材料技術と素子の作製』技術情報協会（２００２）

『有機ELディスプレイの本格実用化最前線』東レリサーチセンター（２００２）

『有機ＥＬ素子開発戦略』次世代表示デバイス研究会編 サイエンスフォーラム（１９９２）

『有機ELディスプレイ』時任静士・安達千波矢・村田英幸 オーム社（２００４）

『光の計測マニュアル』照明学会編 日本理工出版会（１９９０）

『光測定器ガイド』松本弘一編 オプトロニクス社（２００４）

『光学薄膜の基礎理論』小檜山光信編 オプトロニクス社（２００３）

『電子写真技術の基礎と応用』電子写真学会編 コロナ社（１９８８）

『EIAJ ED-2800 有機ELデバイスに関する用語及び文字記号』電子ディスプレイ標準化委員会 電子情報技術産業協会

『EIAJ ED-2810 有機ELディスプレイモジュール測定方法』電子ディスプレイ標準化委員会 電子情報技術産業協会

出光興産ホームページ http://www.idemitsu.co.jp/denzai/index.html

索引

英数字

ア

カ

サ

今日からモノ知りシリーズ
トコトンやさしい
有機ELの本　第2版

NDC 549

2008年　4月26日　初版1刷発行
2011年12月19日　初版4刷発行
2015年　1月10日　第2版1刷発行
2017年　3月31日　第2版2刷発行

©著者　森 竜雄
発行者　井水 治博
発行所　日刊工業新聞社
東京都中央区日本橋小網町14-1
(郵便番号103-8548)
電話　書籍編集部　03(5644)7490
販売・管理部　03(5644)7410
FAX　03(5644)7400
振替口座　00190-2-186076
URL　http://pub.nikkan.co.jp/
e-mail　info@media.nikkan.co.jp
印刷・製本　新日本印刷(株)

●DESIGN STAFF
AD——————志岐滋行
表紙イラスト———黒崎　玄
本文イラスト———輪島正裕
ブック・デザイン——大山陽子
(志岐デザイン事務所)

●
落丁・乱丁本はお取り替えいたします。
2015 Printed in Japan
ISBN　978-4-526-07352-6　C3034
●

●定価はカバーに表示してあります

●著者略歴

森 竜雄（もり たつお）

1962年（昭和37年）愛知県名古屋市生まれ。

1985年（昭和60年）名古屋大学工学部電気学科卒業。

1990年（平成2年）名古屋大学大学院工学研究科電気工学専攻 博士課程修了。

工学博士。同年4月より名古屋大学工学部助手。講師、助教授を経て、
2007年（平成19年）4月より名古屋大学大学院工学研究科電子情報システム専攻 准教授。

2012年（平成24年）4月より愛知工業大学工学部電気学科教授。


365日途絶えぬ花に囲まれ、クラシック音楽を聴きながら、中国古典と史書と戦記物に興じ、アルコールに弱いのにボルドーワインを愛する。